数学文化丛书

TANGJIHEDE
+
XIXIFUSI
TASHANZHISHI JI

唐吉诃德+西西弗斯
他山之石集

刘培杰数学工作室 ○ 编

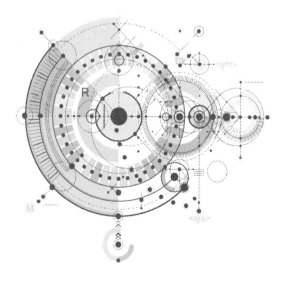

哈尔滨工业大学出版社
HARBIN INSTITUTE OF TECHNOLOGY PRESS

内容提要

本丛书为您介绍了数百种数学图书的内容简介,并奉上名家及编辑为每本图书所作的序跋等.本丛书旨在为读者开阔视野,在万千数学图书中精准找到所求著作,其中不乏精品书、畅销书.本书为其中的他山之石集.

本丛书适合数学爱好者参考阅读.

图书在版编目(CIP)数据

唐吉诃德+西西弗斯.他山之石集/刘培杰数学工作室编.—哈尔滨:哈尔滨工业大学出版社,2020.3
(百部数学著作序跋集)
ISBN 978-7-5603-8518-1

Ⅰ.①唐… Ⅱ.①刘… Ⅲ.①数学-著作-序跋-汇编-世界 Ⅳ.①O1

中国版本图书馆 CIP 数据核字(2019)第 222487 号

策划编辑 刘培杰 张永芹
责任编辑 王勇钢
封面设计 孙茵艾
出版发行 哈尔滨工业大学出版社
社　　址 哈尔滨市南岗区复华四道街10号 邮编150006
传　　真 0451-86414749
网　　址 http://hitpress.hit.edu.cn
印　　刷 牡丹江邮电印务有限公司
开　　本 787mm×960mm 1/16 印张 20.75 字数 296 千字
版　　次 2020年3月第1版 2020年3月第1次印刷
书　　号 ISBN 978-7-5603-8518-1
定　　价 68.00元

(如因印装质量问题影响阅读,我社负责调换)

目录

Desargues 定理——射影几何趣谈 //1

从高维 Pythagoras 定理谈起——单形论漫谈 //13

从 Cramer 法则谈起——矩阵论漫谈 //27

Haar 测度定理 //31

Brouwer 不动点定理 //34

Schwarz 引理 //46

Banach 压缩不动点定理 //55

Lyapunov 稳定性定理 //63

Pick 定理 //77

Steinhaus 问题 //81

Lagrange 乘子定理 //84

Kantorovič 不等式 //94

Eisenstein 公理 //102

McCarthy 函数和 Ackermann 函数 //116

Cauchy 函数方程 //128

Pell 方程——从整数谈起 //143

Newton 公式 //146

Ramsey 定理 //165

逼近论中的 Weierstrass 定理 //179

Leibniz 定理 //190

Dirichlet 问题 //194

Lie 群与 Lie 代数 //218

Bernstein 多项式与 Bézier 曲面 //240

磨光变换与 Van der Waerden 猜想 //243

Beatty 定理与 Lambek-Moser 定理 //262

Farey 级数　//289

Lax 定理与 Artin 定理　//302

Sturm 定理　//307

Thue 定理——素数判定与大数分解　//315

编辑手记　//319

Desargues 定理——
射影几何趣谈

冯克勤 著

内容简介

本书深入地探讨和介绍了射影几何这一几何分支的基本内容,并讲述了平面射影几何中的一些有趣的定理和概念.同时通过大量的例子来说明,如何利用射影几何的知识和方法解决平面几何学中的问题.

本书适合初、高中师生,以及高等师范类院校数学教育专业的大学生和数学爱好者参考阅读.

前言

射影几何具有悠久的发展历史.远在公元前4世纪,古希腊人已经发现了圆锥曲线.公元前3世纪,希腊数学家欧几里得(Euclid)和阿波罗尼(Apollonius)都发表了关于圆锥曲线的专门著作.他们发现了关于圆锥曲线的许多有趣的性质,这些性质属于现在射影几何的内容.15世纪和16世纪,欧洲的学者由于绘画、雕塑和建筑的需要,发现了透视原理.到了17世纪,法国数学家笛卡儿(R. Descartes,1596—1650)引入了直角坐标系,使几何学代数化.许多几何问题归结于代数上的解联立方程组,从而把几何图形的性质归结为一些代数运算,这就是解析几何.解析几何的出现,对于力学、物理学和数学本身的发展,起了很大的推动作用.但是,在另一方面,几何本身仍有它自身的直观性和优美性.与笛卡儿同时代的法国数学家德沙格(G. Desargues,1591—1661)和帕斯卡(B. Pascal,1623—1662)创立了射影几何.1639 年,德沙格通过对透视的研究,建立了无穷远点和射影空间的概念.1649 年,帕斯卡发现了关于圆锥曲线的著名定理.由此,一个优美的数学学科——射影几何产生了.

18 世纪是解析几何得到广泛应用的时代,而 19 世纪则是射影几何大发展的时代.射影几何的发展,首先应归功于法国另一位数学家彭色列(J. V. Poncelet,1788—1867).他于 1822 年出版了有名的著作《论图形的射影性质》,系统地研究了图形在中心射影之下不变的性质.在这之前,射影几何是在欧氏几何的框架里进行研究的.但是欧氏几何中的最基本概念——距离,以及角度、面积等性质,在中心射影之下是变化的.既然是这样,为什么射影几何一定要依附于以距离为基石的欧氏几何?于是,在 1847 年,德国数学家冯·施道特(K. G. C. von Staudt,1798—1867)等人建立了射影几何自己的公理系统.至此,射影几何作为一个独立的几何学科,基本上完整地建立了起来.射影几何有别于欧氏几何,最显著的差别是射影几何中没有"直线平行"这个概念,在射影平面中的任意两条不同的射影直线均恰好交于一点.在这期间,法国数学家庞加莱(H. J. Poincaré,1854—1912)、匈牙利数学家波约依(J. Bolyai,1802—1860)和俄国数学家罗巴切夫斯基(Н. И. Лобачевский,1792—1856)各自独立地建立了另一些非欧几何的模型.在这些不同的几何学的基础上,1872 年德国数学家克莱因(F. Ch. Klein,1849—1925)在著名的爱尔根纲领中给几何学下了一个经典的定义:几何学是研究空间在某个变换群下不变性的一门学问.

以上我们扼要地叙述了射影几何的产生和发展,以及射影几何在整个几何学发展中所处的地位.19 世纪是射影几何的光辉时代,以至于当时英国数学家凯莱(A. Cayley,1821—1895)说过这样一句名言:一切几何都是射影几何!

在这本书里,我们打算通俗地介绍平面射影几何中的一些有趣的定理和概念.我们也以大量的例子来说明,如何利用射影几何的知识和方法来解决平面几何学中的问题.从上面关于几何学的发展历程中看出,解析几何和射影几何是以不同的风格平行地前进;与此同时,它们也是相互渗透和相互促进的.在射影几何中采用了解析几何的手段和工具,如射影坐标等.但是,我们在本书中更多的是采用几何方法,以体现射影几何本身的内在美.我们也说过,射影几何已是一门独立的几何学科,它有着自己的公理系统.但是,作为一本通俗性读物,我们不打算从公理出发严格地板着面孔讲述,而宁愿先从射影几何中一个精彩的定理——帕斯卡定理出发.我们在第 1 章中,先给出这个优美定理的一个初等几何的证明;然后,再给出另外两个证明,后一个证明中体现出射影几何的思想,特别是引出了中心射影的概念和添加无穷远点的自然想法.随后,在第 2 章中,我们逐节介绍平面射影几何中的主要概念(射影平面、射影坐标、复比、对偶性、配极理论等)和主要定理,尤其是要着重讲述关于圆锥曲线的一些优美性质,以及如何用这些概念和性质解决平面几何中的问题.最后,在第 3 章中,我们讲述射影几何在整个几何学中的地位,告诉大家什么是射影几何,介绍它的"子几何"——仿射几何,再说明欧氏几何又是仿射几何的"子几何".我们用射影几何构做出非欧几何的模型,使大家理解克莱因的几何定义,并且懂得在现实世界中存在着许多不同的几何.

我们希望本书能使读者增强几何直观形象思维的能力和对几何学明快典雅风格的喜爱.另一方面,我们(特别是在书的后一半)也使用了一些代数工具(解线性方程组的行列式理论、坐标方法等),希望读者对于这些中学数学知识能够灵活运用和融会贯通.因为整个数学是一个有机的整体,而许多新思想往往在不同学科的交汇处产生和发展起来,射影几何充分体现了这一点.

编辑手记

本书是冯克勤先生的旧作《射影几何趣谈》的再版. 随着近年来数学普及工作的不断开展,许多中学数学教师的数学素养有了很大的提高. 射影几何这只昔日高等学府王榭的堂前燕,已经飞入了普通中学寻常百姓家中. 这其中有两大原因:一是高学历、高层次人才被越来越多地引进到重点中学之中,他们看待数学的视角自然要高;二是射影几何自身的强大解题优势逐渐显现,使中学数学教师乐于接受这个高级工具. 举个例子:西安交通大学附属中学金磊老师是位著名的奥数教练. 他曾提出过一道貌似很难的平面几何题目.

已知:如图1,在 $\triangle ABC$ 中,D,E,F 分别在 BC,AC,AB 上,且 AD,BE,CF 交于 P. $\triangle ABC$ 的内切圆与 BC,AC,AB 分别相切于 U,V,W. 过 D,E,F 作内切圆的另一条切线,切点为 X,Y,Z.

求证:AX,BY,CZ 交于一点.

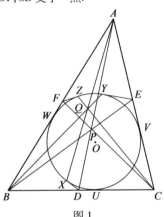

图 1

深圳的陈学辉老师给出了一个解析几何的证法.

证法 1 如图 1,不失一般性,可设 $\triangle ABC$ 的内切圆方程为 $x^2 + y^2 = 1$,圆心为 O,切线 BC 的方程为 $y = -1$,并设 $V(\cos \alpha, \sin \alpha)$,$W(\cos \beta, \sin \beta)$,$Y(\cos \gamma, \sin \gamma)$,$Z(\cos \theta, \sin \theta)$.

由于圆 O 上过点 V 和点 W 的切线可唯一确定点 A,B,C,过

点 Y 的切线可唯一确定点 E,过点 Z 的切线可唯一确定点 F,直线 BE 和 CF 可唯一确定点 P,直线 BY 和 CZ 可唯一确定点 Q,直线 AP 和 BC 可唯一确定点 D,直线 AQ 和圆 O 可唯一确定点 X(取位于下方的点).

我们如能证明 $DX \perp OX$,则命题得证. 下面我们来叙述解答过程. 直线 AV 和 AW 的方程为
$$x\cos\alpha + y\sin\alpha = 1$$
$$x\cos\beta + y\sin\beta = 1$$
故
$$x_A = \frac{\begin{vmatrix} 1 & \sin\alpha \\ 1 & \sin\beta \end{vmatrix}}{\begin{vmatrix} \cos\alpha & \sin\alpha \\ \cos\beta & \sin\beta \end{vmatrix}}, y_A = \frac{\begin{vmatrix} \cos\alpha & 1 \\ \cos\beta & 1 \end{vmatrix}}{\begin{vmatrix} \cos\alpha & \sin\alpha \\ \cos\beta & \sin\beta \end{vmatrix}}$$

同理可得点 E, F, B, C 的坐标表达式.

直线 BE 和 CF 的方程为
$$(y_B - y_E)x - (x_B - x_E)y = x_E y_B - y_E x_B$$
$$(y_C - y_F)x - (x_C - x_F)y = x_F y_C - y_F x_C$$
故
$$x_P = \frac{\begin{vmatrix} x_E y_B - y_E x_B & -(x_B - x_E) \\ x_F y_C - y_F x_C & -(x_C - x_F) \end{vmatrix}}{\begin{vmatrix} y_B - y_E & -(x_B - x_E) \\ y_C - y_F & -(x_C - x_F) \end{vmatrix}}$$

$$y_P = \frac{\begin{vmatrix} y_B - y_E & x_E y_B - y_E x_B \\ y_C - y_F & x_F y_C - y_F x_C \end{vmatrix}}{\begin{vmatrix} y_B - y_E & -(x_B - x_E) \\ y_C - y_F & -(x_C - x_F) \end{vmatrix}}$$

同理可得点 Q, D 的坐标表达式.

将直线 AQ 的方程
$$(y_A - y_Q)x - (x_A - x_Q)y = x_Q y_A - y_Q x_A$$
和圆 O 的方程
$$x^2 + y^2 = 1$$
联立,可得点 X 的坐标表达式.

5

计算

$$k_{DX} = \frac{y_D - y_X}{x_D - x_X}, k_{OX} = \frac{y_X}{x_X}$$

最后,计算

$$a = k_{DX} k_{OX}$$

以上计算过程均为纯粹的初等代数运算,如果我们有足够的耐心,纯手算也是可以的. 我们按照上述计算过程,编制了一个简单的 Mathematica 程序,程序运行的结果表明,以

$V(\cos \alpha, \sin \alpha)$

$W(\cos \beta, \sin \beta)$

$Y(\cos \gamma, \sin \gamma)$

$Z(\cos \theta, \sin \theta)$

为初始条件,最终 $a = -1$,即 $DX \perp OX$. 命题证毕.

但陈老师在这里要表示两点说明:

(1) 编制 Mathematica 程序,要参照 x_A, y_A, x_P, y_P 的计算方法分别自定义 2 个可循环使用的函数,用于点 E, F, B, C 和点 Q, D 的坐标表达式的求解;

(2) 点 P, Q, D, X 和 k_{DX}, k_{OX}, a 的表达式非常庞大且复杂,强烈地不建议尝试去手算解决.

随后,邵美悦博士给出了一个基于射影几何的证法. 由于题中的条件和结论均只涉及直线及圆的交点(包括相切),故可以考虑通过射影几何来解决.

证法 2 建立齐次坐标系,使得

$$A = \begin{pmatrix} 1 \\ 0 \\ 0 \end{pmatrix}, B = \begin{pmatrix} 0 \\ 1 \\ 0 \end{pmatrix}, C = \begin{pmatrix} 0 \\ 0 \\ 1 \end{pmatrix}, P = \begin{pmatrix} 1 \\ 1 \\ 1 \end{pmatrix}$$

这里为了简便,我们不区分几何元素及其相应的齐次坐标. △ABC 三条边的齐次坐标分别为

$$\vec{BC} = \begin{pmatrix} 1 \\ 0 \\ 0 \end{pmatrix}, \vec{AC} = \begin{pmatrix} 0 \\ 1 \\ 0 \end{pmatrix}, \vec{AB} = \begin{pmatrix} 0 \\ 0 \\ 1 \end{pmatrix}$$

过 P 的三条直线的齐次坐标分别为

$$\overrightarrow{AP} = \begin{pmatrix} 0 \\ 1 \\ -1 \end{pmatrix}, \overrightarrow{BP} = \begin{pmatrix} 1 \\ 0 \\ -1 \end{pmatrix}, \overrightarrow{CP} = \begin{pmatrix} 1 \\ -1 \\ 0 \end{pmatrix}$$

由此可得

$$D = \begin{pmatrix} 0 \\ 1 \\ 1 \end{pmatrix}, E = \begin{pmatrix} 1 \\ 0 \\ 1 \end{pmatrix}, F = \begin{pmatrix} 1 \\ 1 \\ 0 \end{pmatrix}$$

设圆 O 的表示矩阵为 M，由于圆 O 与 BC 相切，M^{-1} 必定满足

$$(1\ \ 0\ \ 0) M^{-1} \begin{pmatrix} 1 \\ 0 \\ 0 \end{pmatrix} = 0$$

即 M^{-1} 的 $(1,1)$ 位置元素为 0. 类似的，分析圆 O 与 AC, AB 相切可得 M^{-1} 的主对角元素皆为 0，因此可设

$$M^{-1} = \begin{pmatrix} 0 & c & b \\ c & 0 & a \\ b & a & 0 \end{pmatrix} \quad (a, b, c \in \mathbb{R} \setminus \{0\})$$

由此易得

$$U = \begin{pmatrix} 0 \\ c \\ b \end{pmatrix}, V = \begin{pmatrix} c \\ 0 \\ a \end{pmatrix}, W = \begin{pmatrix} b \\ a \\ 0 \end{pmatrix}$$

以及

$$\overrightarrow{DX} = \begin{pmatrix} a \\ c-b \\ b-c \end{pmatrix}, \overrightarrow{EY} = \begin{pmatrix} c-a \\ b \\ a-c \end{pmatrix}, \overrightarrow{FZ} = \begin{pmatrix} b-a \\ a-b \\ c \end{pmatrix}$$

再经简单计算可解出

$$X = \begin{pmatrix} (b-c)^2 \\ ab \\ ac \end{pmatrix}, Y = \begin{pmatrix} ab \\ (a-c)^2 \\ bc \end{pmatrix}, Z = \begin{pmatrix} ac \\ bc \\ (a-b)^2 \end{pmatrix}$$

以及

$$\overrightarrow{AX} = \begin{pmatrix} 0 \\ -c \\ b \end{pmatrix}, \overrightarrow{BY} = \begin{pmatrix} c \\ 0 \\ -a \end{pmatrix}, \overrightarrow{CZ} = \begin{pmatrix} -b \\ a \\ 0 \end{pmatrix}$$

显然以 AX,BY,CZ 为列构成的矩阵是反对称阵,行列式为 0,因此 AX,BY,CZ 共线.

从计算量上可见明显优于证法 1.

在鲍勃·迪伦(Bob Dylan)获得 2016 年诺贝尔文学奖之后,在中国引起非常大的反响,其中有一篇文章的标题为《文学不是你们家的,鲍勃·迪伦不是我们家的》,其时有感于腾讯采写的中国文学界对迪伦获得诺贝尔文学奖的反响而命名. 一批中国作家,在基本上没读过迪伦作品的前提下,就能喷发出那么多意见,说明了我们这个文明时代迷失的深度.

从这个案例已经可以清晰看出,改变今天我们的生活准则、见闻习惯,极为必要. 阅读,通过权威渠道、有效信源、学术遴选机制而非刷屏转发,极为重要. 一个基本上以传言为信息方式的新野蛮时代,正在跟我们眉来眼去、勾肩搭背、打得火热,耗散人类的认知力,加大信息的成本,消解生命的真实意义.

一个 24 小时都是新闻的世界,就是一座地狱 —— 这是鲍勃·迪伦说的. 一个随时随地、24 小时都是手机客户端的世界,是十八层地狱,这是我们感受到的.

以色列心理学家拉克菲特·阿克曼(Rakefet Ackerman)于 2010 年对一些大学生做了一个主动学习的测试. 她选了五篇较难阅读的说理文,每篇 1 200 字,分成电子文本和纸质文本两个阅读组. 她要求参加测试的学生在阅读时做各种阅读记号 —— 画线、亮色、页边笔记等. 电子文本阅读用的是电子文字处理工具,而纸上阅读则用笔和荧光笔. 在规定阅读时间的情况下,这两组学生对理解问题的回答准确度几乎一样(62%). 但是,在学生需要用多少时间就允许他们用多少时间的情况下,纸质阅读的学生的成绩却高出另一组 10%. 在让学生估计自己错误的时候,测试结果也出现了差异. 纸质读者的错误估计在 4% 之内,而读屏者则平均为 10%. 这似乎说明,读屏者对自己理解准确度的估计不如纸质读者. 这个发现对深层阅读非常重要,因为深层阅读的一个基本要求就是能尽量准确地评估阅读的结果,发现并确定其中是否有误.

大多数认真对待学习的学生都有这样的经验:在阅读来自网上的有难度的教材时,会觉得需要打印出来,然后一边阅读,一边做笔记.这样的经验也能说明纸读与屏读的不同.有研究发现,在对待同样读物时,纸读者比屏读者更愿意在文本上做记号或做笔记.屏读和纸读的心理感觉也不一样,阅读者会觉得纸上的文本更为严肃、重要、值得仔细研读并对之有所思考,而网上的材料则供快速浏览,主要是为了轻松消遣或快速获得信息,看过算数,不值得回头再去细读.

就是在阅读者知道读物重要性的情况下,纸读和屏读的差异性也能表现出来.2013年,阅读心理学家莎拉·玛格琳(Sara J. Margolin)做了一个阅读理解的测试.她让参加测试者阅读几篇500字的记叙文和说理文,参加测试者分为三组,分别用纸、数码阅读器和LCD电脑阅读.理解测验结束后,参试者报告自己在阅读中用了什么学习方法.从测试结果来看,用电子阅读器的说理理解最差(100分中低了4分),这个差距也许并不大.但是,重要的差别在于,用电子阅读器的读者比较不愿意回到前面去复查阅读结果.这就可能影响了他们的理解准确性,因为复查一下的话,他们本来是可能纠正理解中的错误的.

几何很重要,先引三位大家的论述佐证之:

傅种孙先生在为《高中平面几何》(算学丛刻社,1933)所做的序中指出:

"几何之务,不在知其然,而在知所以然;不在知其所以然,而在何由以知其所以然?读定理,既知其然矣,又从而证之,以见其所以然."

这当然是专指平面几何而论,但本书则更为深入地探讨和介绍了射影几何这一几何分支的基本内容,价值不证自明.

另一位关心中学数学教育的国际数学大师——菲尔兹奖获得者,法国数学家托姆(R. Thom)早在1970年就指出:

"目前以代数取代几何的趋势,对教育是有害的,应当把它扭转过来.如果以为无须适当的启发,而只须通过大量的生硬强记代数结构来取代几何的学习，就会更易学到数学，那无论如何是一个可悲的错误."（转引自朱梧槚《几何基础与数学基础》，辽宁教育出版社,1987）

如果说托姆是对法国新数学运动的一种纠偏,那么,另一位菲尔兹奖得主,日本著名数学家小平邦彦也在1981年指出：

"从前,我们是在平面几何中学到逻辑的,我认为不用平面几何是很难教逻辑的.假若以代数作为素材教授逻辑,可能变得太单纯了.再就是人的大脑的左半球与右半球的作用不同,据说,左半球用来分析,右半球用来综合,左半球承担的是语言、逻辑、计算等工作,而右半球承担的是音乐、图像识辨、几何等工作.因此,如以平面几何教逻辑则可把大脑的左右半球联系起来同时训练.特别为了证明而添的辅助线是对右半球最好的训练.为了画辅助线,要看图形全体的图像才能综合地作出判断,我想,不学几何那只是使用了左半球……"（见《数学译林》,1986年,第71页）

几何在中国一直前途堪忧,那么射影几何就更是几乎被遗忘.中学不讲,大学不学.但广大数学爱好者还记着曾有过这样一本优秀的小册子存在.很多读者强烈建议本工作室再版这本优秀读物.

被誉为"技术奇才"的威廉·江恩（Willian Delbert Gann）是股票和期货市场的技术派大师,他曾在25个交易日内赚取了1 000％的收益.他的分析方法就用到了古代数学、几何学甚至星象学,以至于从未有人能清楚地掌握；但他的预测非常准确,成功地预言了1929年大崩盘,自那以后的20年来的预测准确性高达85％.

几何这门学问如果从功利的角度讲是没什么大用的.但是冯克勤先生这部陈年旧作在今天日益功利化的阅读环境中被屡屡提到,说明不管什么样的时代都有爱书人.有人说：藏者,欲也,癖也;癖者,病也. 鲁迅也有诗云:"有病不求药,无聊才读书."乃藏书人之境界也.

其实哪有没一点实用价值的理论呢. 笔者曾读到过一期(2012 年第 2 期)《数学教学》(华东师范大学主办),其中就有一篇题为《从仿射变换角度看 2011 年高考山东理科第 22 题》的文章. 文章的作者在结尾时写道:

> "作为高中教师,应该深入研究高考试题,了解试题的背景,挖掘试题的本质,居高临下地认识高考试题. 这也是提高高三课堂复习效率的重要手段."

可谓无用之用,方为大用.

本书成书较早,为了增强时代感并吸引一些大学生阅读,笔者"擅自"为冯先生的大作加了几个附录,希望不是狗尾续貂.

英国数学家怀尔斯 1995 年证明了费马大定理后,人们不禁要问为什么中国产生不了怀尔斯,原因很多,但怀尔斯在 1963 年 10 岁的时候就从贝尔的《数学精英》一书中知道了费马猜想,中国的学生 10 岁时在干什么呢? 像本书这样深入浅出的书他们能读到吗? 他们的数学老师能读吗?

随着杨绛先生的离世,钱钟书先生又被热议. 同时"异量之美"又重新翻了出来,它出自刘劭《人物志》第七章,"接识"云:

> "人初甚难知,而士无众寡,皆自以为知人. 故以己观人,则以为可知也;观人之察人,则以为不识也. 夫何哉? 是故,能识同体之善,而或失异量之美."

识力限于"同体之善",原是世人的认知常态,专家尤其如此,民间论坛盛行文科生、理科生的相斥互贬,厚其初始,不过各以自己恰巧隶属的领域,贬低对方所属且自己所知不多的领域.

有人总结说:奢侈品要卖东西,规则是这样的,绝不能有人手握着产品喋喋不休地说这产品质量有多好,那太低级了,这个行业讲究的是创造力和想象力.本书的作者系华罗庚先生的高足,其著作深入浅出当属数学科普书中之奢侈品.不必广告宣传,买就是了!

刘培杰

2017 年 7 月 21 日

于哈工大

从高维 Pythagoras 定理谈起——单形论漫谈

沈文选　杨清桃　著

内容简介

1 维单形就是线段，2 维单形就是三角形，3 维单形就是四面体. 从三角形、四面体到高维单形有一系列有趣的结论和优美的公式与不等式，本书详尽地介绍了 1 000 余个结论、公式、不等式及其推导、证明. 从三角形到四面体，再到高维单形，其周界从线段变到三角形面，再变到体、超体，其两边夹角变到线线角、线面角、面面角，再变到维度角、级别角等，这就要用到新的数学工具来处理. 本书系统地介绍了单形的一般概念、特性及其理论，介绍了从单形的周界向量表示到引入 k 重向量，从单形的顶点向量表示到引入重心坐标，从研究同一单形中的有趣几何关系到研究多个单形间的奇妙几何关系式，引导读者进入用代数方法研究几何问题的神奇数学世界.

本书可供初等数学、教育数学、凸体几何研究工作者及数学爱好者参考，适于中学数学教师、师范院校数学专业的教师和学生，也可以作为有关专业研究生的教材或参考书.

序

文选教授是一位多产的数学通俗读物作家. 他的作品，重点不在于文学渲染,人文解读,而是高屋建瓴,以拓展青年学子的数学视野,铸就数学探究的基本功为己任. 这次推出的《从 Cramer 法则谈起 —— 矩阵论漫谈》《从 Stewart 定理的表示谈起 —— 向量理论漫谈》《从高维 Pythagoras 定理谈起 —— 单形论漫谈》三部著作,就是为一些有志于突破高考藩篱,寻求更高数学发展的学生们准备的.

中国数学教育正在进入一个新的周期.21 世纪初的数学课程改革,正在步入深水区. 单靠"大呼隆地"从教学方法入手改革课堂教学,毕竟是走不远的. 数学课堂教学必然要基于数学本身,揭示数学本质. 如果说,教学方法相当于烹调技艺,那么数学内容就相当于食材. 离开食材,何谈烹调? 一个注重数学内容的数学教育,正向我们走来. 本书作为青年数学教师的读物,当有提升数学素养之特定功效.

文选教授是全国初等数学研究学会的首任理事长,他是初等数学研究、竞赛数学研究、教育数学研究的积极倡导者和实践者. 这套书为广大初等数学研究、竞赛数学研究、教育数学研究爱好者提供了丰富的材料,可供参考.

文选教授的这些著作,事关中国数学英才教育的发展. 中国的高中学生,为了高考取得高分,不得不进行反复复习,就地空转. 如果走奥赛的路子,也脱不开应试的框框. 多年来,那些富有数学才华、又对数学怀有浓厚兴趣的年轻人,没有选择自己数学道路的余地,结果便造成了中国数学英才教育的缺失. 反观其他国家和地区的一些数学才俊,年纪轻轻就涉猎高等数学,徜徉在数学探究的路途上. 仅就亚洲来说,中国香港移民到澳大利亚的陶哲轩,越南的吴宝珠,都已经获得菲尔兹奖. 相形之下,当知我们应努力之所在了.

话说回来,本书的内容,虽与高考无直接关系,但却是"数学万花丛中的一朵". 有"花香"的熏染,数学功力日增,对升学的侧面效应,恐也不可小看. 数学英才,毕竟是大学所瞩目的. 最后,我热切期望,本书的读者能够像华罗庚先生所教导的那样,将书读到厚,再从厚读到薄,汲取书中之精华,并在不久的将来,能在中国数坛的预备队里见到他们活跃的身影.

与文选教授合作多年,欣闻他新作问世,写了以上的感想,权作为序.

张奠宙
华东师范大学数学系
2013 年 5 月 10 日

前 言

美丽的"数学花园",奇妙的"数学花坛",如果去"游园",不仅欣赏了纯美的景观,而且可以享受充满数学智慧的精彩"游程",开阔我们的视野,优化我们的思维,涤去蒙昧与无知. 诺贝尔奖获得者、著名的物理学家杨振宁先生曾说:"我赞美数学的优美和力量,它有战术的技巧与灵活,又有战略上的雄才远虑,而且,堪称奇迹中的奇迹的是,它的一些美妙概念竟是支配物理世界的基本结构."

为建设好这座"数学花园",扩展"数学花坛",就要运用张景中院士的教育数学思想,对浩如烟海的数学材料进行再创造,把数学家们的数学化成果改造成学习者易于接受的知识,把数学化过程尽可能变成适合学习者可操作的活动过程,借助操作活动展示数学的优美特征,凸显数学的实质内涵,揭示朴素的数学思考过程,让数学"冰冷"的美丽转化为"火热"的思考,将数学抽象的形式转化为具体的案例. 这也可以响应张奠宙教授的倡议:建构符合时代需求的数学常识,享受充满数学智慧的精彩人生.

笔者认为,探讨数学知识的系统运用是建设"数学花园"、扩展"数学花坛"的一种重要途径. 为此,笔者以数学中的几个重要工具 —— 矩阵、行列式、向量为专题,展示它们在初等数学各学科中的广泛应用及扩展,便形成了这一套书.

这本书是《从高维 Pythagoras 定理谈起 —— 单形论漫谈》,在几何学中,最古老的定理就是直角三角形中的毕达哥拉斯(Pythagoras,前 572— 前 497)定理,在我国称为勾股定理(约前 11 世纪,商高就认识到了边长为 3∶4∶5 的直角三角形,即勾三股四弦五)：直角三角形两直角边平方和等于斜边的平方.

在平面几何中,三角形占据着极为重要的地位,它是平面中最简单的多边形,它具有一系列优美的特殊性质,人们从中归结出一系列著名的定理、公式和不等式,人们用这些定理、公式、不等式来探求平面几何中的各类问题.如果将平面中的三角形向高维欧氏空间推广,便提出了高维欧氏空间中的单纯形(简称单形)问题的研究课题.单形是高维欧氏空间中最简单的几何图形,它亦有一系列优美的特殊性质,既可从中归结出一系列定理、公式、不等式,也可运用它来探求高维欧氏空间乃至常曲率空间中的各类问题.

震动科学界的爱因斯坦相对论激起了人们对 n 维几何学的研究兴趣,人们又开始了对经典几何学的重新深入研究.从 20 世纪 80 年代以来,我国数学界以张景中、杨路、张垚、冷岗松、杨世国、苏化明、左铨如、毛其吉、张晗方、郭曙光、刘根洪、尹景尧、周加农等先生为代表提出了凸体几何学研究中的一系列重要课题.进入 21 世纪后,在高校界,杨世国先生和他的研究生们、杨定华先生、马统一先生以及曾建国先生、王庚先生、王卫东先生等,在中学界,有周永国先生等,对凸体几何中的一些问题进行了深入地探讨,在某些方面也获得了世界领先水平的研究成果.笔者也深入地研究了一系列问题,撰写并发表了一系列论文,也申请了有关科研课题.为了将有关研究成果系统化,促进对凸体几何学有关问题的深入研究,建立完整的理论体系,笔者花费了多年时间和相当的精力,查阅资料,分门别类进行类比推广、探索研究,多方论证.尤其是对三角形的高维推广进行了系统深入地研究,也获得了一系列成果,将这些成果汇集起来,便成了这本书.

凸体几何是以凸体为主要对象的现代几何的一个重要分支.著名数学家陈省身在祝贺我国自然科学基金设立 10 周年的讲话(刊在《数学进展》第 25 卷第 5 期(1996))中指出:"凸体几何是一个重要而困难的方面,C_{60} 的研究(1996 年获诺贝尔化学奖)显示了它在化学中的作用,它当然对固态物理也有重大作用."由此可见,凸体几何的研究不仅具有深刻的理论意义,也有广泛的应用价值.

本书以三角形的高维推广为线索,介绍了单形的基本理论以及研究的最新进展.这可使读者了解到:平面几何、立体几何、解析几何怎样有机地结合,怎样运用向量、k 重向量、重心坐标、矩阵及行列式等重要数学工具来解决问题.使读者了解到:三角形性质是怎样推广到四面体的?三角形、四面体问题又是怎样向高维欧氏空间推广的?主要结果又如何?反过来,又如何指导低维空间的应用研究?这样,可以使我们看到:我国已开始试验的全日制高中数学课程中引入向量、矩阵等内容的实际背景;也可以减少我们在初等数学研究中的重复性劳动,或澄清某些研究成果(许多数学杂志常刊发这些文章)意义不大的理论认识问题;也为更新知识,革新教材创造条件;还为扩大研究领域进行导引,为进一步深入研究打下基础;为获得凸体几何学的新成果做出一些努力!

为了数学教育的需要,对有关数学研究成果进行再创造式整理,以提供适于教学法加工的材料,这也是进行教育数学理论研究的任务.本书在写作时试图体现这一点,以便与从事这一课题研究的工作者共勉!

此书的初稿曾以《单形论导引——三角形的高维推广研究》为书名,获得湖南师范大学出版基金资助,由湖南师范大学出版社于 2000 年出版.这次重新撰写,在原来的基础上做了较大调整,删去了第九章多胞形,增补了近 20 年的最新研究成果.

在本书的写作过程中,张垚教授、冷岗松教授、杨世国教授曾给予热情的指导与帮助,他们不仅提供了自己的最新研究成果,还提出了许多修改意见.特别是张垚教授,在百忙中挤时间审阅书稿,撰写初版序言.他们的大力帮助,使本书增色不少,在此深表感谢!

在此也要衷心感谢张景中院士、张奠宙教授在百忙之中为本套书题字、作序;衷心感谢本书后面参考文献的作者,是他们的成果丰富了本书的内容;衷心感谢刘培杰数学工作室,感谢刘培杰老师、张永芹老师、刘家琳老师等诸位老师,使得本书以新的面目展现在读者面前;衷心感谢我的同事邓汉元教授、我的朋友赵雄辉研究员、欧阳新龙先生、黄仁寿先生,以及我的研究生们:吴仁芳、谢圣英、羊明亮、彭熹、谢立红、陈丽芳、谢美丽、陈淼君等对我写作工作的大力协助;还要感谢我的家人对我写作的大力支持!

限于作者的水平,本书不完善之处在所难免,恳请读者批评指正.

沈文选　杨清桃
2015 年 6 月
于岳麓山下长塘山

编辑手记

这是一本谁都懂一点但又不完全懂的普及读物.

1945 年著名物理学家狄拉克在剑桥大学开设量子力学课,他那时的声望如日中天,不止一些政府职员,战后退伍士兵,海外回归的学生,数学、物理、生物、化学系的学生,甚至哲学系的学生都跑来听课.

有一天,狄拉克走进教室,看到挤满的学生有些惊讶,就说:"这是谈量子力学的课."他以为大部分的学生进错教室,听到他这么说就会离开.

可是没有一个学生走出教室,于是他又大声地说了一遍"这是量子力学的课!"

还是没有人走开,于是他便开始上课.

有人问一个上课的学生:"你明白狄拉克教授写在黑板上的东西吗?"

这学生回答:"不!"

这人又问:"那么你为什么从不间断地上他的课?"

这学生回答:"我只知道一部分,大多数的数学语言我是不明白,然而,我想我有一天可以对人说我是上过狄拉克的量子力学课的学生之一."

本书的读者心理应该是与之相类似的. 学过数学的人都知道毕达哥拉斯定理,但对于高维的毕达哥拉斯定理知道的人就不多了. 正如三角形的毕达哥拉斯数组知道的人很多,但 n 边形毕达哥拉斯三元数组就少有人知. Egon Scheffold 给出:对于一个自然数 $n \geq 3$, a 阶的 n 边形数 P_n^a 是

$$P_n^a \triangleq \sum_{k=0}^{a-1}((n-2)k+1) = (n-2)\frac{a^2}{2} - (n-4)\frac{a}{2}$$

三个自然数 a,b 和 c 形成 n 边形数的一个毕达哥拉斯三元组,如果

$$P_n^a + P_n^b = P_n^c$$

下面的定理完全地描述了所有这样的三元组.

定理1 令 a,b,c 和 n 是自然数,并令 $n \geq 3$. 三元组 (a,b,c) 是 n 边形数的一个毕达哥拉斯三元组,当且仅当

$$a = (n-2)r + t$$
$$b = (n-2)r + s$$
$$c = (n-2)r + s + t$$

其中 r,s 和 t 是使得

$$r((n-2)^2 r - (n-4)) = 2st$$

的自然数.

当取 $t = 1$ 时,对任意 $r \in \mathbf{N}$,都是通常意义的毕达哥拉斯三元数组.

在泛函分析中我们知道,毕达哥拉斯定理可以被推广到准希尔伯特空间,但它仍然表示向量的长度间的一种关系.

Jean-P. Quadrat, Jean B. Lasserre, Jean-B. Hiriart-Urruty 偶然发现与一个直角四面体的各面的面积有关的,显然类似于毕达哥拉斯定理的一个结果.

定理2 令 $OABC$ 是一个四面体,它有三个相互垂直的面 OAB, OAC, OBC 和"斜面" ABC,如图1. 令 S_1, S_2, S_3 分别表示诸相互垂直的面的面积,S 表示斜面的面积,那么

$$S^2 = S_1^2 + S_2^2 + S_3^2 \tag{1}$$

很容易证明定理2. 有人给出了它在 n 维情形中的一种推广的形式.

令标准的欧几里得仿射空间 $\mathbf{R}^n$ 用 $(O; e_1, e_2, \cdots, e_n)$ 标记,其中 $\{e_1, e_2, \cdots, e_n\}$ 是向量空间 $\mathbf{R}^n$ 的一组正交基. 我们考虑由

$$\Omega_n \triangleq \{(x_1, x_2, \cdots, x_n) \in \mathbf{R}^n \mid \sum_{i=1}^n \frac{x_i}{a_i} \leq 1, x_i \geq 0,$$

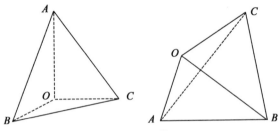

图 1　直角四面体 $OABC$

$$i = 1, 2, \cdots, n \} \qquad (2)$$

描述的紧凸多面体(或 n 单形)Ω_n,其中 $a_i > 0, i = 1, 2, \cdots, n$.

"多-正交"的 Ω_n 即为定理2中的直角四面体的一种推广的形式,从凸性的观点来看,它的结构是已知的. 事实上,Ω_n 有:

$n+1$ 个顶点:原点 O 和由 $\overrightarrow{OA_i} = a_i e_i, i = 1, 2, \cdots, n$ 定义的 n 个点$\{A_i\}$.

$n+1$ 个 $n-1$ 维的面:n 个面包含原点(作为 O 和 $\{A_i\}$ 中的 $n-1$ 个点的凸包而得),我们称之为从原点发出的面. 一个面不通过原点(作为诸$\{A_i\}$点的凸包而得),我们称之为斜面.

Ω_n 的面的 $n-1$ 维容积称为面积,类似于 $n=3$ 时的正常情形. Ω_n 的 n 维容积——称为 Ω_n 的体积 V——可以通过下面的公式,由其诸面的面积来计算

$$V = \frac{1}{n}(\text{一个面的面积}) \times$$
$$(\text{从该面之外的顶点所引的高}) \qquad (3)$$

定理3　(面积的毕达哥拉斯定理的 n 维形式)对于式(2)中的紧凸多面体 Ω_n,其斜面面积的平方等于其从原点发出的 n 个面的面积平方之和.

例如,当 $n=4$ 时,定理3给出了5个3维面的(通常意义下的)体积之间的一个关系:$V^2 = V_1^2 + V_2^2 + V_3^2 + V_4^2$.

证明　为了理解此证明,建议读者取 $n=3$,并把图1记于心中. 根据式(3),若以 S_i 表示与顶点 A_i 相对的,从原点发出的面的面积,则

$$V = \frac{1}{n} S_i \times \| \overrightarrow{OA_i} \| = \frac{1}{n} S_i a_i \qquad (4)$$

从 O 到斜面的高是从 O 到方程为 $\sum_{i=1}^{n} \frac{x_i}{a_i} = 1$ 的仿射超平面（包含所有顶点 $\{A_i\}$ 的超平面）的距离，它等于 $(\sum_{i=1}^{n} a_i^{-2})^{-\frac{1}{2}}$。因而，如果 S 表示 Ω_n 的斜面的面积，由式(3)我们推知

$$V = \frac{1}{n} S \times (\sum_{i=1}^{n} \frac{1}{a_i^2})^{-\frac{1}{2}} \qquad (5)$$

由式(4)即得

$$S_i^2 = n^2 V^2 \frac{1}{a_i^2} \quad (i = 1, 2, \cdots, n)$$

并从式(5)得

$$S^2 = n^2 V^2 (\sum_{i=1}^{n} \frac{1}{a_i^2})$$

我们知道所谓单形亦即距离几何。距离几何(Distance Geometry)是几何学的一个重要分支，它所形成的真正基础是由 K. Menger 于 1928 年到 1931 年间的四篇论文而奠定的。1953 年英国牛津大学出版社出版了 L. M. Blumenthal 的一本学术专著 *Theory and Applications of Distance Geometry*，该书问世至今对于研究距离几何方面的一些问题来说仍是一本难得的资料。到 2013 年，Antonio Mucherino, Carlile Lavor, Leo Liberti, Nelson Maculan 又主编出版了 *Distance Geometry(Theory, Methods and Applications)*。但是在国内至今没有一本真正距离几何方面的专著。

有一个必须回答的问题是学习单形对中学生有何用呢？这是广大中学生读者最关心的问题。为了说明问题，我们举一个中学生自己发现的应用为例。上海复旦大学附属中学高三(8)班的梅灵捷同学在其指导教师汪杰良的指导下发现：

对于一个 n 维单形来说，如下的行列式

$$\begin{vmatrix} 0 & 1 & 1 & \cdots & 1 \\ 1 & 0 & d_{12}^2 & \cdots & d_{1,n+1}^2 \\ 1 & d_{12}^2 & 0 & \cdots & d_{2,n+1}^2 \\ \vdots & \vdots & \vdots & & \vdots \\ 1 & d_{1,n+1}^2 & d_{2,n+1}^2 & \cdots & 0 \end{vmatrix}$$

被称为它的 Cayley-Menger 行列式（其中 d_{ij} 为 A_i 与 A_j 的距离）.

Cayley-Menger 行列式与 n 维单形的体积有如下的关系

$$(-1)^{n+1}2^n(n!)^2V^2 = \begin{vmatrix} 0 & 1 & 1 & \cdots & 1 \\ 1 & 0 & d_{12}^2 & \cdots & d_{1,n+1}^2 \\ 1 & d_{12}^2 & 0 & \cdots & d_{2,n+1}^2 \\ \vdots & \vdots & \vdots & & \vdots \\ 1 & d_{1,n+1}^2 & d_{2,n+1}^2 & \cdots & 0 \end{vmatrix} \quad (6)$$

当 $n = 3$ 时，式(6) 转化为

$$288V^2 = \begin{vmatrix} 0 & 1 & 1 & 1 & 1 \\ 1 & 0 & d_{12}^2 & d_{13}^2 & d_{14}^2 \\ 1 & d_{12}^2 & 0 & d_{23}^2 & d_{24}^2 \\ 1 & d_{13}^2 & d_{23}^2 & 0 & d_{34}^2 \\ 1 & d_{14}^2 & d_{24}^2 & d_{34}^2 & 0 \end{vmatrix} \quad (7)$$

也就是说，利用式(7) 可以通过四面体顶点之间的距离计算四面体的体积.

为了说明这一定理的威力，他特意举了一个数学竞赛试题为例. 如下：

在四面体 $ABCD$ 中，$AD = DB = AC = CB = 1$，求它的体积的最大值.（2000 年上海市高中数学竞赛）

解 令 $d_{12} = AB, d_{34} = CD$，有

$$288V^2 = \begin{vmatrix} 0 & 1 & 1 & 1 & 1 \\ 1 & 0 & d_{12}^2 & d_{13}^2 & d_{14}^2 \\ 1 & d_{12}^2 & 0 & d_{23}^2 & d_{24}^2 \\ 1 & d_{13}^2 & d_{23}^2 & 0 & d_{34}^2 \\ 1 & d_{14}^2 & d_{24}^2 & d_{34}^2 & 0 \end{vmatrix}$$

$$= \begin{vmatrix} 0 & 1 & 1 & 1 & 1 \\ 1 & 0 & 0 & d_{13}^2 & d_{14}^2 \\ 1 & d_{12}^2 & 0 & d_{23}^2 & d_{24}^2 \\ 1 & d_{13}^2 & d_{23}^2 & 0 & d_{34}^2 \\ 1 & d_{14}^2 & d_{24}^2 & d_{34}^2 & 0 \end{vmatrix} -$$

$$d_{12}^2 \begin{vmatrix} 0 & 1 & 1 & 1 \\ 1 & d_{12}^2 & d_{23}^2 & d_{24}^2 \\ 1 & d_{13}^2 & 0 & d_{34}^2 \\ 1 & d_{14}^2 & d_{34}^2 & 0 \end{vmatrix}$$

$$= \begin{vmatrix} 0 & 1 & 1 & 1 & 1 \\ 1 & 0 & 0 & d_{13}^2 & d_{14}^2 \\ 1 & 0 & 0 & d_{23}^2 & d_{24}^2 \\ 1 & d_{13}^2 & d_{23}^2 & 0 & d_{34}^2 \\ 1 & d_{14}^2 & d_{24}^2 & d_{34}^2 & 0 \end{vmatrix} -$$

$$2d_{12}^2 \begin{vmatrix} 0 & 1 & 1 & 1 \\ 1 & 0 & d_{23}^2 & d_{24}^2 \\ 1 & d_{13}^2 & 0 & d_{34}^2 \\ 1 & d_{14}^2 & d_{34}^2 & 0 \end{vmatrix} -$$

$$d_{12}^4 \begin{vmatrix} 0 & 1 & 1 \\ 1 & 0 & d_{34}^2 \\ 1 & d_{34}^2 & 0 \end{vmatrix}$$

当 V 取最大值时, 有

$$\frac{\partial 288V^2}{\partial d_{12}^2} = -2 \begin{vmatrix} 0 & 1 & 1 & 1 \\ 1 & 0 & d_{23}^2 & d_{24}^2 \\ 1 & d_{13}^2 & 0 & d_{34}^2 \\ 1 & d_{14}^2 & d_{34}^2 & 0 \end{vmatrix} -$$

$$2d_{12}^2 \begin{vmatrix} 0 & 1 & 1 \\ 1 & 0 & d_{34}^2 \\ 1 & d_{34}^2 & 0 \end{vmatrix}$$

$$= 0$$

从而

$$d_{12}^2 = -\frac{\begin{vmatrix} 0 & 1 & 1 & 1 \\ 1 & 0 & d_{23}^2 & d_{24}^2 \\ 1 & d_{13}^2 & 0 & d_{34}^2 \\ 1 & d_{14}^2 & d_{34}^2 & 0 \end{vmatrix}}{\begin{vmatrix} 0 & 1 & 1 \\ 1 & 0 & d_{34}^2 \\ 1 & d_{34}^2 & 0 \end{vmatrix}} = -\frac{1}{2}d_{34}^2 + 2 \qquad (8)$$

同理，令 $\dfrac{\partial 288V^2}{\partial d_{34}^2} = 0$，即

$$d_{34}^2 = -\frac{1}{2}d_{12}^2 + 2 \qquad (9)$$

结合(8)(9)，可得 $d_{12} = d_{34} = \dfrac{2}{\sqrt{3}}$. 此时

$$288V^2 = \begin{vmatrix} 0 & 1 & 1 & 1 & 1 \\ 1 & 0 & \dfrac{4}{3} & 1 & 1 \\ 1 & \dfrac{4}{3} & 0 & 1 & 1 \\ 1 & 1 & 1 & 0 & \dfrac{4}{3} \\ 1 & 1 & 1 & \dfrac{4}{3} & 0 \end{vmatrix} = \frac{128}{27}$$

即 $V = \dfrac{2}{9\sqrt{3}}$.

他先是通过 Cayley-Menger 行列式将体积表示为两个变元的行列式，随后利用多元函数求偏微分的知识即得到极值点的条件. Cayley-Menger 行列式的使用起到了将与变元相关的量、与变元无关的量的分离，并给出了简洁的系数. 当需要多项式形式的简洁体积表达式时，可以利用 3 维单形的 Cayley-Menger 行列式.

n 维的基础是 2 维和 3 维. 有关平面及立体几何的应先熟练，才可以过渡到 n 维单形. 借哲学说点事面对当下学界的后现代趋势，邓晓芒说：

"后现代对中国的影响是非常糟糕的,可以说后现代让中国那些不愿意思考的学者们大大地松了一口气,我不用看康德,也不用看黑格尔,我只要看后现代就够了,他们身上的担子就轻了.这是很不应该的,人家是那样过来的,你那个教育都没受过,连小学都没读,就去发明永动机,那怎么可能呢?现在这些人就是在发明永动机,以为后现代就是永动机."

沈文选先生是我国著名的平面几何专家,虽然地位不及梁绍鸿先生当年那样受人瞩目,但名列前三是公认的.其《平面几何证明方法全书》多次印刷,很受读者喜爱.他的另一本大作《几何瑰宝》(上、下)也好评如潮.基于他深厚的平面几何功底,由他来完成这本 n 维单纯形的科普著作应该是恰当的.沈先生教了一辈子书,同时他也是一位勤奋的研究者.

印度诗人泰戈尔有一首英文诗:

A teacher can never truly teach,
unless he is still learning himself.
A lamp can never light another lamp,
unless it continues to burn its own flame.
The teacher who has come to the end of his subject,
who has no living traffic with his knowledge but merely,
repeats his lesson to his students,
can only load their minds,
he cannot quicken them.

不求进步的老师,
不是真正的老师.
自己不在燃烧的蜡烛,
又怎能点亮别的蜡烛?

不再主动求知的老师,
就开始重复陈词滥调,
他只能加重学生头脑的负担,
不能激起思想的活力.
(何崇武教授翻译)

沈先生正是一支燃烧自己照亮别人的蜡烛!

刘培杰

2015 年 8 月 16 日

于哈工大

从 Cramer 法则谈起——
矩阵论漫谈

沈文选　杨清桃　著

内容简介

矩阵(即长方形数表)是处理大量数学问题以及生产、生活中许多实际问题的重要工具.本书介绍了如何巧妙地运用或构造矩阵,研究和解决一系列趣味数学问题,方程组、不等式、函数、三角、数列、排列组合与概率、平面几何、平面解析几何、立体几何、复数、初等数论、多项式、高次方程的求解等问题,还介绍了运用矩阵研究和解决日常生活、生产中的许多实际问题.

本书可供初等数学、竞赛数学、教育数学研究者及广大数学爱好者参考阅读,适于广大中学数学教师、师范院校数学科学学院学生、高中学有余力的学生学习.

前言

美丽的"数学花园",奇妙的"数学花坛",如果去"游园",不仅欣赏了纯美的景观,而且可以享受充满数学智慧的精彩"游程",开阔我们的视野,优化我们的思维,涤去蒙昧与无知.诺贝尔奖获得者、著名的物理学家杨振宁先生曾说:"我赞美数学的优美和力量,它有战术的技巧与灵活,又有战略上的雄才远虑,而且,堪称奇迹中的奇迹的是,它的一些美妙概念竟是支配物理世界的基本结构."

为建设好这座"数学花园",扩展"数学花坛",就要运用张景中院士的教育数学思想,对浩如烟海的数学材料进行再创造,把数学家们的数学化成果改造成学习者易于接受的知识,把数学化过程尽可能变成适合学习者可操作的活动过程,借助操作活动展示数学的优美特征,凸显数学的实质内涵,揭示朴素的数学思考过程,让数学"冰冷"的美丽转化为"火热"的思考,将数学抽象的形式转化为具体的案例. 这也可以响应张奠宙教授的倡议:建构符合时代需求的数学常识,享受充满数学智慧的精彩人生.

笔者认为,探讨数学知识的系统运用是建设"数学花园"、扩展"数学花坛"的一种重要途径. 为此,笔者以数学中的几个重要工具 —— 矩阵、行列式、向量为专题,展示它们在初等数学各学科中的广泛应用及扩展,便形成了这一套书.

这本书是《从 Cramer 法则谈起 —— 矩阵论漫谈》.

对于长方形数表,是我们遇到的较多的数学对象,长方形数表就是矩阵.

在逻辑上,矩阵的概念应先于行列式的概念,而在历史上次序正好相反. 在数学发展的历史上,人们为了解一次方程组,为了从理论上探讨一般性问题,给出了行列式的概念,以及后来由克莱姆(Cramer)给出了一般性法则.

行列式就是一个数字方阵的值,在某些场合,人们只须研究和使用方阵本身,而不管行列式的值是否与该问题有关,于是人们需要认识方阵本身的性质,矩阵这个概念就应运而生了. 矩阵这个词是西尔维斯特(Sylvester,1814—1897)首先使用的.

矩阵是一个重要的数学工具,在处理各种问题中神通广大.

数学应用研究是推动数学发展的一种内驱力. 例如,牛顿力学推动了微积分的产生,爱因斯坦相对论促进了微分几何的发展,杨振宁 - 米尔斯规范场成为现代数学发展的支柱之一,等等. 同时,数学应用研究也促进了科学技术的发展,以至有

"一切高技术都可归结为数学技术"的说法.

加强数学应用教育是数学教育的一个重要方面,也是促使教育现代化的重要途径. 在数学教育中,教给学生的不能仅是数学知识,重要的是在于培养学生用数学的意识,让他们学会用数学的理论、思想方法去分析问题,学会从实际问题建立数学模型来解决问题,而这些正是体现一个人的数学素质高低的表现. 为使教育现代化,一方面要提高大众的数学素质,另一方面要把现代数学的观点、内容等渗透到数学教育中去. 这就是一种数学应用教育. 例如,矩阵理论是现代数学中的一个极为重要、应用极为广泛的内容,许多国家已把它的基本内容列为中学数学的教学内容. 因矩阵是日常生活中、数学各分支中见得较多的数学对象的表示形式,它能把头绪纷繁的事物或者数学对象按一定的规律排列表示出来,让人看上去一目了然,帮助我们保持清醒的头脑,不至于被一些杂乱无章的关系弄得晕头转向;对矩阵施行某些运算,则可表明这些事物或者数学对象之间蕴涵的内在规律等. 由此看来,研究矩阵的应用教育十分重要.

笔者在从事初等数学研究及教学中,深感研究时用高等数学的知识去统一初等数学的松散体系,用高等数学的理论对初等数学的有关问题做新推广和深发展,使高等数学与初等数学相互渗透、相互为用等尤为必要. 基于这方面的考虑,笔者把自己进行初等数学研究的体会以及诸位同行的一些研究成果汇聚起来,便成了这本书——《从 Cramer 法则谈起——矩阵论漫谈》.

本书内容框架是从如下几个方面构思的:(1)把有关实际问题或数学对象转化为(或表示为)矩阵的元素,分析矩阵的结构特征来处理问题;(2)根据所给实际问题或数学对象的特征,设计出矩阵,运用矩阵的运算性质来处理问题;(3)分析实际问题或数学对象的结构,分离或构造出矩阵,运用矩阵的初等变换、运算性质以及基本理论来处理问题.

此书的初稿曾以《矩阵的初等应用》为书名,由湖南科学技术出版社于 1996 年出版. 今天,时过境迁,20 来年了. 这次重新撰写,在原来的基础上做了较大调整,删去了与单形有关的内容，增补了大量的例子，并增写了几章.

　　在写作编排中，为了方便说明问题，同时为了照顾到高中学有余力的学生，对矩阵的一些基本知识及有关理论是穿插介绍的；书中的章节是以初等数学中的一些基本内容为线索排列的.在写作过程中，虽参阅了大量的专著、论文，但由于作者的水平有限，本书不完善之处在所难免，恳请读者批评指正.

　　在此要衷心感谢张景中院士、张奠宙教授在百忙之中为本套书题字、作序；衷心感谢本书后面参考文献的作者，是他们的成果丰富了本书的内容；衷心感谢刘培杰数学工作室，感谢刘培杰老师、张永芹老师、钱辰琛老师等诸位老师，使得本书以新的面目展现在读者面前；衷心感谢我的同事邓汉元教授、我的朋友赵雄辉研究员、欧阳新龙先生、黄仁寿先生，以及我的研究生们：吴仁芳、谢圣英、羊明亮、彭熹、谢立红、陈丽芳、谢美丽、陈森君等对我写作工作的大力协助；还要感谢我的家人对我写作的大力支持！

沈文选　　杨清桃
2015 年 6 月
于岳麓山下长塘山

唐吉诃德+西西弗斯——他山之石集

Haar 测度定理

刘培杰数学工作室　编

内容简介

本书从一道冬令营试题的背景谈起,详细介绍了哈尔测度及其相关知识. 全书共分 8 章,分别为:一道冬令营试题、集合、拓扑空间、距离空间、点集的容积与测度、哈尔测度、右哈尔测度和哈尔覆盖函数、局部紧拓扑群上右不变哈尔积分的存在性.

本书可供从事这一数学分支或相关学科的数学工作者、大学生以及数学爱好者研读.

编辑手记

为什么要出版这样一本对应试作用不大的书,借我们工作室的一位作者成斌(哥伦比亚大学,生物统计学系)先生发给笔者的一封电子邮件来解释是恰当的. 成先生正在为我们翻译下列三本著作:

1. *A Review From the Top：Analysis，Combinatorics，Number Theory*(《高观点看分析、组合及数论》);

2. *Algebraic Geometry：A Problem Solving Approach*(《通过解题学代数几何》);

3. *Mostly Surfaces*(《曲面的数学》).

成先生的原文是这样的:我想重申一下关于翻译这些书的动机. 我国的数学奥赛教育已经达到世界一流,但是金牌之后如何保持持久的数学兴趣(我称之为"后金牌教育",我在准备写一篇这方面的文章)是目前数学教育值得加强的地方. 深刻持久的数学兴趣是成为一流数学家的必经之路. 遗憾的是,目前我国大学数学教材有两个缺点:一是严谨有余,趣味不足(这或许是国内许多奥赛优胜者对数学失去兴趣的原因之一). 二是每门课内容各自独立,缺乏融会贯通,而我们只要看看近几年菲尔兹奖得主的工作就会发现这些工作往往跨越不同数学领域. 这就是我翻译这些书的原因,或许可以考虑称它们是"趣味大学数学丛书",希望那些奥赛优胜者能尽早从中受益,也希望对国内大学数学教材的编写者有所启发.

1974 年,上海学习清华大学经验,对所有正副教授进行"突袭考试". 复旦大学的试卷是本校各科的入学试卷,结果谭其骧(1911—1992)院士,数理化只做了"一亩等于几平方丈"这一道题. 这番考试的结果,被作为资产阶级知识分子毫无知识、一窍不通,连大学入学资格都没有的事例而广泛宣传. 其实,如果抛开对"文章"的反思,单就数学而论,这个问题就是一个测度问题. 当土地位于北方平原上,便是简单平凡的测度;而放到南方特别是山区,要想测量若干块不规则土地的面积之和就非易事了(华先生曾以此为模型命了一道全国联赛题). 数学中也是如此. 测度论是近代数学的产物. 测度论的兴起与积分论有关,是积分理论的不断进步,要求数学家研究越来越远离直观的形形色色的测度. 1934 年上海光华大学《理科期刊》(创刊号)的第一篇文章就是论及这一问题的,作者为范会国,文章题目为《黎勒二氏积分及其比较》(*Riemann Integrals and Lebesgue Integrals and Their Comparison*),其引言写道:

> "积分学固开端于牛顿及莱布尼兹二氏,但彼时之所谓积分者,其义甚狭,自从黎曼氏后,积分之理论始大进步,其范围亦为较广,殆及勒贝格氏,更在此块领域,建起崇楼杰阁,巍然轮奂,虽难谓观止,其实科

学是永无底止,除非宇宙覆灭,然数理学诚已增加不少力量矣.是篇所论者,即黎勒二氏之积分,并略为比较之."

本书对测度的介绍具有历史发展的源流考.

数学中的概念与理论也是如此.今天我们大家所接受的东西是否一开始就是今天的面貌.本书是没有像数学史书那样细致入微,但在现有的读物中,它显然可以充当工具书来使用.

牛津大学出版社编辑总监达摩恩·苏卡说:"工具书的出版与学术研究联系紧密.这些内容不是通过谷歌搜索就能找到的.相反,在这个信息泛滥的社会,对于学生和教育工作者来说,通过工具书获取真正有深度的内容,显得更加重要."

本书的主要内容均来自于日、德、俄、美的学术著作.当今的大中师生都是大忙人,没有时间广泛地为一个专题搜集许多资料进行系统阅读.这时,我们就要承担这些工作.这方面的榜样很多,如马克思为写《资本论》在大不列颠图书馆中搜集有关资料,光整理的笔记就达 23 本之多,计有 1 472 页;他仅做过笔记、摘录的书就有 1 500 多种.列宁为了写《俄国资本主义的发展》曾参考了 563 本书.钱钟书写《管锥编》时参考文献共计有 4 000 余种.

故此《增广贤文》中有言:"观今宜鉴古,无古不成今."

当然这些并不是脑力劳动中的最高级形式,除内容安排之外.

在股市中有一段顺口溜:如果你不专业,那你就只能聪明;如果你还不聪明,那你只能手快;如果你又不专业,又不聪明,手还不快,那还是坐卜来观赏吧!

在数学中也有类似情况:如果你不是天才,那你就只能勤奋;如果你还不勤奋,那你只能投机(即搞冷门);如果你又不是天才,又不太勤奋,又不想投机,那你只能写写科普书了.你说呢?

刘培杰

2016 年 1 月 6 日

于哈工大

Brouwer 不动点定理

刘培杰数学工作室　编译

内容简介

本书主要介绍了布劳维(Brouwer)不动点定理及其推广角谷静夫(Kakutani)不动点定理的证明及应用.全书共分为8章:第1章,布劳维——拓扑学家,直觉主义者,哲学家:数学是怎样扎根于生活的;第2章,布劳维不动点定理;第3章,从拓扑的角度看;第4章,某些非线性微分方程的周期解的存在性,不动点方法与数值方法;第5章,角谷静夫不动点定理;第6章,Walras式平衡模型与不动点定理;第7章,球面上的映射与不动点定理;第8章,拓扑学中的不动点理论前沿介绍.

本书可供从事这一数学分支相关学科的数学工作者、大学生以及数学爱好者研读.

编辑手记

本书从内容上讲,是一本读着费劲的书.作家王蒙曾告诫读者:我主张读一点费点劲的书,读一点你还有点不太习惯的书,读一点需要你查资料、请教他人、与师长朋友讨论切磋的书.除了有趣的书,还要读一点严肃的书.除了爆料的书、奇迹的书、发泄的书,还更需要读科学的书、逻辑的书、分析的书与有创新、有艺术勇气的书.除了顺流而下的书,还要读攀缘而上、需要掂量掂量的书.除了你熟悉的大白话的书、朗诵体讲座体的书,还要读一点书院气息的书、古汉语的书、外文的书、大部头的书.除了驾轻就熟的书以外,还要读一些过去读得少,因而不是读上十分钟就博得哈哈大笑或击节赞赏,而是一时半会儿找不准感觉的书.

本书从品味数学独特方法上讲,又是一本值得再三研读的书.就布劳维不动点定理而言,证法是很多的,有些只用到了最简单的概念,比如我们先引入一个概念叫变换的标.

假设 X 是一个平面,并且我们考虑变换 $f:X \to X$(或者可能是 $f:X_1 \to X$,其中 $X_1 \subseteq X$).若某一点在变换下为其自身的象(即某一点 $x \in X$,对于 $x, f(x) = x$),则称之为 f 的不动点,X 的每一点都是恒等变换的不动点,而一个平移(不是恒等变换)没有不动点.

令 $f:X \to X$ 为一连续变换,并且令 C 为 X 里的一定向封闭曲线.它不包含任何一 f 的不动点(图1),也就是说,C 为一曲线,它从一点 p_0 开始,依给定的走向运行而终止于同一点 p_0. 对每一点 $p \in C$,设 $f(p) = p'$,则 $\overrightarrow{pp'}$ 为一非零向量. 选取任一合适的点 $o \in X$,并且画出与 $\overrightarrow{pp'}$ 平行且等长的向量 $\overrightarrow{op''}$(图1(b) 表明对于两点 p_1 与 p_2 的这种构造). 现在设想点 p 循给定的走向沿着这一曲线运行,最后又回到它原来的位置.当 p 运行时,向量 $\overrightarrow{op''}$ 可能绕点 o 向任何方向旋转;但当 p 沿 C 运行完一圈而回到其原来位置时,向量 $\overrightarrow{op''}$ 也应回到它原来的位置,并且应绕点 o

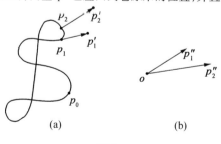

(a)　　　　　　　　(b)

图1

完成整数个旋转. 让我们将逆时针方向的旋转记为正, 而将顺时针方向的旋转记为负, 则存在一个唯一的整数 n(正、负或零)给出当点 p 沿曲线运行一周时, $\overrightarrow{op}$ 绕点 o 旋转的次数, 称此整数 n 为 f 沿 C(在给定的走向上)的标.

(可见 Arnold 著的《初等拓扑的直观概念》, 王阿雄译, 人民教育出版社, 1980 年.)

利用它我们可以给出布劳维不动点定理的另一个证明.

布劳维不动点定理 若 X 为一封闭圆盘, 则每一连续变换 $f:X \to X$ 具有不动点.

证明 用反证法证明. 令 C_0 为 X 的圆周, 并令 C_1 为 C_0 的半径. 若 f 无不动点, 则 C_0 能畸变成为 C_1 而不历经任一 f 的不动点, 并由前面的定理可知 f 沿 C_0 和沿 C_1 的两个标必相同. 如果 r 为充分小, 则 f 沿 C_1 的标为 0. 若能证明 f 沿 C_0 的标不是 0, 则此证明完成. 事实上, 在每一点 $p \in C_0$, 从 p 到 $p' = f(p)$ 的向量必须指向圆盘内(图 2); 这就是说, 向量 $\overrightarrow{pp'}$ 永远位于点 p 上切于 C 的切线的同一侧, 显然当 p 绕 C 一圈时, 切于 C 的切线也正好绕了一圈. 因为向量 $\overrightarrow{pp'}$ 永远位于切线的同侧, 它必定也绕了一圈. 则 f 沿 C_0 的标为 +1 或 -1.

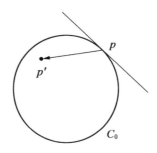

图 2

我们称 3 维空间的某一子集具有不动点性质, 当且仅当每一从 X 到其自身内的连续变换都具有不动点, 那么布劳维的不动点定理表述了一个封闭圆盘具有不动点性质. 容易看出, 一个移去圆心的封闭圆盘不具有这一性质, 而且球面也不具有这一不动点性质.

从篇幅上讲这又是一本小书.

2013年诺贝尔文学奖颁发给了加拿大女作家爱丽丝·门罗.

颁奖词说她是"当代短篇故事大师",其实门罗的某些故事,印在书上四十来页,在国内要算中篇小说.所以在门罗初出道时,评论家对她有过算小说(novel)还是算故事(story)的争论.

本书的引子是一道苏联数学奥林匹克试题.苏联的数学竞赛命题者多为数学大家.研究搞得好,站在前沿,问题又想得透,当然能深入浅出命出好的题目.而且像魔术师手中的一个红线头一样,一拽便能牵出一个大东西,令观众目瞪口呆,好的竞赛题就应该是这样.反观我们的一些竞赛题,可谓充满了"奇技淫巧",貌似精巧但考完便被大家抛之脑后.

这是一本尽管与理论经济学相关但还是相当纯粹的数学书.现在学习和研究纯数学的人数都不比从前了.

据法国《世界报》报道:1995年至2011年,法国高校数学系的学生数量从63 720人下降到33 154人,而经济学则逐渐成了显学.且不说有多届诺贝尔经济学奖干脆就授给职业数学家,如纳什、康托洛维奇等,就是国内我们大家所熟知的经济学大家原来也是学数学出身,如中山大学的王则柯教授曾是位优秀的拓扑学专家(本书引用了他相当多的叙述).还有以博览群书著称的汪丁丁先生,大家不要被他浅显的文字所迷惑,如那本《通往回家的路》,以为他是个文艺青年,他可是地道的数学男,一直到硕士阶段都是,而且是中国科学院的,专业为控制论,曾用控制理论搞过中国人口模型.最近微信朋友圈盛传的一篇文章中更明确提出要拿经济奖,先学好数学:

要取得诺贝尔经济学奖这样的成就,需要先过了数学这一关.

从不完全统计来看,这76位诺贝尔经济学奖获奖人中,至少有41人有经济学学位,至少有23人有数学学位,而有经济学、数学双学位的至少有9人.

2015年的获奖者迪顿,在剑桥大学时期就曾就读过数学专业. 而2012年获奖者沙普利更是直言说,我其实是个数学家,从没上过经济学课程.

梳理他们的履历后可以看出,这些获奖者的读书模式大致有两种:

第一种是长期以来就是经济学和数学混着读. 比如1976年获奖者弗里德曼,他本科在罗格斯大学读的就是数学和经济学. 再比如2003年获奖者格兰杰,他当初进入诺丁汉大学时读的是经济学和数学联合学位,不过他第二年就毅然决然地转到纯数学专业了.

第二种也是诺贝尔经济学奖获奖人中更常见的一种模式,即本科阶段先学数学,把基础打扎实,博士再跟个大师转读经济. 2013年获奖者汉森、2011年获奖者西姆斯,以及2004获奖者普雷斯科特等人,都是这么读的.

2012年一项针对64位诺贝尔经济学奖获得者的研究就发现,这些获奖者中本科专业是经济学和数学的比例相当,分别为39%和33%,等到了博士阶段,经济学专业比例就提高到了78%,数学专业只有12%.

如图3所示的这份研究报告给出的解释也挺有道理:作为一门被应用到经济学领域的自然语言,数学可以让经济学家的想法更清晰地阐述和传播,获得诺贝尔奖的概率也就高了.

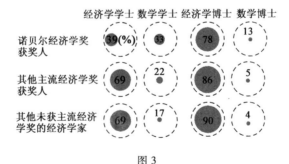

图 3

不过与此同时,诺贝尔奖的"数学化"也面临一些争议,社会上也有声音认为,这种倾向促使经济学研究越来越像数学和统计学,却缺乏思想创造和社会贡献.

许多人不理解,为什么学经济学的要懂如此之多的数学.堂而皇之的理由是研究需要.而更接近实际的是提高淘汰率.

高成才率一定伴随高淘汰率,当年钱伟长入清华大学时要求转到物理系学习,遭到劝说让他另选别系,劝说的理由之一是,当时清华大学物理系学生的淘汰率是很高的.1929年入学11人,到1933年毕业时仅剩5人,淘汰率为54.6%;1930年入学13人,到1934年毕业时仅剩4人,淘汰率为69.4%;1931年入学14人,到1935年毕业仅剩7人,淘汰率为50%;1932年入学28人,1936年毕业时仅剩5人,淘汰率为82.8%.

经济学家容易进入主流社会,或充当高层智囊,或充当领导幕僚,进入体制内则占据利益部门的核心位置,走入民间则或成为公知或进入上市公司成为独立董事.如此美差谁不向往,所以修筑门槛是必需的.而数学则是充当门槛的最佳材质.其实真正的经济学应该回归传统,它是人文的.像哈耶克那样不被认为是经济学家的人才能看出问题.米兰·昆德拉在其小说《玩笑》一书的英文版序言中指出,个人无法避开历史,陷入个人圈套的人也会陷入历史的圈套:"受到乌托邦声音的诱惑,他们拼命挤进天堂的大门,但当大门在身后砰然关上之时,却发现自己是在地狱里."

中国经济学家众多,但还没有一个人的著作像哈耶克那本《通往奴役之路》那样成为启迪民智的畅销书.全书没有一个公式,但却揭示了我们熟视无睹的隐蔽的社会运行规律.

必须指出布劳维的名气很大,但不是因为他提出了不动点定理,而是因为他还是数学哲学中的一个重要人物.20世纪90年代计算机理论专家胡世华教授提出的课题之一就是,"布劳维直觉主义思想和数学研究中构造性倾向需要把布氏直觉主义的数学思想和他的一般哲学思想区分开."

数学基础中的直觉主义学派的创始人就是本书主人公,国际著名的数学家、数理逻辑学家布劳维,他有比较系统的直觉主义哲学理论,明确承认其哲学观点来源于康德的先验主义.直觉主义学派的主要成员海丁(A. Heyting)和外尔等也接受布劳维的观点.

自然辩证法专家张家龙指出:以布劳维为首的直觉主义学派是数学基础中的一个学派,而不是专门从事思辨的一个唯心主义哲学流派,在整个直觉主义理论中,有一部分是康德式的先验唯心主义的数学哲学;另一部分是直觉主义的数学和逻辑,这是具体的科学理论.对布劳维的直觉主义理论必须进行这种"一分为二"的分析,决不能一听到"直觉主义"这个词就把它等同于唯心主义.

直觉主义数学是布劳维等人在批评古典数学时所建立的,是一种构造性数学.在这里,"直觉主义"一词并不是指哲学理论.实际上,在布劳维之前,已有一些数学家提出了一些不系统的直觉主义数学观点.布劳维、海丁等人创造了一种完全新的数学,包括连续统理论和集合论.现在我们剥去蒙在直觉主义数学上面的唯心主义面纱,具体分析一下直觉主义数学的基本原则.

1. 潜无穷论是直觉主义数学的出发点.

直觉主义数学家认为,实无穷论是逻辑和数学悖论的根源,必须抛弃它;数学应当以潜无穷论为基础.外尔说:"我想毫无疑问的,布劳维弄清楚了下面这一点,没有任何明证再支持下列的信仰:把所有自然数的全体当作是具有存在的特性的,……自然数列既已超出由一数而跳到下一数这个步骤所达到的任何阶段,它便有进到无穷的许多可能;但它永远留在创造的形态中,绝不是一个自身、存在的封闭领域.我们盲目地把前者变成后者,这是我们的困难的根源,悖论的根源也在这里——这个根源比之罗素的恶性循环原则所指出的具有更根本的性质.布劳维打开了我们的眼睛并使我们看见了,由于相信了超出一切人类的真实可行的'绝对'之故,以致古典数学已经远远地不再是有真实意义的陈述句以及不再是建基于明证之上的真理了."

直觉主义学派把从潜无穷论中引申出来的自然数论作为其他数学理论的基础.海丁认为,这有三点理由:(1)它为任何具有极低教育水平的人很容易理解;(2)它在计算过程中是普遍可应用的;(3)它是构造分析学的基础.

我们认为,直觉主义数学家把潜无穷论及建基于其上的自然数论作为整个数学的基础,从而建立了一种不同于古典数学的新数学理论,这是一种科学研究,与直觉主义哲学是根本不同的.布劳维、海丁等人硬给他们所创建的数学以唯心主义的哲学解释,这是完全错误的.

2. 在数学中不能普遍使用排中律.

古典数学大量使用排中律,这是古典数学的一个特点.早在 1908 年,布劳维发表了一篇论文,题为《论逻辑原理的不可靠性》.他批评了传统的信仰,即认为古典逻辑的原理绝对有效,与它们所施用的对象无关;他对排中律的有效性提出了质疑,但尚无定论.在 1912 年的《直觉主义和形式主义》一文中,他举集合论中的伯恩斯坦定理为例,说明排中律不能用于它.该定理是说:"如果集合 A 与 B 的一个子集有同样基数,并且 B 与 A 的一个子集有同样基数,则 A 与 B 有同样基数."或者等价地说:"如果集合 $A(=A_1 \cup B_1 \cup C_1)$ 与集合 A_1 有同样基数,那么它也与集合 $A_1 \cup B_1$ 有同样基数."这一定理对可数集是自明的.在布劳维看来,如果这一定理对更大基数的集合有意义,必须按直觉主义的方式解释为:"如果我们有可能在第一步构造一个规则来确定在类型 A 和 A_1 的数学实体之间的一一对应关系,第二步构造一个规则来确定在类型 A 和类型 A_1, B_1 和 C_1 的数学实体之间的一一对应关系,那么我们就可能从这两个规则通过有穷次运算来得出第三个规则,它确定在类型 A 和类型 A_1 和 B_1 的数学实体之间的一一对应关系."布劳维认为,这种解释是无效的,因为在证明它的过程中要使用排中律,但是没有根据相信排中律所提出的两种可能之一可以得到解决.这就是说,布劳维不承认基于排中律的非构造性证明,因此,对伯恩斯坦定理不允许做出直觉主义的解释.这是布劳维否定排中律普遍有效的一个著名例证.他在 1923 年专门发表了《论排中律在数学,尤其是在函数论中的意义》一文,进一步阐明了排中律不普遍有效的理由,并给出使用排中律的两个古典分析例子,说明它们是不正确的.他认为,古典逻辑的规律包括排中律是从有穷数学中抽象出来,后来人们忘记了这个有限的来源,毫无根据地把它们应用到无穷集的数学上去.布劳维说:"对于使用排中律在一个特定的有穷的主要系统中所导出的性质而言,以下所说总是确实的:如果我们有足够的时间供我们支配,那么我们就能达到在经验上证实它们.""一个先验的特征是如此一致地被归诸理论逻辑的规律,以致直到现在,这些规律(排中律在内)甚至被毫无保留地应用于无穷系统的数学,并且我们不允许受下述考虑的困扰:以这种方式所得到的结果,一般在实践上或理论上不易得到任何经验的证实. 在此基础上,许多不正确的理论建立起来了,特别是在上半世纪."他举的把排中律应用于无穷集合的两个古典数学例子是:(1) 连续统的点形成一个有序点集;(2) 每一数学集合或是有穷的,或是无穷的. 第一个例子是说,如果一方面 $a < b$ 或者成立或者不可能,或另一方面,$a > b$ 或者成立或者不可能,那么条件 $a < b$ 或 $a > b$ 或 $a = b$ 之一成立. 第二个例子也是从排中律导出的,根据排中律,一个集合 S 或者是有穷的或者不可能是有穷的. 在后一情况下,S 就有一个元素 S_1;因为否则,根据排中律,S 不能有一元素,因而 S 会是有穷的,这一情况被排除掉了. 其次,S 有一个不同于 S_1 的元素 S_2;因为否则,S 就不可能有一个不同于 S_1 的元素,因而 S 会是有穷的,这一情况也被排除掉了. 如此继续下去,我们就说明了:S 是由不同元素 $S_1, S_2, \cdots$ 组成的序数为 ω 的序集. 由上所说,我们可得第二个例子的陈述:"每一数学集合或者是有穷的,或者是无穷的."布劳维认为,对无穷集合的所有元素无法用排中律断定它是否具有某一性质,因此,上述两例都是不正确的.

否定排中律的普遍有效性,不但是潜无穷论的表现,而且也是数学构造观点的表现. 海丁比较了以下两个关于自然数定义的例子:(1) K 是使得 $K-1$ 也是素数的最大素数,或者如果这样的数不存在,$K = 1$;(2) L 是使得 $L-2$ 也是素数的最大素数,或者如果这样的数不存在,$L = 1$. 这两个定义有明显的不同,但古典数学完全置它们的差别于不顾. K 实际上可以计算($K = 3$),而 L 无法计算,因为我们不知道成对素数 p 和 $p + 2$ 的偶组成的序列是有穷的或者不是有穷的. 所以,直觉主义学派不承认定义(2)作为一个整数的定义;他们认为,仅当给出计算一个整数的方法时,这个整数才被合适地定义. 海丁指出:"这条思路导致对排中律的拒斥,因为如果成对素数的序列或者是有穷的或者不是有穷的,(2) 就要定义一个整数了."

直觉主义者不承认排中律的普遍有效性,还有一个理由,这就是他们把"真"理解为"证明为真",把"假"理解为"导致荒谬". 这样,排中律就变为:

每一数学命题或者是可证的,或者是导致荒谬的.

可是,在数学中有很多命题,既未被证明为真,也未被证明导致荒谬,也就是说,存在第三种情况,这种情况是暂时的,也许将来可以证明这些数学命题,也许在未来很长时期内还不能证明这些命题. 所以,排中律在数学中不是普遍适用的.

3. 数学对象具有可构造性.

直觉主义数学由于以潜无穷论为基础,因而强调数学对象的可构造性. 直觉主义学派认为,数学对象必须可构造才能算是存在的. 海丁说:"在心灵的数学构造的研究中,'存在'一定是与'被构造'同义的."所谓可构造是指能具体给出数学对象,或者能给出找数学对象的算法.

我们首先要批判他们对"构造"所做的唯心主义解释. 他们把"构造"归结为"心灵的构造",由此,数学对象的存在也就成了"心灵构造"出来的东西了. 我们要剥去他们关于"构造"这个概念的唯心主义外壳,留下数学构造的合理内核——对机械程序和能行性的强调.

按照直觉主义者的构造性数学观点,不但古典分析不能成立,而且还有很大一部分古典数学也不能成立,如古典集合论等. 他们只承认可构造的数学存在命题,只承认构造性方法;不承认非构造性的纯存在命题,如波尔察诺-维尔斯特拉斯定理(每一有界的无穷点集有一极限点)和前述的伯恩斯坦定理,不承认非构造性方法,如基于排中律的反证法,等等.

在布劳维的实数论中,表现了直觉主义学派数学构造主义的典型特征. 在这一理论中,我们不能断言任意两个实数 a 与 b 或者相等或者不等. 我们关于 a 与 b 之间的相等性或不等性的知识可以或详或略. $a \neq b$ 表示由 $a = b$ 而引出矛盾,而 $a \# b$ 则是更强的不等性. 它表示可以指出一个分离 a 与 b 的有理数实例,由 $a \# b$ 可以推出 $a \neq b$. 但是可以找出一对实数 a 与 b,使得我们不知道是否或者 $a = b$ 或者 $a \neq b$(或 $a \# b$).

以上三条原则是具体的数学原则,其核心是数学对象的可构造性原则.基于三条原则的直觉主义数学是一种与古典数学不同的、崭新的构造性数学,与直觉主义哲学是风马牛不相及的.我们认为,客观的数学对象具有非构造性的一面,也具有构造性的一面,它们是辩证统一的.直觉主义数学从构造性方面来研究数学对象,这是完全合理的科学抽象;而直觉主义哲学却是一种唯心主义的世界观.这正是我们要对它们加以区别的根据.直觉主义数学开创了构造性数学研究的新方向,它强调"能行性",因此也开辟了能行性研究的新方向.胡世华教授指出:"现代计算机的发展显示出构造性数学的突出的重要性,但是非构造性数学的重要地位并不因之削弱."他又说:"构造性数学的倾向是用数学取得结果把结果构造出来,侧重于思维的构造性实践(有限制地使用排中律).非构造性数学的倾向是数学地理解问题和规律、建立数学模型形成数学理论体系、追求科学理想(可以自由使用排中律).这两种数学是不能截然分得开的.……在信息时代里,构造性数学与非构造性数学一起都需要以空前的规模来发展."胡世华教授的这些论述对直觉主义学派所开创的构造性数学的伟大历史功绩及其与非构造性数学的辩证关系做出了科学的评价.

从藏书的角度上讲,本书是值得珍藏的.

说到爱书之人,笔者不禁想到一个人,是专做藏书票的.在藏书票这个领域世界第一人无疑是芬格斯坦.

1972年,芬格斯坦生前的主要资助者吉亚尼·曼特罗(Gianni Mantero,1897—1985)向波兰马尔堡城堡博物馆捐助了100多枚个人收藏的芬格斯坦藏书票,博物馆在这座中世纪古堡里专为这批藏品举办了"芬格斯坦作品回顾展".时任馆长的雅库布斯卡女士(Bogna Jakubowska)在波兰的《艺术评论》杂志撰文重点介绍了芬格斯坦的生平.雅库布斯卡将画家誉为"20世纪的尤利西斯".从16岁离家到只身一人周游四海,从定居柏林到被迫逃亡米兰,藏书票始终贯穿了芬格斯坦的一生.他的艺术生涯亦可分为两个阶段:柏林时期和米兰时期.1925年至1935年间芬格斯坦在柏林制作的约1 000枚藏书票与1935年至1943年间他逃亡到意大利所制作的500多枚作品,在风格、技法、主题等方面发生着迥然不同的变化.

  芬格斯坦对生活要求不高.他曾打趣地对曼特罗说:"卖画和书票订单赚来的钱足够家里糊口,若能再买杯小酒已是幸福之事了!"按此标准看来我们已经是很幸福了!

刘培杰

2016 年 5 月 1 日

于哈工大

Schwarz 引理

刘培杰数学工作室　编译

内容简介

本书系统地介绍了 Schwarz 引理、保角映射以及复函数的逼近,并且着重地介绍了 Carathéodory 和 Kobayashi 度量及其在复分析中的应用.论述深入浅出,简明生动,读后有益于提高数学修养,开阔知识视野.

本书可供从事这一数学分支相关学科的数学工作者、大学生以及数学爱好者研读.

编辑手记

本书是从一道美国加利福尼亚大学分校数学系的一道博士生资格考试的试题谈起的.

中国目前已经成为全球最大的博士生产基地,每年都有数以万计的博士被批量生产出来.产量大跃进的同时对质量下滑的诟病也随之而来.即使像清华大学、北京大学这样的学校民间也早有:一流的本科生,二流的硕士生,三流的博士生的评价.那么一流的人才都去哪读博士去了呢?答案是有目共睹的:美国.更详细的统计材料笔者没有.但由于笔者有近 30 年的奥数培训经历,所以对那些当年中学生中的天之骄子 ——

国际数学、物理、信息学竞赛的金银牌选手后来的去向还是略知一二的.据不完全统计,昔日中国奥赛获奖选手在美国读博士的就有如下数人:

罗华章,1989 数学金牌,美国麻省理工学院博士,美国某软件公司任职;

霍晓明,1989 数学金牌,美国斯坦福大学统计学博士,Georgia 工程系助理教授;

唐若曦,1989 数学银牌,美国哈佛大学统计学博士;

颜华菲,1989 数学银牌,美国麻省理工学院数学博士,TAMU 副教授;

吴明扬,1990 物理金牌,美国俄亥俄大学计算机工程博士;

陈伯友,1990 物理铜牌,WPI 电子工程博士;

段志勇,1990 物理铜牌,美国耶鲁大学物理博士;

杨澄,1990 信息学银牌,1991 信息学金牌,美国斯坦福大学博士;

汪建华,1990 数学金牌,美国麻省理工学院数学博士,美国某软件公司任职;

王菘,1990 数学金牌,美国麻省理工学院数学博士,耶鲁大学数学系助理教授;

库超,1990 数学银牌,美国加州理工学院数学博士,UIC 数学系任教;

王泰然,1990 物理金牌,美国麻省理工学院物理博士,新泽西 NEC 公司研究员;

宣佩琦,1990 物理金牌,美国加州大学伯克利分校电子工程博士;

罗炜,1991 数学金牌,美国麻省理工学院数学博士;

张里钊,1991 数学金牌,美国麻省理工学院数学博士;

王绍昱,1991 数学金牌,美国加州理工学院数学

博士;

王菘,1991 数学金牌,美国普林斯顿大学数学博士,耶鲁大学数学系助理教授;

陈涵,1992 物理金牌,美国普林斯顿大学计算机科学博士,IBM Watson 研究中心研究员;

石长春,1992 物理金牌,美国加州大学伯克利分校电子工程博士,D. E. Shaw 研究中心研究员;

罗卫东,1992 物理金牌,美国加州大学伯克利分校物理博士;

张霖涛,1992 物理金牌,美国普林斯顿大学电子工程博士,微软硅谷研究所研究员;

杨保中,1992 数学金牌,美国斯坦福大学金融博士;

罗炜,1992 数学金牌,美国麻省理工学院博士,浙江大学数学系教授;

何斯迈,1992 数学金牌,美国纽约州立大学博士;

章寅,1992 数学金牌,美国康奈尔大学计算机科学博士,德州大学计算机系助理教授;

张俊安,1993 物理金牌,美国加州大学圣地亚哥分校电子工程博士;

李林波,1993 物理金牌,美国普林斯顿大学电子工程博士;

贾占峰,1993 物理银牌,美国加州大学伯克利分校电子工程博士;

黄稚宁,1993 物理铜牌,美国普林斯顿大学电子工程博士;

郭远山,1993 信息学金牌,美国加州理工学院博士;

袁汉辉,1993 数学金牌,原美国麻省理工学院数学博士生,因精神问题被退学;

杨克,1993 数学金牌,美国卡内基梅隆大学计算机科学博士,Google 公司职员;

杨亮,1994 物理金牌,美国哈佛大学物理博士;

田涛,1994 物理金牌,美国加州大学洛杉矶分校电子工程博士,QUALCOMM 公司研究员;

张健,1994 数学金牌,俄罗斯莫斯科国立大学数学系博士;

姚健钢,1994 数学金牌,美国加州大学伯克利分校数学博士;

彭建波,1994 数学金牌,美国纽约大学计算机科学博士;

奚晨海,1994 数学银牌,美国匹兹堡大学计算机科学博士;

王海栋,1994 数学银牌,美国斯坦福大学计算机科学博士;

于海涛,1995 物理金牌,美国哥伦比亚大学物理博士;

毛蔚,1995 物理金牌,美国加州大学伯克利分校电子工程博士;

谢小林,1995 物理金牌,美国麻省理工学院物理博士;

倪彬,1995 物理金牌,美国普渡大学通信工程博士;

蒋志,1995 物理金牌,美国普渡大学通信工程博士;

常成,1995 数学金牌,美国加州大学伯克利分校电子工程博士;

朱辰畅,1995 数学金牌,美国加州大学伯克利分校数学博士;

王海栋,1995 数学金牌,美国斯坦福大学计算机科学博士;

林逸舟,1995 数学银牌,美国加州大学洛杉矶分校计算机科学博士;

姚一隽,1995 数学银牌,法国巴黎理工大学数学系博士;

刘雨润,1996 物理金牌,美国加州理工大学计算

机科学博士;

张蕊,1996 物理金牌,美国斯坦福大学电子工程博士;

徐开闻,1996 物理金牌,美国麻省理工学院物理博士;

倪征,1996 物理金牌,美国伊利诺斯大学计算机科学博士;

陈汇钢,1996 物理金牌,美国马里兰大学电子工程博士;

陈磊,1996 信息学金牌,美国威斯康星大学麦迪逊分校计算机科学博士;

闫珺,1996 数学金牌,美国斯坦福大学金融博士;

何旭华,1996 数学金牌,美国麻省理工学院数学博士;

王列,1996 数学银牌,美国宾夕法尼亚大学统计系博士;

蔡凯华,1996 数学银牌,美国加州理工学院数学博士;

刘拂,1996 数学铜牌,美国麻省理工学院数学博士;

赖柯吉,1997 物理金牌,美国普林斯顿大学电子工程博士;

王晨扬,1997 物理金牌,美国斯坦福大学金融博士;

倪欣来,1997 物理银牌,美国马里兰大学计算机科学博士;

魏小亮,1997 信息学银牌,美国加州理工学院计算机科学博士;

易珂,1997 信息学银牌,美国杜克大学计算机科学博士;

陈磊,1997 信息学铜牌,美国威斯康星大学麦迪逊分校计算机科学博士;

倪忆,1997 数学金牌,美国普林斯顿大学数学

博士;

韩嘉睿,1997 数学金牌,美国斯坦福大学统计学博士;

邓志峰,1998 物理金牌,美国斯坦福大学物理博士;

吴欣安,1998 物理金牌,美国斯坦福大学应用物理博士;

刘媛,1998 物理金牌,美国普林斯顿大学物理博士;

蒋良,1999 物理金牌,美国加州理工学院计算机科学博士;

段雪峰,1999 物理银牌,美国加州理工学院博士;

张志鹏,1999 物理银牌,美国斯坦福大学金融博士;

贾旬,1999 物理银牌,美国加州大学洛杉矶分校物理博士;

邵铮,1999 信息学金牌,美国伊利诺伊大学香槟分校计算机科学博士;

齐鑫,1999 信息学银牌,美国康奈尔大学计算机科学博士;

瞿振华,1999 数学金牌,美国德州大学数学系博士;

刘若川,1999 数学金牌,美国麻省理工学院数学博士;

朱琪慧,1999 数学银牌,美国宾夕法尼亚大学计算机科学博士;

恽之玮,2000 数学金牌,美国普林斯顿大学数学博士;

袁新意,2000 数学金牌,美国哥伦比亚大学数学博士;

吴忠涛,2000 数学金牌,美国麻省理工学院数学博士;

戚扬,2001 物理金牌,美国哈佛大学物理博士;

吴彬,2001 物理银牌,美国斯坦福大学电子工程博士;

肖梁,2001 数学金牌,美国麻省理工学院数学博士.

华南师范大学吴康教授曾评论道:截至 2014 年,114 年以来,共有 889 个诺贝尔奖获得者,四成来自美国,其中生于美国的诺贝尔奖得主达到 267 位,获奖时在美国工作的得主更是高达 365 位.美国获得这么多诺贝尔奖,中国何时可以追得上? 这就是为何要选此题为引子的原因.

菲茨杰拉德的《了不起的盖茨比》因电影大卖在中国火了.他还有一篇随笔叫《爵士时代的回声》,在其中他这样评论那个时代:

"那是奇迹频生的年代,那是艺术的年代,那是挥霍无度的年代,那是嘲讽的年代."

本书的主人公就生活在这样的年代. Schwarz 是德国数学家.生于西里西亚的赫姆斯多夫(Hermsdorf,现为波兰索比辛(Sobiecin)),卒于柏林. 早年在柏林工业学院(现在是技术大学)学习化学,后来受 Kummer 和 Weirstrass 影响转而攻读数学,1864 年获博士学位,1867 年任助理教授,两年后转为正教授,在苏黎世瑞士工业大学任教.1875 年到哥廷根主持数学讲座. 1892 年作为 Weirstrass 的继任者赴柏林大学就职.任教其间当选为普鲁士科学院和巴伐利亚科学院院士,并和 Kummer 的一个女儿结了婚. Schwarz 作为数学家具有极强的几何直觉才能.他发表的第一篇论文给出了轴线测定中主要理论的初等证明,不久又开始将几何学融会于分析领域,为综合几何学的发展开辟了道路.他在数学中的重要贡献之一是"拯救"Riemann 数学成果中的某些缺陷,包括证明了平面上每个单连通域均可以保形地映射为圆等问题,同时给出任意多角形变换成半平面函数的一般解析公式,还创立了本书所论及的保形映射中的"Schwarz 引理".为了解决任意形的 Dirichlet 问题,他提出著名的"交替方法"(1870),在关于边界曲线的普遍假设下证明了该问题解的存在性. Schwarz 早年从事过最小曲面的研究,给出了泊松积分的严格理论,还第一个解决了构成四面体的特殊空间曲线问题. 在微分方程的解析理论方面,他引入"Schwarz 函数",证明了薄膜振动方程第一特征函数的存在性(1885),导出了一类著名的偏微分方程

$$\psi(u',t) = \psi(u,t)$$

其中 $\psi(u,t)$ 被称为"Schwarz 导数". 1869 年由 Schwarz 引入的一个涉及导数组合的概念:

设 $f(x)$ 是一个具有三阶导数的函数,当 $f'(x) \neq 0$ 时,定义

$$S(f,x) = \frac{f'''(x)}{f'(x)} - \frac{3}{2}\left(\frac{f''(x)}{f'(x)}\right)^2$$
$$= \left(\frac{f''(x)}{f'(x)}\right)' - \frac{1}{2}\left(\frac{f''(x)}{f'(x)}\right)^2$$

为 $f(x)$ 的 Schwarz 导数.

这个概念应用很广. 比如乔建永教授就曾用其在重整化变换的复动力学中建立了如下定理:

设 $f_\lambda(x) = H(x,\lambda)$ 关于 x 和 λ 均具有三阶连续导数,并且满足:

(1) 在 (x,λ) 平面上存在一个不动点 (x_0,λ_0);

(2) $\frac{\partial f_\lambda}{\partial x}(x_0,\lambda_0) = -1$;

(3) $\frac{\partial^2 f_\lambda^2}{\partial x \partial \lambda}(x_0,\lambda_0) > 0$(或者 $\frac{\partial^2 f_\lambda^2}{\partial x \partial \lambda}(x_0,\lambda_0) < 0$);

(4) $S(f_{\lambda_0},x_0) < 0$.

则存在 x_0 的邻域 I_0 和 λ_0 的邻域

$$\Delta_0 = \{\lambda \mid \lambda_0 - \varepsilon < \lambda < \lambda_0 + \varepsilon, \varepsilon > 0\}$$

使得 $\lambda \in (\lambda_0 - \varepsilon, \lambda_0)$(或者 $\lambda \in (\lambda_0, \lambda_0 + \varepsilon)$)时,$f_\lambda$ 在 I_0 上仅有一个吸性不动点;$\lambda \in (\lambda_0, \lambda_0 + \varepsilon)$(或者 $\lambda \in (\lambda_0 - \varepsilon, \lambda_0)$)时,$f_\lambda$ 在 I_0 上有一个斥性不动点,以及两个吸性 2 阶周期点.

1873 年 Schwarz 首次得到混合导数等式的证明,并给出皮亚诺定理(内接于三角形的所有三角形中周长最小的是垂心三角形)的证明,在《纪念文集》(Festschrift,1885)中论证了所谓

范数的"Schwarz 不等式"
$$\| (f,g) \| < \| f \| \cdot \| g \|$$
该式已成为函数论的重要工具. Schwarz 的其他论著涉及自守函数论、超几何级数理论、极大化曲线的存在性证明、限定条件下偏微分方程解的存在性证明等. 他是继 Kronecker, Kummer 和 Weirstrass 等人之后德国数学界的领导人之一, 对 20 世纪初期的数学发展做出了重要贡献.

正如 L. Felix 所指出：数学对具有代数和拓扑结构的抽象集合进行研究. 数学越来越成为综合的和多价的. 它的进展主要是靠对每一理论的最初结果进行扩展. 目的在于推广性质和统一那些具有公共结构的理论 —— 如 Schwarz 所说的"合成与统一".

读完本书您一定会同意 Schwarz 的观点！

刘培杰

2016.5.1

于哈工大

Banach 压缩不动点定理

刘培杰数学工作室　编译

内容简介

本书从一道高考试题谈起,详细地介绍了 Banach 压缩不动点定理的产生、证明方法、分类及其在解决一些数学问题中的应用,并且针对学生和专业学者,以不同的角度和深度介绍了不动点定理的分类与证明过程.

本书可供大、中学生及数学爱好者阅读和收藏.

编辑手记

经济学家陈志武说:区分一个国家学术领域水平高低的最好方式,就是把这个学科最顶尖的学报跟民间的大众刊物做比较. 如果学报上文章的内容和可读性跟大众刊物没太大差别的话,就说明这个学科在这个国家并没有真正成为一门专业性的学问.

对数学而言,目前在中国恰恰是现象相同,但结论恰恰相反. 即学报上的文章很专业,而一些科普的文章也挺"专业",没太大区别,但数学在中国已是一个相当成熟的专业了,所以科普要加强. 本书要介绍的是一个泛函分析中的定理. 要介绍泛函分析当然要选择以顶尖高手命名的定理,那么谁才可以称得上是一流高手呢？比较省事的办法是翻开一本权威的大百科查相应词条. 笔者手边恰好有日本岩波书店出版的《数学百科辞典》,是由日本数学会编的. 翻开查泛函分析分支,发现只有四个以数学家命名的词条. 一个是 Hilbert 空间,一个是 Banach 空间,还有一个是 Banach 代数和 Von Neumann 代数. 这三个人都是巨头,但 Banach 出现了两次,所以虽不能以此断言 Banach 是泛函分析第一人,但据此断定其在泛函分析领域的超一流地位应该是没有争议的. 其实这样的排名问题在所有领域都类似.

1987 年,日本"围棋俱乐部"征求 6 位超一流棋手加藤正夫、武宫正树、林海峰、赵治勋、小林光一、大竹英雄的意见:谁是围棋史上最强者？赵、林、武宫、加藤 4 人异口同声地回答说是吴清源. 小林和大竹则认为,历代的高手们处在不同的年代,要做比较是很困难的. 如果非要问谁最强,大致可以列举 3 位:道策、秀策、吴清源.

本书的许多章节都摘引了大量名家名著. 原因是这样的,与社会领域不同,在数学中一定是少数人即名家说了算.

2015 年 4 月的《数学教育学报》(Vol. 24, No. 2) 上的"专家访谈"栏目是王尚志和胡典顺访谈齐民友的. 题目为《齐民友先生对数学教育若干问题的看法》,其中谈道:对于复数,i 算不算虚数？0 算不算实数？0i 算不算虚数？现在的有些教材,用很大力气来论证 0i 不是纯虚数,其实讲得很牵强,可能是有人认为,虚数就要虚. 0i = 0,0 是"实实在在"的,所以不能算是虚数. 后来我查到阿尔福斯的一本复分析函数书. 作者是复分析领域大家,他就明明白白说 0i 是纯虚数,而且只有它即是实数,又是虚数.

显然,如果 0 不是虚数,那么虚轴与实轴就没有交点,没有交点还好办,但把它旋转之后,那么所有直线都断了,两条直线可以有一个交点,难道这个交点只能算是一条直线上的点,不能算是另一条直线上的点？后来我跟中学教师谈这个问题,高斯从不讲虚数,只讲复数. 他认为虚数不虚,虚数是实实在在的,所以像这样的问题,也不知是从什么地方什么时候就传下来说 0i 不是纯虚数.

齐民友先生在国内可称得上是大家了,即便如此他也还要引证更大的专家所述才安心,以至有句名言叫:要向大师学习,而不是向大师的学生学习.

本书的理想读者应该是大中学生,中学生都在忙于中高考,所以只会有那些少数学有余力的精英学生会在课外阅读. 而大学生大多受就业难的困扰,在考各种实用证书. 只有那些真正对数学感兴趣,将数学视为终身事业的执着型学生会去图书馆找来阅读. 所以现实中最有可能购买本书的是优秀的中学数学教师和社会上的数学爱好者. 前者是因为现今社会给了他们将所学数学知识变现的平台,所以他们有动力学习更多更深的数学知识. 后者是因为热爱数学. 现代社会人们的心理状态复杂异常,充满悖论,美国心理学家莱斯丽·法布尔(Leslie Farber)说:

"我可以意欲知识,但无法意欲智慧;我可以上床,但无法入睡;可以想吃,但不能想饿;可以阳奉阴违,但不谦卑;可以装腔作势,但没有美德;可以耍威风,但并不勇敢;可以有情欲,但不是爱;可以是怜悯,但不是同情;可以祝贺,但不佩服;可以有宗教,但无信仰;可以阅读,但不理解."

爱知识但得不到智慧. 想阅读但无法理解的时候太多了,但这仍然是值得鼓励的. 因为只有爱知识才有可能得到智慧,只有想阅读才有可能理解,不爱不想就一点可能性都没有.

当然数学对于公众来讲一是门槛太高;二是内容太丰富. 爱因斯坦曾说他之所以没有选择搞数学,是因为数学中随便一个问题都可能耗费其一生. 就以不动点为例,随便一搜便会出来一堆与之相关的定理.

对于从空间 X 到 X 自身的映射 f,满足 $f(x) = x$ 的点 $x \in X$,

称为 f 的不动点(fixed point)。在 X 是拓扑空间，f 是连续映射的情形，关于不动点的存在性已经得到各种定理。

多面体的不动点定理 （1）（Brouwer 不动点定理）设 X 为单形 $|\sigma^n|$，则任意的连续映射 $f:|\sigma^n|\to|\sigma^n|$ 至少具有一个不动点。

（2）（Lefschetz 不动点定理）设 f 为有限多面体 $|K|$ 映到自身的连续映射，$H_p(|K|)$ 为 $|K|$ 的 p 维整系数同调群，$T_p(|K|)$ 为其挠子群，令 $B_p(|K|)=H_p(|K|)/T_p(|K|)$。由于 f 自然诱导出 $B_p(|K|)$ 的自同态 f_*，设其迹为 α_p，则整数

$$\Lambda_f = \sum_{p=0}^{n}(-1)^p\alpha_p$$

称为 f 的 Lefschetz 数(Lefschetz number)。对于 $g:|K|\to|K|$，如果 $f\simeq g$（同伦），则 $\Lambda_f=\Lambda_g$。如果 $\Lambda_f\neq 0$，那么 f 至少具有一个不动点。称之为 Lefschetz 不动点定理。$\Lambda_f\neq 0$ 是不动点存在的充分条件，而非必要条件。Brouwer 不动点定理可由这个定理立即推出。且如果 $f\simeq 1_{|K|}$（恒等映射），那么 α_p 等于 $|K|$ 的 Betti 数，且 $\Lambda_f=\chi(|K|)$（Euler 示性数）。因此，如果

$$\chi(|K|)\neq 0, f\simeq 1_{|K|}$$

那么 f 至少具有一个不动点。

（3）（Lefschetz 数与不动点指数）对于同维数（有限）多面体 $|K|$ 及连续映射 $f:|K|\to|K|$，则可取连续映射 $g:|K|\to|K|$ 同伦于 f，且 g 只具有孤立不动点 q_i ($i=1,\cdots,r$)，每个 q_i 是 K 的 n 维单形的内点。这时 f 在孤立不动点 q_i 的局部映射度 λ_i，称为 f 的不动点指数(fixed point index)。这时 $J_f=\sum_{i=1}^{r}\lambda_i=(-1)^n\Lambda_f$。

（4）（连续向量场的奇点）设 F 为微分流形 X 上的连续向量场 $p\to x_p$，即使得 X 上每点 p 对应于点 p 的切向量 $\boldsymbol{x}_p$。使得向量 $\boldsymbol{x}_p=\boldsymbol{0}$ 的点 p 称为 F 的奇点。X 上的连续向量场 F 以自然的方式诱导出从 X 到 X 的连续映射 f，且 $f\simeq 1_X$（恒等映射）。这时 F 的奇点对应于 f 的不动点。当 F 只具有孤立奇点 q 时，F 在 q 的奇点指数等于 f 的不动点指数。所以当 X 紧时，则 X 上连续向量场

F 的奇点的指数之和等于 Euler 示性数 $\chi(X)$. 特别是 X 上存在无奇点的连续向量场的充分必要条件是 $\chi(X) = 0$(Hopf 定理).

(5)(Poincaré-Birkhoff 不动点定理) 在特殊的情形,即使 $\Lambda_f = 0$ 成立,加解析条件也能证明不动点存在. 用平面上极坐标 (r,θ),对于圆环 $X = \{(r,\theta), \alpha \leqslant r \leqslant \beta\}$ 及同胚 $f: X \to X$; ① 在圆周 $r = \alpha$ 上, $f(\alpha,\theta) = (\alpha, g(\theta))(g(\theta) < \theta)$; ② 在圆周 $r = \beta$ 上, $f(\beta,\theta) = (\beta, h(\theta))(h(\theta) > 0)$; ③ 存在 X 上的连续函数 $\rho(r,\theta)$ 在 X 内部取正值且 $\iint_D \rho(r,\theta)\mathrm{d}r\mathrm{d}\theta = \iint_{f(D)} \rho(r,\theta)\mathrm{d}r\mathrm{d}\theta$ (即在映射 f 下的 X 上的不变测度存在). 如果上述条件满足,则 f 至少具有两个不动点. 这个定理是 H. Poincaré 为了应用到限制三体问题而作的猜想,后被 G. D. Birkhoff(1913) 所证明,因此叫作 Poincaré-Birkhoff 不动点定理或 Poincaré 最后定理 (the last theorem of Poincaré).

(6) M. F. Atiyah 和 R. Bott 把 Lefschetz 不动点定理推广到包括椭圆复形($\to K$ 理论)的情形,讨论紧微分流形及横截的微分映射. 这个推广使得不动点定理应用到各种研究领域.

无限维空间的不动点定理 Birkhoff 及 O. D. Kellogg(*Trans. Amer. Math. Soc.*, 23(1922))把 Brouwer 不动点定理推广到函数空间的情形,并且应用于证明微分方程解的存在性. 由此引进研究函数方程的一个新方法. J. P. Schauder 得到定理"设 A 为 Banach 空间中的凸闭集,如果 A 在连续映射 T 下的象 $T(A)$ 是可数紧的,且 $T(A) \subset A$,则 T 具有不动点." 这称为 Schauder 不动点定理.

А. Тихонов 推广了 Brouwer 的结果;证明了"设 R 为局部凸拓扑线性空间,A 为 R 的紧凸集,在 A 上定义且在 A 中取值的连续映射 T 至少有一个不动点". 把这个 Тихонов 不动点定理应用于在 m 维 Euclid 空间 E^m 上定义并在 E^k 上取值(k 不一定等于 m)的连续函数所构成的函数空间 R,可用来证明微分方程解的存在定理. 例如求满足初始条件 $y(x_0) = y_0, \mathrm{d}y/\mathrm{d}x = f(x,$

y)的解,就不外乎求映射 $y \to F(y) = y_0 + \int_{x_0}^{x} f(t, y(t)) \mathrm{d}t$ 的不动点 $y(t)$. 我们就能用 Тихонов 定理来证明其存在性. 在应用于函数方程方面,关于集合 A 及象 $T(A)$ 的假定, Schauder 不动点定理的形式比 Тихонов 定理更便于应用.

为了应用方便,把拓扑的术语用函数族的术语来表现有下列定理."设 D 为 n 维 Euclid 空间的点集,$\mathscr{F}$ 为 D 上的连续函数族,T 为把 $f \in \mathscr{F}$ 对应到 $Tf \in \mathscr{F}$ 的映射,满足下列条件:① 如果 $f_1, f_2 \in \mathscr{F}, 0 < \lambda < 1$,那么 $\lambda f_1 + (1-\lambda) f_2 \in \mathscr{F}$;② 设 $f_k \in \mathscr{F}$,如果 D 上的函数列 $\{f_k\}$ 广义(即在任意紧集上)一致收敛于 f,那么 $f \in \mathscr{F}$;③ 设 $f_k \in \mathscr{F}$,如果 D 上的函数列 $\{f_k\}$ 广义一致收敛于 f,那么 D 上函数列 $\{Tf_k\}$ 也广义一致收敛于 Tf;④ $\mathscr{F}$ 在 T 的象 $T(\mathscr{F})$ 是 D 上正规函数族,则存在 $f \in \mathscr{F}$,使 $f = Tf$."

更一般情形,拓扑线性空间 R 中,把 R 的点 x 对应于 R 的闭凸集 $T(x)$ 的映射 T,满足 $x \in T(x)$ 的点 x 叫作 T 的不动点. 映射 T 称为在 a 半连续(semi-continuous),如果 $x_n \to a, y_n \in T(x_n), y_n \to b$,那么 $b \in T(a)$. 有限维 Euclid 空间的有界闭凸集 K 到自身的半连续映射 T 如果满足 $T(x) \subset K$,则不动点存在. 称之为角谷不动点定理. 樊𰖊把这个结果更进一步推广到局部凸线性拓扑空间的情形.

这些还只是与拓扑学有关的不动点定理. 如果再算上组合学、概率空间上的不动点定理那将是相当壮观. 英文版图书中就有多卷本的著作专门讲不动点理论的. 本套书中关于不动点的还有几本也即将出版.

至于有朋友担心这种如此小众的图书的效益状况. 恰好刚看到了《经济观察报》上由评论员陶舜写的一篇题为《一个人的日本车站》的启示的文章.

在春寒料峭之际,我们遇见一个温暖的故事.

据报道,日本著名的"一个人的车站"终于关闭了,北海道 JR 石北线旧白泷车站 3 月 26 日正式关闭,不少民众自发前去进行最后的告别. 此前该站的唯一乘客是高三女生原田华奈,因为乘客极少,铁路公司曾打算半闭车站,但当地居民纷纷要求至少运营到原田毕业为止.3月1日,原田华奈乘车去学校参加了毕业式,这个车站的"临终使命"也算圆满完成了,那一天,人们目送原田,一边挥手一边说:路上小心啊……

这个感人的故事今年年初在网上流传时,曾被一些审慎的网民质疑其真实性.当时腾讯新闻的《较真》栏目经过详细考证后得出结论,"一个人车站"的故事基本属实.日本媒体在报道中称,原田华奈是旧白淹站"唯一的定期乘客",虽然车站难说是特意因女孩毕业才关闭,但车站的留存确实考虑到了女孩上学的因素.温情的宫崎骏式故事的背后,体现了日本人对孩子的关爱、对教育的重视.

"一个人的车站"一定程度上折射出日本的民意与铁路公司之间是怎样通过良性互动,进而在商业与公益之间做出抉择的.今天我们回顾这个历程,由于多个利益相关方都较好地理解了"以人为本",使得这个结局既审慎又美好,闪耀着人性的光辉.

有人说车站为女孩保留了三年,尽管该说法尚无实证,哪怕果真有三年之久,"一个人的车站"这三年真的亏损了吗?表面看或许是的,会损耗一点点利润,可如果不保留这个车站,势必让当地人失望,而保留下来以后却迎来皆大欢喜,不仅登上日本的各大媒体传为美谈,感人的故事还流传到了中国,这必然是该铁路公司历史上不多的精彩一刻,更是花多少广告费都很难得到的美誉度."一个人的车站"不是亏了,而是赚了.

无独有偶,日本福岛还有"个人的学校",海啸导致核泄漏后,福岛的小学生数量减少了1.9万人.2011年夏季,大波小学的学生由事故前的41人减少到23人.2013年3月,7名学生毕业,2名学生转学,最终只留下了六年级的佐藤隆志.佐藤的故事感动了很多民众,但有反对者指责为一个孩子办学浪费纳税人的钱,于是支持者自发捐款30万日元到小学,资助佐藤接受教育.这个学生2014年3月毕业了,于是学校从当年4月起关闭.

我们一直以来都有这样一个误区,即印数多 = 发行量

大 = 读者多 = 社会效益好. 这还是计划经济时代的思维. 想象社会应该是千人一面,万人同读一本书,亿万颗心一齐跳动. 这在现代社会中是不可实现的,所以要有只服务一个读者的准备和意识.

中信出版社副总编辑卢俊曾在一篇文章中说:

"我非常怀疑,绝大多数出版人,有没有一天在内心爱过他们的读者. 他们过于自恋,毫无敬畏之心. 以用户为中心,不是要强加给用户你的价值,也不是消费用户内心的恶,而是你的产品和服务能让用户舒适而长久的美好,这便是那些经典爆款诞生背后的底层逻辑."

不期而遇是最好的相遇!

刘培杰

2016.6.1

Lyapunov 稳定性定理

刘培杰数学工作室　编著

内容简介

本书介绍了在数学和自动控制领域中一个重要的内容——李雅普诺夫稳定性定理.本书分别从线性动态系统的稳定性、常微分方程的稳定性等几方面详细介绍李雅普诺夫稳定性,并结合实例,使理论知识更易理解.

本书适合相关专业本科生、研究生及对此有兴趣的读者参考阅读.

编辑手记

李雅普诺夫是苏联著名数学家.苏联对中国影响至深.著名经济学家吴敬琏近日发表文章指出：

"贯彻十八届三中全会决定存在着四大阻力：

一是意识形态障碍.苏联式的意识形态在我们这一代人身上还是非常强烈的,这是一个沉重的包袱.下一代是不是好一些呢？不见得.它有一个很大的问题,是思维方式的惯性还在继续.我们的教科书、各种论证材料,对这种苏联式的意识形态没有经过彻底的清理，所以它还是有力量的. 有些人依然可以打着这个旗帜来反对改革."

社会科学和意识形态方面苏联已经是被否定了，但自然科学方面有可能是被低估了. 2015 年 11 月 26 日，国际著名数学家、哈佛大学终身教授丘成桐先生应邀在上海市科学技术协会、上海交通大学和上海数学会合办的上海科协大讲坛"科技前沿大师谈"上发表题为《数学、现代物理与对撞机》的演讲，并与陈晓漫、洪家兴、周青三位数学家展开对话并回答听众提问. 他说：

"我们整个大学的管理与训练学生的方法，要大力地改进，才能够应付得了整个现代科学的发展. 在苏联有很多数学家，很奇怪，他们懂的科学往往很博大，也很深刻. 苏联成立很多不同的所，比如在低温研究所，有一个很出名的学者，他在里面做研究员，可是他是搞几何的. 所以我们不要看表面上苏联的科学分很多不同的所，可是人家低温研究所里面还搞几何，可以搞不同的学科. 我现在看当时苏联的那几位最有名的科学家，他们都精通好几门数学学科，比美国的数学家还要厉害. 所以我想中国当年学苏联，其实只学了一个表皮，没有学到精髓."

关于书中的 Lyapunov 是俄文 Ляпунов 的英译. 中文的翻译有很多种，如李雅普诺夫、利亚普诺夫、里亚普诺夫等.

本书所论及的稳定性问题常见于控制论与微分方程领域. 近年在所谓的时标动力学方程中也见到了应用.

时标动力学方程是一个新兴的研究领域，在生物、物理、自动化、经济等领域具有潜在的应用前景. 其研究历史可以追溯到 1990 年，德国学者 Stefan Hilger 建立了时标理论，目的是整合和统一连续与离散的分析. 时标动力学方程更为一般，包含微分方程、差分方程等作为其特例，不仅可以描绘连续变化过程和离散变化过程，同时也可以刻画连续与离散混合的过程，更具现实意义.

中国目前老一辈数学家都是学苏联的大学数学教材成长起来的.

2013 年 6 月 6 日杨乐院士在中国科学院数学与系统科学研究院接受访问时谈道：

他（指董怀允）讲微积分，列了 7 套参考书，差不多都是苏联的教程，比如第一本是辛钦（А. Я. Хинчин）的《数学分析简明教程》，第二本是菲赫金哥尔茨（Г. М. Фихтенгольц）的《微积分学教程》，第三本是斯米尔诺夫（В. И. Смирнов）的《高等数学教程》……

本书主人公李雅普诺夫曾是彼得堡学派的主要成员之一. 这是一个 19 世纪下半叶至 20 世纪初兴起的数学学派. 以切比雪夫、马尔可夫、李雅普诺夫等人为代表，主要特征是将数学理论与实际紧密相结合，在应用数学中做出较大贡献. 这是苏联最早的数学学派，它的成员和成果对苏联近代数学的发展影响巨大.

汤光宋、朱渭川两位教授曾系统全面地介绍了李雅普诺夫的生平及其贡献.

李雅普诺夫（А. М. Ляпунов，1857—1918）是著名的数学家、力学家，生于雅罗斯拉夫尔. 李雅普诺夫的父亲 М. В. 李雅普诺夫是一位天文学家，他 1840—1855 年间在喀山大学任教，1856—1863 年在雅罗斯拉夫尔任捷米道夫斯基学会会长. 李雅普诺夫的兄弟谢尔盖是一位作曲家，他的另一个兄弟波利斯是斯拉夫语言学家、苏联科学院院士.

李雅普诺夫幼年时期在家中接受初等教育，后来跟随生理学家 И. М. 谢切诺夫（И. М. Сеченов）的兄弟 Р. М. 谢切诺夫学习，同 Р. М. 谢切诺夫的女儿娜塔莉娅·娜发依罗芙娜在一起准备进入预科学校. 后来他和娜发依罗芙娜结为夫妇.

1870 年，李雅普诺夫的母亲带着孩子们搬迁到下诺夫哥罗德居住.

1876 年，李雅普诺夫从下诺夫哥罗德预科学校毕业，获得金质奖章，进入圣彼得堡大学数学物理系数学专业学习，攻读物理和数学专业. 在那里，他受到著名数学家切比雪夫很深的影响.

1880年,李雅普诺夫毕业于圣彼得堡大学,由Д. К. 玻比列夫推荐,他被留在该校力学教研室任教. 1881年,他发表了最初的两篇流体静力学方面的论文:《重物在固定容器所盛重液体中的平衡问题》《液体静压的势问题》. 他用两年的时间完成了硕士课程的学业,并于1884年完成硕士论文《论旋转液体平衡的椭球面形状的稳定性》,并于1885年在圣彼得堡大学通过了答辩.

1885年秋,应朋友邀请,李雅普诺夫到哈尔科夫大学任讲师,主持力学讲座. 有一段时间,他完全投身于备课和教学. 1888年,他发表了论文《关于具有有限个自由度的力学系统稳定性》. 1892年,他发表了《运动稳定性的一般问题》这篇论文,并把它作为自己的博士学位论文在莫斯科大学进行了答辩,主试人之一是苏联航天之父茹科夫斯基(Н. Е. Жуковский). 李雅普诺夫在运动稳定性这个领域里继续从事研究直到1902年.

1893年,李雅普诺夫在哈尔科夫大学晋升为教授. 他除了教力学,还教数学. 他也积极参加哈尔科夫数学协会的活动,1891—1898年在这个协会的副主席,1899—1902年任这个协会的主席和该协会所办期刊《报告》的总编辑.

1886—1902年期间,李雅普诺夫在哈尔科夫领导和开展了数学物理的研究,1900—1901年期间领导了概率论的研究,并在这两方面的研究中都获得了显著成果. 1901年初,他被选为圣彼得堡科学院通讯院士. 1901年底,他成为应用数学方面的院士并担任了自切比雪夫去世后空缺了长达7年之久的应用数学协会主席的职务.

在圣彼得堡期间,他完全专心于切比雪夫曾经向他提出过的问题,写了一系列内容极为广泛的论文,发展了旋转重液体平衡形状理论和这些形状的稳定性理论. 这项研究工作一直持续到他去世.

1908年,李雅普诺夫参加了在罗马召开的第4届国际数学家大会. 他专注于欧拉著作全集的出版工作,是这个全集的第一集(数学)第18卷、第19卷的编辑,这两卷于1920年和1932年先后问世(本工作室力争在中国出版这套欧拉全集).

李雅普诺夫的科学著作获得了广泛的承认.他被选为圣彼得堡大学、哈尔科夫大学和喀山大学的名誉教授.1916年他被选为巴黎科学院的国外院士.他还是许多其他学科协会的成员.

1917年夏,李雅普诺夫同他的妻子一起去敖德萨,那时他妻子已受到严重的肺结核的折磨.1918年春,他妻子的病情急剧恶化,于当年10月31日去世.那天,李雅普诺夫开枪自杀,昏迷了三天之后,他也与世长辞了.按照他生前的愿望,他和他妻子合葬在一处.

李雅普诺夫和А.А.马尔可夫(А.А.Марков)在圣彼得堡大学时是同学,后来又在科学院共事,他们是切比雪夫最杰出的学生,是彼得堡数学学派的代表人物.

李雅普诺夫主要研究成果有以下两个方面.

(一) 首创运动稳定性的一般理论

运动稳定性问题的重要性是众所周知的.任何一个实际系统(如控制系统、电子系统、生态系统等)都是在各种偶然的或持续的干扰下运动或工作的.承受这种干扰之后,系统能否稳妥地保持预定的运动或工作状态,这是首先要考虑的性能,这就是稳定性.另外,严格地说,描述系统的数学模型,大部分是近似的,这或是由于测量误差、计算的舍入误差所致,或是为使问题理想化不得不忽略某些次要因素所致.近似的数学模型能否如实地反映客观实际的动态,在某种意义上说,也是一个稳定性的问题.

对于稳定性理论,李雅普诺夫致力于三个方面的研究,取得了开创性的成果.

1. 一个具有有限个自由度的力学系统的运动和平衡态的稳定性

在李雅普诺夫关于有有限个自由度的系统的稳定性的论著中,他的博士论文《运动稳定性的一般问题》占据了中心地位.这篇论文对常微分方程稳定性理论做了透彻的阐述.

李雅普诺夫利用他自己创造的新方法(后来被人们称之为

李雅普诺夫第一方法、李雅普诺夫第二方法),首创了运动稳定性一般理论,在最一般的假定下,解决了以下问题:什么时候首次近似就是稳定性问题的解. 李雅普诺夫用他的方法彻底检查了在实际上特别重要的一类系统,如方程右端展式的系数是常数(驻定运动),或是具有相同周期的周期函数时的情形. 例如,当给定的系统是常系数时,若这个系统的特征方程(一个 n 次代数方程)的根都具有负实部,则原系统的解是稳定的;若这些根中有一个具有正实部,则解是不稳定的;若特征方程不存在具有正实部的根,而有实部为零的根,这种情形下的首次近似就不能用来解决系统的稳定性问题. 这些情形李雅普诺夫都做了彻底的研究. 在周期系数下,李雅普诺夫论证了两种特别有趣的实例:特征方程有一个根等于1以及有一对共轭虚根的模等于1的情形,李雅普诺夫创造了 V 函数法来判定微分方程的稳定性,简便、易懂、有实际价值.

许多其他结果都是关于运动不稳定性的证明的,李雅普诺夫具有周期系数的齐次二阶线性方程解的详细分析的几篇文章(1896—1902)持有上述方向.

李雅普诺夫首创的运动稳定性的一般理论,越来越吸引着全世界数学家的注意和工程师们的广泛赞赏,特别是力学、控制、信息、系统等方面的学者对李雅普诺夫稳定性理论和方法更感兴趣. 稳定性理论和方法也在不断发展,尤其是20世纪30年代以来,由于科学技术日新月异,特别是自动控制、空间技术、大系统理论、生物数学等的出现,使稳定性理论的发展更快,新的课题、新的方法不断涌现. 常微分方程用的李雅普诺夫稳定性理论,业已推广到了用差分方程、微分差分方程、微分积分方程、泛函微分方程、随机微分方程、偏微分方程、微分包含等数学模型描述的各种动力系统. 国际上不仅是一些纯粹数学学术刊物,连许多权威性的力学、控制论、网络系统、生物数学、信息科学、计算机科学方面的学术刊物及国际会议论文集也常刊载稳定性方面的优秀论文,其价值之重大、影响之广泛由此可见一斑.

2. 旋转液体平衡形状的稳定性

牛顿和他的18世纪的继承者麦克劳林等学者确立旋转椭

球可以是均匀旋转液体的平衡形态. 后来雅可比指出, 有些三维椭球也可以是这样的形状, 很多其他学者也研究了这个问题. 1882 年切比雪夫在李雅普诺夫之前预计到可能存在接近于椭球的其他平衡形状, 李雅普诺夫仅仅在第一次近似的情况下解决了这个问题. 他避开了这个问题的最后解答, 把它引向另一课题, 1884 年提出他的硕士论文《论旋转液体平衡的椭球面形状的稳定性》, 他在这篇论文中论证了麦克劳林和雅可比椭球的稳定性, 并且第一次确定了关于一个连续介质的稳定性概念.

1918 年, 他发表了《论天体的形状》一文. 文中, 他说道: "根据一个熟知的假设, 每一个那样的天体开始时处于一种液体状态之中, 在凝固之前呈现出目前的形式…… 如果是这样, 一个天体的形状必定可以看成是某种旋转液体的形状, 这种形状下的质点在牛顿万有引力的规律下彼此吸引, 或者它至少是略不同于这样一个旋转液体的平衡形状."

(二) 在数学物理和概率论等方面也做了一些很有意义的工作

1886—1902 年期间, 他致力于数学物理的若干方面的工作. 他第一次对单层势和双层势的若干基本性质进行了完全严格的研究, 并且指出了若干充要条件, 在这些条件下, 在给定的范围内解决狄利克雷问题的函数在整个曲面的极限范围内有正常的导数 (1898). 这些研究为解决边值问题的若干经典方法奠定了基础.

李雅普诺夫在概率论教学的过程中进行了两个方面的研究工作, 他真正推广了拉普拉斯的极限定理; 他采用特征函数的方法证明了中心极限定理, 即在非常宽泛的条件下近似地 (亦即当 n 无限增加时能以任意大的精确程度断言) 有下列公式

$$P\{t_1\sigma_\xi < \xi - M(\xi) < t_2\sigma_\xi\} \sim \frac{1}{\sqrt{2\pi}}\int_{t_1}^{t_2} e^{-\frac{t^2}{2}} dt$$

切比雪夫在加项独立而且有界的情形下给出了这一公式的差

不多完整的证明. 马尔可夫补足了切比雪夫的研究中的不充分环节并且放宽了应用此公式的条件. 李雅普诺夫给出了更为一般的条件. 这个公式概括了大量的特殊问题,因此后来被认为是概率论中的一个基本定理,李雅普诺夫的这些研究工作成为后来许多工作的出发点.

李雅普诺夫的数学思想方法在微分方程领域影响很大,我们仅从两个方面加以介绍.

(一) 从几何方法对立面 —— 分析方法入手,开创运动稳定理论的新方法

庞加莱研究微分方程从几何与拓扑的方法入手,探究微分方程所定义的曲线族的性状. 李雅普诺夫则从几何方法的对立面 —— 分析方法入手,创立了李雅普诺夫第一方法和李雅普诺夫第二方法.

18,19 世纪与天体力学研究(太阳系的稳定性问题)紧密相关的一个数学问题是:给定 n 个依赖于时间的未知函数 $x_k(t)$ 的一阶常微分方程组,假定方程组中的导数 $\dfrac{\mathrm{d}x_k}{\mathrm{d}t}$ 在方程左边,右边是关于 $x_1, x_2, \cdots, x_n$ 的幂级数,且没有自由项,所以方程组显然有零解 $x_1 = x_2 = \cdots = x_n = 0$,级数的系数可依赖于 t,这个方程组的解完全被未知函数 $x_k(t)$ 在某一时刻 $t = t_0$ 的值所决定. 在李雅普诺夫意义下,零解的稳定性就是在无穷区间 $t \geq t_0$ 上关于初值的稳定性,即对 $t \geq t_0$,系统的解 $x_k(t)$,当 $|x_k(t_0)|$ 充分小时,$|x_k(t)|$ 也将充分小.

当相应的微分方程组是可积的,且它的解可以用简单形式表出时,其稳定性的研究不会有什么困难,但通常这种积分是不可能的. 因此,数学家们常常用近似的方法,把方程右端换成它的幂级数展开式的线性部分. 于是,问题就归结为研究一个线性微分方程组的稳定性了. 实质上,这就简化了这个问题,特别是当线性系统的系数是常数时更是如此. 然而用线性系统替换给定系统,这样做是否有效还不清楚. 如果要使它有效,应当加些什么限制呢? 用一个二阶或者更高阶的近似使得系统内

增加了函数 $x_k(t)$ 在一个有限区间上的精度,但在 $t \geq t_0$ 的无穷区间上,并没有给出有关稳定性的任何结论的新的证据. 对此庞加莱对寻找问题的精确解作了尝试,讨论了二阶及部分三阶系统的特殊情形.

由于运动方程都不可能用已知函数明显地解出,所以稳定性问题就不可能通过考察解的性态而得到解决. 于是庞加莱寻找通过考察微分方程本身就可能回答问题的方法. 它的创造性工作是将微分方程的研究由复域又转回实域,由解析表达式转为曲线,由定域转到曲线族,在不求解的情况下,由曲线族的定性行为得到原来的方程解的性质. 这样,就开创了常微分方程发展史上的第三个阶段——实域定性理论. 他把自己所创立的这个理论叫作微分方程的定性理论,这个理论表述在四篇本质上是同一标题的论文《关于由微分方程确定的曲线的报告》中. 在这里,微分方程所定义的积分曲线既是研究对象,通过对它的几何性质的理解又是理解微分方程的解的性质的工具. 用他自己的话说,他要寻求解答的问题是:"动点是否描绘出一闭曲线? 它是否永远逗留在平面某一部分的内部? 换句话说,并且用天文学的话说,我们要问轨道是稳定的还是不稳定的?"

李雅普诺夫第一方法是把一般解表成级数以及检验级数的收敛性. 这里引进了函数和矩阵的特征数理论,探讨了正则的可约的方程组. 李雅普诺夫给出了一系列重要的结论,如著名的李雅普诺夫 – 庞加莱关于线性哈密顿组的定理. 但这一方法计算较繁,用起来有局限性.

李雅普诺夫第二方法(或称为直接方法)虽然仅用于建立稳定性定理,但是在常微分定性理论中,例如在稳定性、解的渐近性态以及在某种意义上和稳定性概念相同的有界性等方面,这个第二方法已被公认为非常普遍和强有力的方法. 在控制系统、动力系统和泛函微分方程等理论中,李雅普诺夫第二方法也是一个重要工具. 就其实质看,李雅普诺夫第二方法可归结为寻找具有某种特性的辅助函数 $V(t,x)$. 这是一个绝妙的技巧,李雅普诺夫就是利用 V 与 V' 在符号上的某些相关性质来刻画稳定性的,并且给出了关于稳定、渐近稳定和不稳定的四条基本定理. 从思想方法上考虑,他更重视分析,并与它们解的性质联系起来.用李雅普诺夫自己的话说是:"只要我们在解决确定的问题,只要问题——力学或物理学方面都一样——的提法从分析的观点来看是完全确定的,那么就不容许使用可疑的推理.这时,问题成为纯粹的分析问题,并且必须当作分析问题来对待."①李雅普诺夫应用的分析方法十分严密.庞加莱提出的"无切环"和"无切弧"的新概念(作为研究工具,这是将等式的研究改为不等式的研究,由分析工具改为几何工具的表现,阿达玛称这种做法是"非积分",以便与微分方程的"积分"相对比),在李雅普诺夫手中发展成为极其锋利的李雅普诺夫函数.现在大家公认,李雅普诺夫和庞加莱共同是微分方程定性理论的创始人.

(二) 充分利用数学工具研究力学问题,善于转移扩展研究成果

李雅普诺夫善于发挥自己的专长,充分利用数学工具研究力学问题.

李雅普诺夫在1903—1918年间所写的一系列论文中,对切比雪夫提出的问题以及有关的问题进行了深刻的研究,利用自己的专长,克服了许多数学困难,用数学方法证明了几乎球形的平衡形状,并且研究了由此而产生的积分微分方程的解,证实了在平衡的球中存在"分支椭球",证明了异于分支椭球的每一个麦克劳林及雅可比椭球会产生新的平衡形状.他还研究了几乎椭球的平衡形状的稳定性.这些成果反过来又使他在他的硕士论文中阐述过的稳定性理论得以进一步发展和精确化.

通过计算研究力学问题.对梨形形状的稳定性问题,庞加莱在二次近似的范围内作了分析,提出了这些形状是稳定的假定,天文学家Darwin利用庞加莱的一般理论通过计算似乎坚信了这种意见,并认为梨形形状的稳定性在他的天体演化学说中

---

① 转引自辛钦:《数学分析简明教程》(下册),高等教育出版社,1954年,第673页.

是不可缺少的. 在精确公式和估计的基础上,李雅普诺夫通过计算导出了相反的结论——梨形形状是不稳定的,1912 年他发表了所需要的计算,1917 年 James Jeans 进一步证实了李雅普诺夫的结果,并发现了 Darwin 计算中的缺陷.

善于用转移思维的方法,开拓新的研究领域. 李雅普诺夫的硕士论文的思想方法的确独特. 本来切比雪夫提出的是"……椭球面平衡形状……"的问题,李雅普诺夫指出了研究平衡形状数学方面的困难,避开了这个问题的最后解答,马上转向研究椭球面形状的稳定性,写出《论旋转液体平衡的椭球面形状的稳定性》一文,继而研究了具有有限个自由度的力学系统的稳定理论、运动稳定性的一般问题.

李雅普诺夫稳定性是个应用极其广泛的概念. 举个例子:

中国科学技术大学近代物理系的刘之景教授和中国科学院原子能研究所的贺贤土研究员在 20 世纪 80 年代就研究了大幅 Langmuir Soliton 及其李雅普诺夫稳定性,在他们之前,等离子体中的 Soliton 问题的研究,大部分是在弱非线性理论基础上进行的.

他们从 Vlasov-Maxwell 方程组出发,可以求得在四阶场作用下的动力学方程组,在静态近似下,得到一维高阶非线性 Schrödinger 方程的无量纲形式

$$i\frac{\partial E}{\partial t} + \frac{\partial^2 E}{\partial x^2} = -E|E|^2(1 - g|E|^2) \quad (1)$$

式中 $g = 0,1$ 分别对应二阶场和四阶场的非线性 Schrödinger 方程. 式(1)所用的无量纲关系为

$$E = \frac{\widehat{E}}{\sqrt{16\pi n_0(T_i + T_e)}}, t = \omega_{pe}t', x = \sqrt{\frac{2}{3}}\frac{x'}{\lambda_{D_e}} \quad (2)$$

电场 E' 包含慢变振幅 $\widehat{E}$ 和快变位相因子 $\exp(-i\omega_{pe}t')$ 两部分,而且 $\omega_{pe}\widehat{E} \gg \frac{\partial \widehat{E}}{\partial t}$.

在低频相速度远小于离子热速度的静态近似下,无量纲密度为

$$n(x,t) = -2|E|^2(1 - r|E|^2) \quad (3)$$

这里 r 值取为

$$r = \begin{cases} \dfrac{3(2T_i + 3T_e)}{T_e} & (\text{四阶场}) \\ 0 & (\text{二阶场}) \end{cases} \quad (4)$$

利用熟知的方法,可求得式(1)的稳态解为

$$E_0^2 = \frac{4\alpha_0^2}{A\cosh 2\alpha_0 \eta + 1} \quad (5)$$

式中

$$A = \left(1 - \frac{16}{3}\alpha_0^2 g\right)^{\frac{1}{2}} > 0, \alpha_0^2 = \frac{v^2}{4} - \Omega, \eta = x - vt \quad (6)$$

这里 v, Ω 分别为速度和频率. 当 $\eta \to \pm \infty$ 时, $E_0^2 \to 0$. 显然(5)为 Soliton 解. 当 $g = 0$ 时, 式(5)退化为二阶场的非线性 Schrödinger 方程的解

$$E_0 = \sqrt{2}\alpha_0 \mathrm{Secosh}\,\alpha_0 \eta \quad (7)$$

四阶场作用下的 Soliton 的最大高度和宽度为

$$E_{0\max}^2 \backsimeq 2\alpha_0^2\left(1 + \frac{4}{3}g\alpha_0^2\right)$$

$$\Delta \backsimeq \frac{1}{2\alpha_0}\ln(17 + 12\sqrt{2}) + \frac{2\sqrt{2}}{3}g\alpha_0 \quad (8)$$

有质动力使密度下陷,其最大值

$$|n|_{\max} \backsimeq 4\alpha_0^2\left[1 - \left(2r - \frac{4}{3}g\right)\alpha_0^2\right] \quad (9)$$

对于二阶场的非线性 Schrödinger 方程,其相应量($g = 0, r = 0$)为

$$E_{0(2)\max}^2 = 2\alpha_0^2, \Delta_{(2)} = \frac{1}{2\alpha_0}\ln(17 + 12\sqrt{2}), |n_{(2)}|_{\max} = 4\alpha_0^2$$

(10)

注意:宽度 Δ 是在 $E_{0\max}^2$ 下降一半时求得的. 所以四阶场的作用使 Soliton 振幅增大,波形加宽,密度下陷减弱.

他们证明了 Soliton 解式(5)的稳定性. 从物理上来说,关于稳定性的李雅普诺夫理论就是指任何一种稳态都保持自由能最小. 构造的李雅普诺夫泛函 L, 它具有如下特征:

(ⅰ)对于靠近原始态的扰动 f 来说,$L(f)$ 有上下界;(ⅱ)L

是非递增的,即 $\frac{dL}{dt} \le 0$.

他们首先寻求具有上述特征的李雅普诺夫泛函,对于一个可逆系统,李雅普诺夫泛函可以由运动常数组成,而方程(1)的三个运动积分为

$$N = \int EE^* dx, P = \frac{i}{2}\int \left(E \frac{\partial E^*}{\partial x} - C.C. \right) dx$$

$$H = \int \left(\frac{\partial E}{\partial x} \frac{\partial E^*}{\partial x} - \frac{1}{2}(EE^*)^2 + \frac{1}{3}(EE^*)^3 \right) dx \quad (11)$$

N, P, H 分别表示粒子数、动量、能量守恒量.于是李雅普诺夫泛函可写为

$$L = L_1 - L_0$$

L_0 为零阶分布量,利用拉格朗日乘子法,可得

$$L_1 = \left(\frac{v^2}{2} - \Omega \right) N - vP + H \quad (12)$$

他们构造的 L,因为由运动常数组成,条件(ⅱ)即 $\frac{dL}{dt} \le 0$ 是显然满足的;对于条件(ⅰ),还要求 L 对扰动的泛数存在上、下界,上界可用通常的方法得到,对于下界,已经证明了它存在的判据为

$$\frac{\partial}{\partial \alpha_0^2}\int dx E_0^2 > 0 \quad (13)$$

对于四阶场的 Soliton 解式(5),求得

$$\int_{-\infty}^{+\infty} dx E_0^2 = \sqrt{3}\ln\frac{a+1}{a-1} \quad (14)$$

式中

$$a = \left(\frac{1+A}{1-A} \right)^{\frac{1}{2}}$$

于是

$$\frac{\partial}{\partial \alpha_0^2}\int dx E_0^2 = \frac{2}{\alpha_0\left(1 - \frac{16}{3}\alpha_0^2\right)} > 0$$

从而证明了四阶场 Langmuir 波拍频产生的 Soliton 解是稳定的.

最近在文学圈子中盛传一部叫作《俄罗斯文学讲稿》的

书,吸引读者的是俄罗斯文学和俄罗斯文学家的独特魅力. 无论是这六位俄罗斯文学巨擘生活、描写的 19 世纪,还是纳博科夫撰写有关他们的评论讲稿的 1940 年,距离今天的我们都已经很遥远了,但我们读时却感觉离这些作家们那么近,纳博科夫本人更是仿佛就坐在我们的对面,侃侃而谈. 在纳博科夫曾任教的卫斯里大学,流传着一则他的轶事. 某年期末,纳博科夫在校园的湖边散步,一个女生跑来问他:"教授,我该知道多少东西才能考好期末考试呢?"教授想了想,说:"生命是哀伤的,生命也是美丽的,知道这个就够了."

读完本书你一定也会感觉到"**数学既深亦美,知此足矣**".

刘培杰

2017 年 10 月 5 日

于哈工大

Pick 定理

刘培杰数学工作室　编

内容简介

本书从一道国际数学奥林匹克候选题谈起,引出毕克定理.全书介绍了毕克定理、毕克定理和黄金比的无理性、格点多边形和数 $2i+7$、闵嗣鹤论格点多边形的面积公式、空间格点三角形的面积、从施瓦兹到毕克到阿尔弗斯及其他、美国中学课本中的有关平面格点的内容.阅读本书可全面地了解毕克定理以及毕克定理在数学中的应用.

本书适合高中生、大学生以及数学爱好者阅读和收藏.

编辑手记

怎样将艰深难懂的近代数学理论向广大的大、中学生进行普及,寓教于乐是个好办法.有许多人对中国学生中小学阶段计算能力明显高于世界其他各国中小学生感到百思不得其解,后来找到了一个独特的解释——得益于中国的小九九乘法表.因为中文中 1～9 都是单音阶,所以中国学生易背诵,而且早就如此:

如无锡城南公学堂编辑的《学校唱歌集》(1906),其中许多乐歌都对新兴学科做了解说:"加减乘阶端始基,九数立通例. 点线面体究精义,思想入非非. 天元代数种种难题,演草明真理. 中西算术日新奇,制出精良器"(乐歌《数术》)."泰西文字列专科,学术同研究. 字分八类条理多,文法莫差讹. 有音无音廿六字母,声韵宜合度. 愿诸君博览西书,殚精相切磋"(乐歌《英文》)."动植矿物遍地纷纶,距离算术考查精. 声光化电尤研究,标本仪器辨分明. 纵云欧美新学问,格致发明推圣经. 愿吾青年,酌古又准今,他日博学乃成名"(乐歌《格至》). 乐歌的作者通过音乐的形式向学生普及了对传统国人甚为陌生的数学、英语、物理、地理、天文等来自西方的知识. 这种贴合人情的宣传方式削弱了新知识所带来的"陌生"感.

近年来有一种方法似乎不用公式与字母就可对近代数学成果进行普及. 但笔者认为这样的科普并非真正的科普,领悟数学精神可以,但体会数学之美还是要靠公式,只不过需要一块恰当的敲门砖.

人们问短跑巨星迈克尔·约翰逊为什么选择这种跑步姿势,他说:"我只会这样跑!"

在中学阶段多学一点新知识尤为重要. 北京大学社会学教授郑也夫专门研究了中国学生的复习问题,结果表明要想取得高分,复习是法宝. 中国的教育方式是用大量的时间去复习,在高中阶段只是围绕考大学要用到的知识反复复习,最后达到近乎条件反射的程度. 这对将来要成为一个学术人来讲伤害极大,所以真正学有所成的大师——像陈省身先生到中学去就叮嘱学生不要打 100 分,70 分就行,剩下的时间和精力干什么,多多学习自己感兴趣的各学科的新知识.

在 20 世纪 80 年代全国各师范院校都开设一门叫作"解题研究"的课程. 其目的就是为了培养数学教师具有良好的解题胃口,但既然叫研究就不能单靠刷题来解决. 作为教师应充分了解每一道试题的背景,这样才能一次解决一批题而不是一道题. 同时也对学生成长有利,相当于给学生开了许多课程. 课程一词源于拉丁语,原意是"跑道". 学校课程研究院院长秦建云说,"开设不同的课程,就是为了给学生开辟成长所需要的不同'跑道'.""过去,我们的学生就像一节节车厢,在升学、分数的单一跑道上被动前行;现在,学生装上了'发动机',变成了'动车'，在不同的跑道上奔驰."

中国的教育,特别是数学教育广受诟病的一个现象是从小学到大学甚至到博士毕业都是在做别人的题目,而不善于提出自己的问题.

常用 google 的人都知道,google 提供一个"计算器"的功能.比如,你用 google 搜索"13 * 17 * 9",或搜索"2^6",都会在搜索结果页面最上方显示一个计算器,给出计算的答案.

然后,你试一下搜"the answer to life, the universe and everything"会怎么样？——返回的搜索页面,居然也会出现计算器,给出答案:42.

手里有苹果品牌产品的,还可以问问 Siri,"What's the meaning of life？"Siri 照样回答你:42.

谷歌和苹果这都是向一个极客圈里无人不知的典故致敬,这个典故来自道格拉斯·亚当斯的《银河系漫游指南》.这本科幻小说里,有一个具有高度智慧的跨纬度生物种族,为了找出"生命、宇宙以及任何事情的答案",用整个星球的力量造出一台超级电脑"深思"(deep thought)来进行计算."深思"花了750 万年来计算和验证,最后得出了"正确答案":42.

人们问 42 到底是什么意思,"深思"说:"只有你懂得了提问,才真的理解答案."(Only when you know the question, will you know what the answer means.)

把这个片段拆为己用:我们问人问题的时候,要想方设法提能真正从中得到学习的问题,而在回答别人(孩子、学生、下属……)提问时,提醒他不要太关注正确答案,促进他去思考自己的提问.

2014 年高考刚刚结束,在笔者的微信中有人晒出了高三阶段领学生做过的练习册.用等身形容一点不为过,题量是有了,还有一个质的问题.

最近俄罗斯的出版机构频频向工作室推荐他们的几何精品图书.如沙雷金的《俄罗斯几何大师》、波拉索洛夫的《俄罗斯立体几何问题集》,其中题目精良.加之在斯普林格出版社购买的中、英文版权的《解析数论问题集》,甚至包括在罗马尼亚出版机构购买的《数学奥林匹克问题集》等都体现了不俗的品味.

  法国著名的厨房毒舌哲学家萨瓦兰曾说,告诉我你吃的是什么,我就能说出你是怎样的人.吃饭,不仅填充能量,也无意中形塑我们的人格,我们很难想象苏小小天天大葱蘸酱,也很难想象鲁智深夜深人静不喝酒,而去煮一碗红豆小圆子.在不同的饮食系统中,其实蕴藏着最深刻普遍的文化系统,不妨说,读懂一个人的胃,才能读懂一个人的脑.

  同理,只要看一看一个学生读的课外读物,他做过的题目,就知道他是一个什么层次的学生.

刘培杰

2016 年 6 月 12 日

于哈工大

Steinhaus 问题

刘培杰数学工作室　编著

内容简介

本书是从一道二十五省市自治区中学数学竞赛试题谈起,进而介绍了斯坦因豪斯问题.本书共有三章,第 1 章斯坦因豪斯问题简介,第 2 章保守系统中的弹子球流,第 3 章变分法、扭转映射和闭测地线.

本书适合大、中学师生及数学爱好者阅读及收藏.

编辑手记

数学已经深深地介入了我们的生活.数学家用自己独特的视角在分析一切.比如麻省理工学院的两名数学家汉纳·基耶和汉克·维克赫斯特就建立了一个数学模型来分析林书豪的表现.他们据此制定了一个指标:关键时刻的投篮命中率与平均的投篮命中率之比.

本书也是用一个数学模型来介绍近代数学的某一分支及其进展的.台球自从被引入中国便深受国人喜爱.笔者曾在 20 世纪 90 年代乘船从重庆到武汉,途经一小镇,准备上岸买些闲书看,发现在如此贫穷与荒凉的长江岸边,居然在乱石堆上摆着崭新的台球桌,几个年轻人在投入地玩着.这样的群众基础可能就是"丁俊晖"赖以产生的土壤.

Minds of Modern Mathematics 是 IBM 推出的一款数学史应用软件,通过以信息图表交互的方式展现了数学史上重要的人和事,非常有趣. 即便你是一个对数学深恶痛绝的人,看到这个应用也不会觉得枯燥. IBM 分析研究和数学科学总监 Chid Apte 说:"未来的职业发展程度将会很大程度上取决于创造力、独立思考、解决问题和协作能力因素." 而 Minds of Modern Mathematics 正好包含了所有这些元素,并用最流行的 iPad 应用方式表达出来.

题材要重大,形式要有趣,这才是科普之道. 但在某些人眼中科普书都是"闲书",据文化学者朱大可讲:汉字符码是古文化核心密码(代码)的奇妙结晶,简洁地描述自然场景、生活方式和事物逻辑,传递了古代文明的基本资讯,俨然是日常生活的生动镜像. "閒"字表达休息时开门赏月的诗化意境. 但这种心境现在还有吗? 悲观一点说:写书之人,读书之人都早已没有了这份"闲情逸致". 但尽管如此,读点数学书还是有用的. 对整个社会来讲它可以更加规范我们的语言功能,因为数学语言是世界通用的最无歧义的语言. 北京大学前光华学院院长张维迎曾发表过一篇文章叫《语言腐败的危害》,他指出:

> "有一类更为普遍,其危害性也更为严重的腐败,并没有受到足够的重视,这就是语言腐败. 它最初是在英国作家乔治·奥维尔于 1946 年的一篇文章中提出来的. 语言腐败严重破坏了语言的交流功能,导致人类智力的退化. 人类创造语言,是为了交流,人类的所有进步都建立在语言的这一功能上. 为了交流,语言词汇必须有普遍认可的特定含义,语言腐败意味着同一词汇在不同人的心目中有不同的含义,语言变成了文字游戏,使得人与人之间的交流变得困难."

本书的主角斯坦因豪斯是波兰著名的数学家. 以前的中学生都读过他的《100 个数学问题》《又 100 个数学问题》《数学万花镜》(*Mathematical Snapshots*,1950). 最后一本被译成 14 种文字. 他曾与巴拿赫一起创办了《数学研究》杂志,两人同任主编. 他还是波兰科学院数学研究所机关刊物《数学的应用》的主编. 他于 1972 年逝世.

英国《金融时报》专栏作家蒂姆·哈福德说:随着人类知识库的膨胀,一位科学家可以吸收的知识,在整个人类知识库中所占比例正迅速向零靠近. 科学家以吸收知识为主业尚且如此,我们普通人更是如此. 本书所论及的内容在数学中的测度为零,但无限积分则有望为正.

刘培杰

2017 年 4 月 12 日

于哈工大

Lagrange 乘子定理

刘培杰数学工作室　编

内容简介

本书详细介绍了 Lagrange 乘子定理的相关知识及应用. 全书共分 9 章,读者可以较全面地了解有关 Lagrange 乘子定理这一类问题的实质,并且可以认识到它在其他学科中的应用.

本书适合大学生及数学爱好者参考阅读.

编辑手记

这是一本贵书.

有一位网友说:很多本来觉得丑的东西一旦知道是贵的就觉得好像也不那么丑了.同样的道理,一本书如此之贵,料它也差不到哪去.

这是一本难书.

相对于本书的目标读者大、中学生,它的内容是深的.著名数学家齐民友先生在一次接受访谈时指出:

"不要低估学生,千万不要低估学生.不要低估了中国的基础教育.很多好学生实际上不是负担过重,而是吃不饱,对于他来说,翻来覆去,都是讲这么点东西,搞得他很厌烦.要想学生负担不重,就必须要老师加重负担,教师应该更加深入地研究教材,研究学法,研究教法.数学教育的改革,是一个世界性的问题.各国做法各有不同.而且至今也很难说,哪一种是好,哪一种就是不行.所以,容许多样性,提倡多样性是唯一的选择.但无论如何,教育改革的问题,最后要落实到教师培训的问题上.同时,数学教学的改革必须追随数学科学的发展,如果中国数学教育想要进一步深化改革的话,必须要使得数学教学跟现在社会生活和科学(特别是数学科学)的发展更接近.这时你就会感受到:会当凌绝顶,一览众山小."

这是一本很有用的书.

所谓有用是因为它能帮助你解题,拿分.以一道2015年第26届"希望杯"全国数学邀请赛高二试题为例.四川省苍溪中学的李波曾给出了11种解法,但最通用的还是利用乘子法.

题目 若正数 a,b 满足 $2a+b=1$,则 $\dfrac{a}{2-2a}+\dfrac{b}{2-b}$ 的最小值是_____.

解法1 设 $2-2a=x, 2-b=y$,由 a,b 是正数知,$x,y>1$,易知
$$a=\frac{2-x}{2}, b=2-y$$

将上式代入 $2a+b=1$,整理得 $x+y=3$,即 $\dfrac{x}{2}+\dfrac{y}{3}=1$.

将 $a=\dfrac{2-x}{2}, b=2-y$ 代入 $\dfrac{a}{2-2a}+\dfrac{b}{2-b}$ 得

$$\frac{a}{2-2a}+\frac{b}{2-b}=\frac{1}{x}+\frac{2}{y}-\frac{3}{2}$$

$$\frac{1}{x}+\frac{2}{y}-\frac{3}{2}=\left(\frac{1}{x}+\frac{2}{y}\right)\cdot\left(\frac{x}{3}+\frac{y}{3}\right)-\frac{3}{2}$$

$$=\frac{y}{3x}+\frac{2x}{3y}-\frac{1}{2}$$

$$\geqslant 2\sqrt{\frac{y}{3x}\cdot\frac{2x}{3y}}-\frac{1}{2}$$

$$= \frac{2\sqrt{2}}{3} - \frac{1}{2}.$$

当且仅当 $\frac{y}{3x} = \frac{2x}{3y}$,即 $\sqrt{2}(2-2a) = 2-b$ 时,等号成立,所以最小值为 $\frac{2\sqrt{2}}{3} - \frac{1}{2}$.

解法 2 由 $2a + b = 1$,知 $a = \frac{1-b}{2}, b = 1 - 2a$,所以

$$\frac{a}{2-2a} + \frac{b}{2-b} = \frac{1}{4} \cdot \frac{b-1}{a-1} + \frac{1}{2} \cdot \frac{b}{a+\frac{1}{2}}.$$

由 $a, b > 0, 2a + b = 1$,知 $a \in (0, \frac{1}{2}), b \in (0,1)$,易知 $\frac{b-1}{a-1} \in (0,2), \frac{b}{a+\frac{1}{2}} \in (0,2)$.

令 $x = \frac{b-1}{a-1}, y = \frac{b}{a+\frac{1}{2}}, x, y \in (0,2)$,解得 $a = \frac{1-\frac{1}{2}y}{y-x+1}, b = \frac{\frac{3}{2}y - \frac{1}{2}xy}{y-x+1}$. 由 $2a+b=1$,知 $\frac{2}{3}x + \frac{2}{3}y + xy = \frac{4}{3}$,解得 $y = \frac{\frac{16}{9}}{x + \frac{2}{3}} - \frac{2}{3}, x \in (0,2)$. 对 y 求导数得 $y' = \frac{\frac{16}{9}}{(x+\frac{2}{3})^2}$,其原函数图像如图 1 所示,此时 $\frac{a}{2-2a} + \frac{b}{2-b} = \frac{1}{4}x + \frac{1}{2}y$,为此,本题转化为目标函数为 $Z = \frac{1}{4}x + \frac{1}{2}y$ 的线性规划问题. 由线性规划的知识知,当目标函数与函数

$$y = \frac{\frac{16}{9}}{x + \frac{2}{3}} - \frac{2}{3}$$

的图像相切时(图2),目标函数有最小值. 设切点为 $P(x_0, y_0)$,则切线的斜率为

$$y' = \frac{\frac{16}{9}}{(x+\frac{2}{3})^2}\bigg|_{x=x_0}$$

因目标函数 $Z = \frac{1}{4}x + \frac{1}{2}y$ 的斜率为 $-\frac{1}{2}$,所以

$$y' = -\frac{\frac{16}{9}}{(x_0+\frac{2}{3})^2} = -\frac{1}{2}$$

解得

$$x_0 = \frac{4\sqrt{2}}{3} - \frac{2}{3}, y_0 = \frac{2\sqrt{2}}{3} - \frac{2}{3}$$

即 $Z = \frac{1}{4}x + \frac{1}{2}y$ 与曲线在点 $P(\frac{4\sqrt{2}}{3} - \frac{2}{3}, \frac{2\sqrt{2}}{3} - \frac{2}{3})$ 相切,所

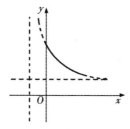

图1

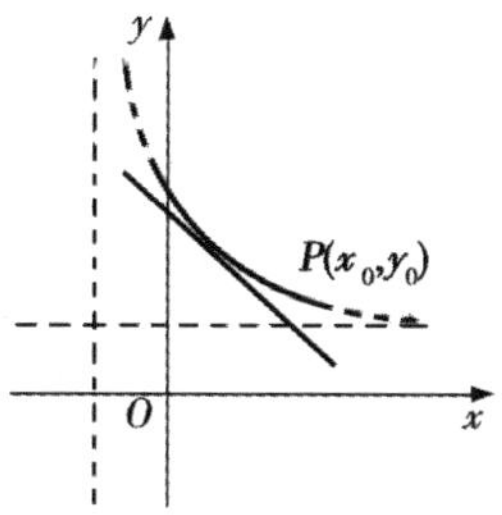

图2

以 $Z = \dfrac{1}{4}x + \dfrac{1}{2}y$ 有最小值

$$Z_{\min} = \dfrac{2\sqrt{2}}{3} - \dfrac{1}{2}$$

解法 3 令 $x = \dfrac{a}{2-2a}, y = \dfrac{b}{2-b}$,则 $a = \dfrac{2x}{1+2x}, b = \dfrac{2y}{1+y}$,则 $\dfrac{4x}{1+2x} + \dfrac{2y}{1+y} = 1$,以下同解法 2.

评析 运用线性规划知识解决最值问题形象直观,同时也很好地体现了数形结合的思想. 本解法中: 如图 3, 设 $A(1,1)$, $B(-0.5,0)$, 点 P 在线段 $2a+b=1$ 上, $a,b>0$. 因此, 目标函数 $\dfrac{1}{4} \cdot \dfrac{b-1}{a-1} + \dfrac{1}{2} \cdot \dfrac{b}{a+\dfrac{1}{2}}$ 转化为求 $\dfrac{1}{4}k_{AP} + \dfrac{1}{2}k_{BP}$ 的最小值.

如果直接求,较为困难,因此,需要将问题适当转化,即换元.

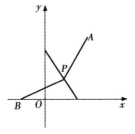

图 3

本解法对于求解线性规划中目标函数为 $pk_1 + qk_2$(其中 p, q 为给定实数, k_1, k_2 为斜率)这一类新题型提供了很好的思路, 即换元, 从而将目标函数转化为直线, 问题便迎刃而解.

解法 4 由 $b = 1 - 2a, a \in (0, \dfrac{1}{2})$,知

$$\dfrac{a}{2-2a} + \dfrac{b}{2-b} = \dfrac{2-5a+6a^2}{2+2a-4a^2}$$

令

$$g(a) = \dfrac{2-5a+6a^2}{2+2a-4a^2}$$

则
$$g'(a) = \frac{-2(7-20a+4a^2)}{(2+2a-4a^2)^2}$$

当 $a \in (0, \frac{5-3\sqrt{2}}{2})$ 时,$g'(a) < 0$,此时,$g(a)$ 单调递减;

当 $a \in (\frac{5-3\sqrt{2}}{2}, \frac{1}{2})$ 时,$g'(a) > 0$,此时,$g(a)$ 单调递增. 所以 $g_{\min}(\frac{5-3\sqrt{2}}{2}) = \frac{2\sqrt{2}}{3} - \frac{1}{2}$,即 $\frac{a}{2-2a} + \frac{b}{2-b}$ 的最小值为 $\frac{2\sqrt{2}}{3} - \frac{1}{2}$.

解法 5 令 $\frac{a}{2-2a} + \frac{b}{2-b} = t$,显然 $t > 0$,则
$$2a + 2b - 3ab = t(2-2a)(2-b)$$
将 $b = 1 - 2a, a \in (0, \frac{1}{2})$ 代入上式得
$$(6+4t)a^2 - (5+2t)a + 2 - 2t = 0$$
此式可以看成关于 a 的一元二次方程,则该方程有实根,从而
$$\Delta = (5+2t)^2 - 4(6+4t)(2-2t) = 36t^2 + 36t - 23 \geq 0$$
解得 $t \geq \frac{2\sqrt{2}}{3} - \frac{1}{2}$,所以 $\frac{a}{2-2a} + \frac{b}{2-b}$ 的最小值为 $\frac{2\sqrt{2}}{3} - \frac{1}{2}$.

解法 6 由 $2a + b = 1$,知 $2 - 2a + 2 - b = 3$,显然 $\frac{2-2a}{3} + \frac{2-b}{3} = 1$,所以
$$\frac{1}{2-2a} + \frac{2}{2-b} = (\frac{1}{2-2a} + \frac{2}{2-b})(\frac{2-2a}{3} + \frac{2-b}{3})$$
$$= 1 + \frac{2(2-2a)}{3(2-b)} + \frac{(2-b)}{3(2-2a)} \geq 1 + \frac{2\sqrt{2}}{2}$$
所以
$$\frac{a}{2-2a} + \frac{b}{2-b} = -\frac{3}{2} + \frac{1}{2-2a} + \frac{2}{2-b} \geq \frac{2\sqrt{2}}{3} - \frac{1}{2}$$

评析 "1"在中学数学中有着重要的应用
$$\sin^2 x + \cos^2 x = 1$$

主要是方便对式子变形,而其他等于 1 的整式或分式主要是为使用均值不等式创造条件. 本题充分利用结论

$$(x+y)\left(\frac{p}{x}+\frac{q}{y}\right) \geqslant p+q+2\sqrt{pq}$$

来求得其最值.

解法 7 设

$$\boldsymbol{m} = \left(\frac{1}{\sqrt{2-2a}}, \frac{\sqrt{2}}{\sqrt{2-b}}\right), \boldsymbol{n} = \left(\sqrt{2-2a}, \sqrt{2-b}\right)$$

由柯西不等式知

$$1+\sqrt{2} \leqslant \sqrt{3}\sqrt{\frac{1}{2-2a}+\frac{2}{2-b}}$$

由此可得

$$\frac{1}{2-2a}+\frac{2}{2-b} \geqslant \frac{3+2\sqrt{2}}{3}$$

所以

$$\frac{a}{2-2a}+\frac{b}{2-b} = -\frac{3}{2}+\frac{1}{2-2a}+\frac{2}{2-b} \geqslant \frac{2\sqrt{2}}{3}-\frac{1}{2}$$

解法 8 由 $2a+b = 1 = 2 \times \frac{1}{2}$,知 $b, \frac{1}{2}, 2a$ 成等差数列,设其公差为 d,则 $b = \frac{1}{2}-d, 2a = \frac{1}{2}+d, a = \frac{1}{4}+\frac{d}{2}$,所以

$$\frac{a}{2-2a}+\frac{b}{2-b} = \frac{1}{2} \times \frac{1+2d}{3-2d}+\frac{1-2d}{3+2d}$$

整理得

$$\frac{a}{2-2a}+\frac{b}{2-b} = -\frac{1}{2}+\frac{1}{3} \times \frac{3+2d}{3-2d}+\frac{2}{3} \times \frac{3-2d}{3+2d}$$

$$\geqslant \frac{2\sqrt{2}}{3}-\frac{1}{2}$$

所以 $\frac{a}{2-2a}+\frac{b}{2-b}$ 的最小值为 $\frac{2\sqrt{2}}{3}-\frac{1}{2}$.

解法 9 令

$$\sqrt{2a} = \sin\theta, \sqrt{b} = \cos\theta, \theta \in \left(0, \frac{\pi}{2}\right)$$

代入 $\frac{a}{2-2a}+\frac{b}{2-b}$,整理得

$$\frac{a}{2-2a} + \frac{b}{2-b}$$
$$= \frac{1-\cos^2\theta}{2+2\cos^2\theta} + \frac{\cos^2\theta}{2-\cos^2\theta}$$
$$= -\frac{1}{2} + \frac{2}{3} \times \frac{2-\cos^2\theta}{2+2\cos^2\theta} + \frac{1}{3} \times \frac{2+2\cos^2\theta}{2-\cos^2\theta}$$
$$\geqslant \frac{2\sqrt{2}}{3} - \frac{1}{2}$$

所以 $\frac{a}{2-2a} + \frac{b}{2-b}$ 的最小值为 $\frac{2\sqrt{2}}{3} - \frac{1}{2}$.

解法 10 由 $2a + b = 1$,知 $a = \frac{1-b}{2}, b = 1-2a$,所以 $\frac{a}{2-2a} = \frac{1}{2} \times \frac{1-b}{2-2a}$.

设 $1 - b = X(2-2a) + Y(2-b)$,则
$$1 - b = 2X + 2Y - 2Xa - (Y-1)b - b$$
由 $2a + b = 1$ 知
$$\begin{cases} X = Y - 1 \\ 2X + 2Y - X = 1 \end{cases}$$
解得
$$X = -\frac{1}{3}, Y = \frac{2}{3}$$
所以
$$1 - b = -\frac{1}{3}(2-2a) + \frac{2}{3}(2-b)$$
进而
$$\frac{1}{2} \times \frac{1-b}{2-2a} = -\frac{1}{6} + \frac{1}{3} \times \frac{2-b}{2-2a}$$
同理可得
$$\frac{1-2a}{2-b} = -\frac{1}{3} + \frac{2}{3} \times \frac{2-2a}{2-b}$$
所以

$$\frac{a}{2-2a} + \frac{b}{2-b}$$

$$= -\frac{1}{2} + \frac{1}{3} \times \frac{2-b}{2-2a} + \frac{2}{3} \times \frac{2-2a}{2-b}$$

$$\geqslant \frac{2\sqrt{2}}{3} - \frac{1}{2}$$

解法 11 （Lagrange 乘子法）构造 Lagrange 函数

$$L(a,b,\lambda) = \frac{a}{2-2a} + \frac{b}{2-b} - \lambda(2a+b-1)$$

$$L_a = \frac{1}{2(1-a)^2} - 2\lambda = 0$$

$$L_b = \frac{2}{(2-b)^2} - \lambda = 0$$

$$L_\lambda = -(2a+b-1) = 0$$

联立上述三个方程解得

$$a = \frac{5-3\sqrt{2}}{2}$$

$$b = 3\sqrt{2} - 4$$

$$\lambda = \frac{1}{27 - 18\sqrt{2}}$$

从而得

$$\frac{a}{2-2a} + \frac{b}{2-b} = \frac{2\sqrt{2}}{3} - \frac{1}{2}$$

所以 $\frac{a}{2-2a} + \frac{b}{2-b}$ 的最小值为 $\frac{2\sqrt{2}}{3} - \frac{1}{2}$.

评析 Lagrange 乘子法实际上是借助于求多元函数极值点求函数的最值,通常用来求限制条件下的最值问题,操作简单,也是通式通法,在竞赛解题中经常用到.

这是一本无法卒读的书. Lagrange 乘子定理初学很容易,学过一点多元微积分,懂得偏导数的求法即可用. 但沿着这个思路走下去就会到变分学. 没有一定的数学素养是无法坚持下去的,不过这很正常. 据有人用 Kindle 阅读记录统计,大多数人读《时间简史》没有读到超过全书的 6.6%.

这是一本内容不易磨损的书. 刚看过一个逸事有些感触,

甚至有些感动. 1952 年, 苏联历史学家科斯敏斯基获准访问英国, 他是少数的能在斯大林在世时有机会访问西方的苏联学者. 他上次来到英国还是 30 年前, 那时候他以对"中世纪英国庄园史"的研究著称. 他在霍布斯鲍姆的陪同下去往英博物馆, 因为科斯敏斯基希望再看看那里巨大的原型阅览室. 到了博物馆, 霍布斯鲍姆询问馆员如何申请短期阅览证, 因为科斯敏斯基已经很久没有来过这里了. "哦, 您来过这里", 那里的女馆员对科斯敏斯基说道, "恩, 没有问题. 我们找到您的名字了. 对了, 您还住在托林顿广场吗?"这真叫人感动, 这位想来年纪不轻, 也许经历过大萧条、伦敦空袭、战后萧条的女图书馆员, 在那一刻, 似乎忽略了时间也忽略了东西方的铁壁, 在不经意间展现了学术的超越和永恒. 他们那一代, 何其有幸!

学术在时间的帮助下一定会打败时尚, 完成属于自己的超越和永恒.

刘培杰
2016 年 6 月 1 日
于哈工大

Kantorovič 不等式

刘培杰数学工作室　编著

内容简介

本书详细介绍了 Kantorovič 不等式的相关知识及应用. 全书共分 4 章,读者可以较全面地了解这类问题的实质,并且还可以认识到它在其他学科中的应用.

本书可供从事这一数学分支相关学科的数学工作者、大学生以及数学爱好者研读.

编辑手记

由于诗词大赛而又重新大火了一次的著名央视主持人董卿曾说:"该用什么方式让自己能有一个恒久的创造力呢? 我觉得学习是唯一的途径."

这句话不仅对媒体从业人员来说是正确的,它几乎适用于一切需要以智力为基础的工作. 对于中学教师这个职业尤为正确,特别是中学数学教师,到底应该掌握数学到什么程度? 是仅仅能将课本讲清楚,还是应该能够解决数学竞赛中的难题,更进一步是否还能就某一题目的背景及数学史、数学文化有点了解则是更加理想了.

著名画家陈丹青曾说:

"我从未读完一册艺术史论专著——不论中外抑或古今——也许读完了吧,我不记得了.但我记得尽可能挑选一流著作,然后铆足气力,狠狠地读,一路画线,为日后复习(虽然从未复习),此刻细想,却是一丁点儿不记得了,包括书名与作者."

艺术家大抵不擅读书.而史论理应是艰深的、专门的,处处为难智力.但我的记性竟是这般糟糕么?除非史论专家,我猜,所有敬畏史论的读者都会私下期待稍稍易懂而有趣的写作.

艺术史如此,数学史更是如此,现实情况是搞数学专业的人认为了解数学史对研究没太大帮助,不如直接读论文,而业余的人士对此很感兴趣但又缺乏专业知识迈不过由数学符号构成的阅读门槛而无法卒读.回顾历史还真就是20世纪80年代人们对这些东西有点兴趣.

所谓时光,就是下一代人在做梦,我们开始回想做梦时的情景.

本书编者开始是对一道全国高中联赛的试题解法感兴趣.在搜罗各种不同解法的过程中又意外地发现它竟然与以苏联著名数学家 Kantorovič 命名的不等式有关.

不论是自然界还是人类社会,等量关系是极少的,而不等量关系是大量的.也就是说相等是相对的,而不等则是绝对的,所以不等式语言也被广泛地应用于社会科学之中.如前联邦德国著名核物理学家威廉·富克斯(Wilhelm Fuchs)[1]曾于1966年发表《强国的公式》一书,引起了世界上较大的反响.他根据数字与资料分析了世界的主要力量从西欧转移到美国和苏联

---

[1] 富克斯为亚亨技术大学和柏林技术大学物理学教授,亚亨技术大学第一物理学院院长兼实验物理学教授,曾任于利希核子物理研究所所长(1958—1970),亚亨技术大学校长(1950—1952),为技术研究学会名誉会员,莱茵威斯特华伦科学院院士,于利希核子研究设备名誉会员.著有气体电子学、物理学方面的著作和《从原子核中获得能量》(1944)、《强国的公式》(1966)、《按照艺术的一切规律》(1968)等书.

的原因,及以后力量对比发展的趋势,指出下一个世纪中国作为一个大国可能超过上述两个大国.1978 年 3 月底,他根据以上观点以及对世界未来的预测发表了《明天的强国》一书(*Mächte von Morgen*.副题书:力量范围、趋势、结论,由前联邦德国斯图亚特出版社出版),进一步论证了下一个世纪将是中国的世纪的预测.全书二十余万字,共分十二章.

根据他们的考虑和计算,自第二次世界大战结束以来,美国、苏联和中国的实际力量的对比发展到下一个世纪的情况如下:

A. 美国 > 苏联 + 中国;苏联 > 中国
B. 美国 ≈ 苏联 > 中国
C. 美国 ≈ 苏联 ≈ 中国
D. 中国 > 苏联 ≈ 美国
E. 中国 > 苏联 + 美国

符号说明: > 力量大于
　　　　　≈ 力量大约相等于
　　　　　+ 力量加在一起

读者可能对 D 和 E 项有不同意见或完全反对,那么对下面的 F 和 G 的现实情况任何人也不能怀疑:

F. 人口(中国) > 人口(美国) + 人口(苏联)
　再过不了几年可能达到:
G. 人口(中国) > 2·[人口(美国) + 人口(苏联)]

符号说明: > 人口多于

其实,相比简单地使用不等符号,更为复杂的应用是不等式思想的广泛应用.比如在法学中,以往在我们的观念中,法律问题属于道德和正义范畴.一是一,二是二,不容置疑.但自从数学家介入后却变得一切皆源于算,一切好商量.将严肃的法律问题转化成为一个复杂而又有趣的比较大小问题.这也是数学对法学的一个入侵.

美国的托德·布赫霍尔茨曾写过一篇文章介绍这个方面的发展.当有人在超市地板上因香蕉皮而滑倒时,律师就希望以过失为由打官司。"超市不应当将香蕉皮扔在地板上",一个穿花呢服的诉讼律师会如此争辩,并很有可能会打赢官司。

是不是总要有人或者企业,对发生在其经营场所的每一个事故负法律责任呢？我们试看另外一个例子。

一场风暴毁坏了船只,把米诺号船上的乘客和船长留在了有很多棕榈树的荒岛上。虽然只有2个人生活在该岛上,但他们却与200只猴子共同分享着这个岛屿。这202个"居民"生产香蕉利口酒,用来出口。猴子负责剥香蕉皮并榨取香蕉汁。在加工过程中,猴子将香蕉皮扔得满岛都是。假定盖里甘在岛上四处闲逛,并且踩到香蕉皮滑倒了,这个香蕉酒厂有过失吗？大多数法庭都会说没有。

超市和荒岛的主要区别在哪里？首先,一个人走过超市中水果区过道的可能性大,而一个船难幸存者在岛上到处转悠的机会小。其次,监控超市的成本低,而监控岛上猴子的成本高。

利用这些概念,在1947年的一个案子中,勒尼德·汉德法官针对过失赔偿法提出了一个精彩的经济学分析方法。

汉德法官确认了三个关键因素:受伤的可能性(P)、伤害或损失的程度(L)和预防意外事故的成本(C)。根据汉德法官的说法,若受害者可能受到的伤害大于避免此类事故的成本,则有人存在过失。用代数式来表示的话,若 $P \times L > C$,则被告有过失。

在超市里,有人踩到地板上的香蕉皮滑倒的可能性大,比如说20％。这个人伤势严重,比如说医药费、误工费和生活不便带来的损失共计 20 000 美元。那么,$P \times L$ = 4 000 美元。如果超市以低于4 000 美元的成本就可以防止此类事故的发生,那么超市有过失。一个管货品陈列的小伙子手中的 把价值3美元的扫帚就能完成这个任务。

在温和怡人的荒岛上,一个遇到海难幸存的闲逛之人踩到香蕉皮滑倒的可能性不大,或许只有1％。即使伤害造成的损失为 20 000 美元,则可能的损失或预期损失只有 200 美元(0.01 × 20 000 = 200)。如果利口酒生产商花费不到 200 美元就能防止事故的发生,他们才算有过失。当然,他们可以采用在整个岛上筑篱笆、安放警告标识和架设安全监控设备来预防事故的发生。但这样做,成本很高。而且,猴子可能会因为篱笆而伤到自己.

按照汉德法官的意见,生产商不应该在防止一个极不可能发生的事故上浪费钱.如果法官宣布他们有过失,他就是在鼓励他们浪费有价值的资源.

为了让社会福利最大化,只有当边际收益超过边际成本时,法庭才应鼓励人们在安全保障上投资.

我们可以试着避免所有意外事故.如我们可以把自己包裹在泡沫里,从不离开家门,或者从不点燃炉灶.但我们中多数人同意冒一点风险.汉德法官帮助我们认识到风险何时高得离谱,或何时低得无关紧要.

在听从汉德法官意见之后的50年里,律师和经济学家改进了他们那个原始的公式.尽管如此,那个最初的公式仍然正确地传达着现代过失赔偿法的立法精神.

Kantorovič 首先是一位职业数学家. 值得一提的是: Kantorovič 对我国数学的发展还有一些直接的贡献. 据2009年出版的《徐利治访谈录》(徐利治口述,袁向东、郭金海访问整理. 湖南教育出版社,2009年)中的一段访谈内容我们得知: 当年东北数学重镇——东北人民大学(今吉林大学)计算数学专业的发展与规划与 Kantorovič 关系密切. 如书中第136,137页所载:

> **访**:您1956年一二月间,到苏联莫斯科参加了由苏联莫斯科数学会组织的"全苏泛函分析及其应用会议". 曾跟 Kantorovič 见面,据说您向他征询了发展计算数学专业的建议. 您能谈谈会议的大致情况吗? 这跟学习苏联有关.
>
> **徐利治**:据我所知,当时苏联数学会给中国科学院寄发了这次会议通知,中国科学院又将会议通知转发给国内的大学. 那时咱们国家关于泛函分析的研究非常薄弱,只能说是刚刚起步. 经教育部与中国科学院商量后,决定以中国科学院的名义派一个由三个人组成的代表团. 这三个人是:曾远荣,田方增,还有我. 曾先生是领队. 他是最早将泛函分析引入国内的学

者,20 世纪 30 年代在清华数学系讲授过泛函分析课程,对 Hilbert 空间算子和广义逆等领域做出过贡献.

Kantorovič 是线性规划的创始人之一,虽然当时他还没有获得诺贝尔经济学奖,但已经很有名气了. 他以泛函分析的观点研究近似计算,已经发表过几篇计算数学方面的论文,主要是把 Newton 求根方法推广到泛函方程,即所谓的广义 Newton 法. 他撰写的《半序空间泛函分析》后来有中译本. 参加"全苏泛函分析及其应用会议"期间,我向 Kantorovič 特别请教了泛函分析在计算数学中应用的许多新问题,并代表东北人民大学向他提出了进行学术交流与合作的希望. Kantorovič 很热情,并推荐他的学生梅索夫斯奇赫到东北人民大学来帮助我们创办计算数学专业.

访:梅索夫斯奇赫的工作是否与 Kantorovič 的一致?

徐利治:梅索夫斯奇赫虽然是 Kantorovič 的弟子,但实际上他的工作并不是现代意义上的计算数学. 他主要搞数值分析的计算方法.

后来东北人民大学计算数学专业培养出李岳生、伍卓群等著名数学家.

中国读者对他的熟知最早是通过他的那部名著《半序空间泛函分析》(上、下卷)(有中译本,是由胡金昌、卢文和郑曾同译的,1958 年出版. 近 60 年过去了,本工作室有意将其再版). 这本书是 1950 年在苏联出版的,是世界上第一本叙述线性半序空间及其中的算子理论的专著. 这本书原有三位作者,他们都是苏联著名数学家菲赫金哥尔茨的学生. 其他两位不为大众所知,原因是他们的工作只有数学圈里的人才感兴趣. 而 Kantorovič 就不一样了,他曾获得过诺贝尔经济学奖. 经济学是数学应用的一个成功典范. Kantorovič 的成功让人们将数学的边界无限扩大. 比如清华大学博士生王召健就用数学语言搭建了一个谈恋爱的目标函数:假设 a 为男生, b 为女生. a 在 t_1 时间段喜欢 b, b 在 T_1 时间段喜欢 a. 若 $t_1 \cap T_1 \neq \emptyset$ (t_1 交 T_1 不为空集),则 a 和 b 可能发展成为男女朋友,反之则不能.其实这个公式的意思是:在对的时间和对的地点遇见对的人.

将一切都数学化和将一切都经济化是现代社会的一种倾向.适度则有益,极端则会导致灾难.

从学术研究角度看,现代的物理学、经济学、生物学、金融学都过于数学化了,甚至这些学科的顶尖杂志非职业数学家很难看懂,因为数学工具用得太高深了.

而在社会生活层面,感到不幸福的人越来越多的一个原因是,与资本合谋的工具技术理性将智慧工具化,其目的是与机器化大生产相配合,使复杂事物简单化,使多样形态标准化,其在意识形态上的反映就是使实证和数学式的精确化成为"魔鬼之床"(西方神话中有一张魔鬼之床,每一个人都要被放到床上量一量,比床长的要截短,比床短的要被抻长).在现实中人被"表格化""零件化""器官化"就是这种思维统治现实的表现.对此,一百多年前的马克思就已经有了深刻的描述:"随着劳动过程本身的协作性质的发展,生产劳动和它的承担者,即生产工人的概念也就必然扩大,为了从事生产劳动;现在不一定要亲自动手,只要成为总体工人的一个器官,完成他所需要的某一种职能就够了.""不仅各种局部劳动分配给不同的个体,而且个体本身也被分割开来,成为某种局部劳动的自动工具.""工厂手工业把工人变成畸形物,它压抑了工人的多种多样的生产志趣和生产才能,人为地培植工人片面的技巧."

托克维尔说过:"如果我们追问美国人的民族性,我们会发现,美国人探寻这个世界上的每个事物的价值,只为回答一个简单的问题:能挣多少钱?"托克维尔认为,这是一种殚精竭虑的生活,人们追逐着一种永远躲避他们的成功.他们的目标是一种捉摸不定的物质成就:在最短的时间中获取最大的回报.他们是一群动荡的灵魂;在他们的生活中充斥着无休止的贪婪.他的结论是:"据我所知,美国可能是最没有独立心灵和自由言论的国家.""可以说,美国心灵的风格和模式全都是一样的,他们模仿得如此精确."

还是要像中国人那样的思维:不要那么多,只要一点点!

孔子曾曰:"富而可求也,虽执鞭之士,吾亦为之;如不可求,从吾所好."意思大概是说只要能够挣钱致富,当快车司机也行,如不能发财,就要遵从内心所好,干点喜欢干的事了.

几十年弹指一挥间,真应了孔老夫子所云,经历了和大多数国人相同的致富梦之后,内心果然泛起"如不可求,从吾所好"之念.

其实现在回想起那个全社会狂热追逐财富时,加缪的《局外人》也一时走热,究其原因:是在那个时代,"局外人"不单单是艺术家对个人存在状态的反思,也是所有人内心的共鸣.人们每天重复相同的事情,这些由社会强加给他们的事情大多与他们的生命无关,徒然耗费人们的时间,所以从那之后社会的某些角落中又重新兴起了干点自己喜欢的事,不论功利的活法.

写书、编书、出版书经过媒介泛滥及数字化洗礼早已"祛魅",变成微利行业.从业人员一定要靠情怀来支撑才干得下去,我们这个数学工作室正是这样一群人.

我们图书的定价是偏高的,因为我们的目标读者是中产阶级.至于什么是中产阶级众说纷纭,没有量化指标.梨视频创始人邱兵有一个粗糙标准挺简单:花1 000块钱不心疼的就是"中产".按这个说法我们这套丛书还真是按中产标准订制的.但现在遇到的问题是,许多我们心目中的读者花1 000元买包、吃饭不心疼,但花500元买书就心疼,这就是我们生存的大环境.

最后让我们一起重温苏轼的名句:盖将自其变者而观之,则天地曾不能以一瞬;自其不变者而观之,则物与我皆无尽也.不论大环境怎么变都只是天地一瞬,而不变的是人类对数学的需要与热爱!

刘培杰

2017年5月2日

于哈工大

Eisenstein 公理

刘培杰数学工作室　编译

内容简介

本书从一道美国加州大学洛杉矶分校(UCLA)博士资格考题谈起,详细介绍了椭圆函数以及模函数的相关知识.全书共分为三章,分别为:椭圆函数、模函数、椭圆函数与算术学.

本书可供从事这一数学分支或相关学科的数学工作者、大学生以及数学爱好者研读.

编辑手记

先介绍一下艾森斯坦是何许人.

1930年,仍在巴黎的傅雷写了一篇《论塞尚》,寄回国发表在《东方杂志》上.虽然只是一篇通过资料来向中国读者介绍法国画家的文章,22岁的傅雷却颇有自己的见地.他写道:"要了解塞尚之伟大,先要知道他是时代的人物,所谓时代的人物者,是 = 永久的人物 + 当代的人物 + 未来的人物."

艾森斯坦(Eisenstein,1823—1852)就是这样的人物.

艾森斯坦,德国人.1823年4月16日出生.他是哲学博士,高斯的学生.他的命运很不济,1852年成为柏林科学院院士,同年10月11日就逝世了.他重点研究二次型和二元三次型理论、数论以及椭圆函数和阿贝尔超越函数理论的一些问题. 在高等代数中,有一个判定有理数域上不可约多项式的充分性条件被称为艾森斯坦准则. 他在分析二元三次型的过程中,最早发现了协变数. 他先于库默尔考查了形如 $a+bp$(这里 $p^3=1$)的数. 他还从一种特殊的椭圆函数的变换引出了二次型的残数的相互关系的定律. 他的研究已涉及维尔斯特拉斯的 ρ - 函数和维尔斯特拉斯 σ - 函数的无穷乘积. 还有方程

$$x^n + v_1 x^{n-1} + \cdots + v_{n-1}\pi x + v_n\pi = 0$$

是以他的名字命名的.

再介绍一下椭圆函数. 先说一个文学掌故.

《文汇报》原总编辑和主笔徐铸成曾说:"钱玄同先生每次上课时,从不看一眼究竟学生有无缺席,用笔在点名簿上一竖到底,算是该到的学生全到了. 也从不考试,每学期批定成绩时,他是按点名册的先后,60 分,61 分……如果选定课程的学生是 40 人,最后一个就得 100 分. 40 人以上呢? 重新从 60 分开始." 从数学角度说钱先生点名是用的常数列,评分用的是周期数列,当然也是周期函数.

本书所论及的椭圆函数也是一种周期函数. 不过它是双周期函数,所以世界上第一本椭圆函数方面的专著就叫作《双周期函数理论》,出版于 1859 年,在数学分支的分类中隶属于代数函数论.

代数函数论现在已经完全淹没在现代数学的汪洋大海之中,很少有人提起了. 在 1936—1937 年度清华大学算学部的选修课程表中序号为 1 的就是椭圆函数,学分是 3 个,应预习之学程为分析函数,再后来就少见了. 而在 19 世纪,它却处于数学的中心,涉及椭圆积分及椭圆函数、阿贝尔积分及阿贝尔函数的问题,对它的研究几乎是评价数学家成就的试金石. 许多大数学家之所以在当时了不起,并非由于我们现在所认为的那样,是对数学的一些普遍问题、基础问题提出了正确的观点,而只是由于他们在这个领域做出了杰出工作. 从高斯、阿贝尔、雅可比、埃尔米特到克莱因、庞加莱,无不因在这个领域有突出贡献而闻名. 而黎曼及维尔斯特拉斯更是因为他们对阿贝尔函数所做的工作而获得他们的名声和职位,而并非如现在人们所认

为的那样是他们在几何基础、复变函数论、数论、分析基础等方面的工作.不过,从 19 世纪末开始,由于数学追求一般性、普遍性、抽象性,代数函数论从分析上归入复变函数论,从几何上归入代数几何学,到 20 世纪中叶,经一般域论、代数拓扑乃至数论的分解,它已经完全代数化,并随同一般域上的代数曲线论进入了交换代数的范畴.

英国公开大学数学学院的 Jeremy Gray 在 *The Mathematical Intelligencer*(Vol 7. No. 3. 1985) 上发表了一篇题为《一百年前谁会赢得菲尔兹奖》的文章,他在文章中列举了若干位假若菲尔兹奖如果早 100 年颁发会获奖的数学家.

第一位是埃尔米特,他在借助拉梅(Lamé)方程理论将椭圆函数用于应用数学方面是一位先驱.

第二位是库默尔,他对数学的首要贡献,当然是他的代数理论.但在 19 世纪 30 年代,他还在微分方程和椭圆函数上有所成就.

第三位是克朗耐克,他家世富有,在大学教课只是因为他身为柏林科学院院士的责任感.弗罗比尼乌斯(Frobenins)在 1891 年对克朗耐克的赞词中,认为克朗耐克涉猎太泛了,以至于他在他的每个研究领域都达不到举世无双的水平.当然,他的主要兴趣还是椭圆函数和数论.

第四位是维尔斯特拉斯,他直至 1878 年也几乎没发表文章,他在讨论班讲分析的各个分支的课,最主要的内容是关于椭圆函数和阿贝尔函数.

第五位是凯莱,他跟埃尔米特和富克斯一样,并不看好克莱因所发展的新思想,更偏好椭圆函数理论中的传统思想.

第六位是一个年轻的法国人毕卡(Picard,生于 1856 年),事实上,到 1881 年底为止,毕卡已发表了 34 篇论文,把埃尔米特关于拉梅方程的思想发展成为拟椭圆函数的理论.

以下论及的更为详细的关于椭圆函数方面的历史脉络及其与现代数学的渊源材料多取自于胡作玄先生的《近代数学史》,说起来令人奇怪,近代数学史贯而通之,能够发表点自己观点的并不是数学科班出身的人或专攻现代数学史的研究人员,反倒是早年毕业于北京大学化学系的胡作玄先生.胡先生点评数学家,论及某项数学成果在历史中的地位及作用精道准确,绝非一般人认为的"无知者无畏",而是经过在国外研读大量典籍之后的融会贯通.

19 世纪初,数学的中心课程集中于椭圆函数及其推广上,它不仅是基本的非初等函数,直接导致代数函数论及代数几何学的发展,而且在数论和数学物理上都有着广泛的应用.

从历史上讲,椭圆函数来源于椭圆积分,是通过椭圆积分反演得到的. 这种积分出现在求椭圆弧长的问题中,因此而得名. 但实际上它并不局限于求椭圆弧长的问题,求双曲线及双纽线等的弧长同样也遇到椭圆积分. 在历史上椭圆是一直令人着迷的,比如 19 世纪最伟大的理论物理学家麦克斯韦,在 15 岁写出了他的第一本著作,就是关于以几何方法画椭圆形的. 在阿贝尔首先把椭圆积分反演得出椭圆函数之前,一般也把椭圆积分称为椭圆函数或椭圆超越函数,这不过是历史的插曲.

椭圆积分自然出现在求椭圆及双曲线的弧长、单摆的周期、弹性细杆的弯曲等问题当中,但求积分遇到极大困难. 莱布尼兹在研究积分法时,曾设想一个"纲领",即把积分 $\int f(x)\mathrm{d}x$ 都归结为"已知函数"的"封闭形式",也就是求出由初等函数以有限的加、减、乘、除形式表现出来的函数 $g(x)$,使 $g'(x) = f(x)$. 当时所知道的函数无非是现在所说的初等函数,即代数函数(多项式及有理分式)、指数函数及三角函数以及它们的反演. 在实现莱布尼兹纲领上,椭圆积分是数学家所碰到的第一个障碍,虽然经过当时数学家的努力,但还是不能把椭圆积分表成上述的理想形式,以致 1694 年雅各布·伯努利就猜想这项任务不可能完成. 这个猜想直到 1833 年才由法国数学家刘维尔证明. 他证明:包括椭圆积分在内的一大类积分均不可能表为初等函数. 在这期间,数学家开始考虑用分析方法即各种无穷表达式来表示它,而具体到椭圆积分,则更着重于研究其性质.

由于一般的椭圆积分较为复杂,最早研究的一类是所谓双纽线积分. 1694 年雅各布·伯努利由于双纽线积分简单、漂亮而单独提出来予以考虑. 这是最简单的椭圆积分,因此成为研究椭圆积分的出发点.

椭圆积分的历史起点数学史家一般公认为1718年,由意大利数学家法纳诺开始研究,他发现了双纽线积分的倍弧长公式. 1751年12月23日欧拉在得知法纳诺的结果之后,导致他于1761年把倍弧长公式推广成双纽线积分的加法定理,即得出法纳诺关系. 后来,雅可比把1751年12月23日这一天定为"椭圆函数的生日".

双纽线积分虽然是研究一般椭圆积分的起点,但欧拉的加法定理并不能轻易地推广到一般椭圆积分之上. 一般椭圆积分的研究主要来自勒让德.

勒让德关于椭圆函数方面的工作从1783年起持续了半个世纪. 首先他在1786年发表两篇论文,1793年发表长篇论文,然后写了《积分练习》(*Exercises de calcul integral*, 3卷, 1811, 1817, 1826)以及《椭圆函数论》(3卷, 1825, 1826, 1828). 其中,他对椭圆积分进行了系统研究.

同年,阿贝尔首先对实值u,v的椭圆函数证明了加法定理. 通过加法定理,他把椭圆函数的定义推广到复值$z = u + iv$.

同时,阿贝尔还发现了椭圆函数的重要性质——双周期性,即存在两个周期,其比为非实数,这成为后来椭圆函数研究的出发点. 1835年雅可比证明任何单变量单值有理型(即亚纯)函数不可能多于两个周期,且周期比必为非实数. 1844年刘维尔以此为出发点,建立系统的双周期函数理论. 他还依据柯西的留数理论证明,在一个周期平行四边形内极点的数目有限,这些极点的阶数之和被称为椭圆函数的阶数;在一个周期平行四边形内没有极点的椭圆函数是常数;椭圆函数在任何一个周期平行四边形内极点的留数之和恒为0;在一个平行四边形内零点之和与极点之和的差等于一个第一类椭圆积分.

勒让德在他的书中得出一系列加法公式及变换公式,以及不同参数n的第三类积分之间的关系. 在《椭圆函数论》第2卷中,勒让德发表了第一个椭圆积分表,它也是今天同类表的基础.

高斯对椭圆积分也有贡献,他从1791年起就研究所谓算术几何均值,也就是两个正数a及b经过如下运算所形成的两个序列$\{a_n\}$和$\{b_n\}$的共同极限

$$a_0 = a, b_0 = b$$
$$a_{n+1} = \frac{a_n + b_n}{2}, b_{n+1} = \sqrt{a_n b_n}$$

他记为 $agM(a,b)$. 1799 年 5 月 30 日他在日记中写道：

"我们已经确定 1 和 $\sqrt{2}$ 的算术几何平均与 π/ϖ 相重到 11 位；这个事实的证明肯定将开辟一个全新的分析领域."

勒让德搞了一辈子椭圆积分，却从来没有想到把椭圆积分反演得出椭圆函数，以致他在晚年不无辛酸地赞美阿贝尔及雅可比的工作. 当时有三位数学家考虑到反演问题，他们是高斯、阿贝尔及雅可比.

高斯得出双纽线函数，但其结果直到他去世后才发表. 阿贝尔在 1823 年已经有了反演的想法，1827 年发表第一篇论文. 同年，雅可比开始研究椭圆函数，并写了一篇没有证明过程的论文. 其后，两人都发表了这方面的论文，特别是雅可比在 1829 年出版的《椭圆函数论新基础》(*Fundamenta Nova Theoriae Functionum Ellipticarum*) 成为椭圆函数论的奠基性著作. 在此之前，勒让德在《椭圆函数论》的补篇（1828）中介绍了阿贝尔及雅可比的工作.

阿贝尔和雅可比在椭圆函数方面的贡献很多，主要有以下几个方面：

（1）引进雅可比椭圆函数.
（2）由实值扩展到复值，并发现双周期性.
（3）给出椭圆函数的表示，并建立 θ 函数理论.

雅可比在《椭圆函数论新基础》一书中建立了 θ 函数理论，从而给椭圆函数一个系统的表示. 特殊的 θ 型函数最早是雅各布·伯努利在《猜度术》(1713) 中引进的，他研究过 $\sum_{n=0}^{\infty} m^{n^2}$, $\sum_{n=0}^{\infty} m^{\frac{n(n+1)}{2}}$, $\sum_{n=0}^{\infty} m^{\frac{n(n+3)}{2}}$，它们都是 θ 函数. 欧拉在《无穷分析引

论》(1748) 中为研究分拆函数 $\prod(1-q^n)$ 而引进第二变元 ζ，得到 $\prod_{}^{\infty}(1-q^n\zeta)^{-1}$，它也是 θ 函数. 其后，它出现在傅里叶的《热的分析理论》(1822) 中. 但只有雅可比把 θ 函数同椭圆函数联系起来，并在数论上加以应用. θ 函数是单周期的整函数，可以用收敛很快的级数来表示，因此在椭圆函数计算中是最好的工具.

雅可比早在 1828 年先由椭圆函数论得出四种 θ 函数的变换公式，但泊松已经于 1823 年先得到了其中一种，且其他三种不难由初等代数得到. 雅可比最重要的贡献在于把椭圆函数用 θ 函数表示，然后由椭圆函数得出 θ 函数的无穷乘积表示. 椭圆函数及 θ 函数有了明显表达式之后，很容易推出它们的性质、变换公式、微分方程等，而且为其广泛应用开辟了道路. 从历史上讲，雅可比最早用的是 Θ 函数及 H 函数，后来改为四种 θ 函数，其后不同数学家用的记号也有些差别，理论上主要是用维尔斯特拉斯的记号，而雅可比的记号在应用上由于方便、实用，直到现在仍在被广泛使用.

θ 函数有许多推广，埃尔米特于 1858 年定义了 θ 级数 $\theta_{u,v}$，而向高维推广则为阿贝尔函数论提供了工具.

到 1838 年，雅可比椭圆函数论已经建立，并在各方面有着广泛应用. 然而从理论上讲，椭圆函数的完整理论是维尔斯特拉斯建立的，他从 1857 年冬季学期起，开始在柏林大学讲授椭圆函数论课程，他的讲义内容由于学生的传播而逐渐公之于世. 维尔斯特拉斯最早发表的椭圆函数论文是于 1882—1883 年分四篇发表在《柏林科学院会报》上，他的讲演经施瓦茨整理后于 1893 年出版，书名为《椭圆函数应用的公式及定理》(*Formeln und Lehrsätze zum Gebrauche der elliptischen Funkionen*). 他以前的研究由于他的《维尔斯特拉斯全集》第一卷(1894) 及第二卷(1895) 的出版而公之于世，特别是 1875 年他在柏林大学的就职演讲已经包括了体系的概要. 维尔斯特拉斯的椭圆函数理论现在已成为标准的表述. 从历史上看，在他之前，许多数学家也有一些类似的不同于雅可比椭圆函数的考虑.

法国数学家刘维尔在1844年最早把双周期性作为刻画椭圆函数的出发点,他受到柯西的复分析理论,特别是留数演算的影响,从复分析的大视野来观察椭圆函数. 他把在有限复平面上亚纯的双周期函数定义为椭圆函数,则复平面可划分为周期平行四边形. 他证明了:在一个周期平行四边形内没有极点的椭圆函数是常数,这是一般刘维尔定理的特殊情形. 他还证明了,在两极点情形,椭圆函数在任一周期平行四边形的极点处留数之和为0,一般情形是埃尔米特在1848年证明的. 他证明,任一椭圆函数在一周期平行四边形内取任何值的次数均相同;零点之和与极点之和的差等于一个周期. 刘维尔在法兰西学院讲的椭圆函数课程为他的学生布瑞奥及布盖所吸收,他们合写的书《双周期函数理论》(*Theorie des fonctions doublement periodiques*)于1859年出版,是椭圆函数论的第一部专著,1875年出第二版时,篇幅由原来的342页翻了一番,多达700页,这反映出理论进步之快. 不过,刘维尔对这两个学生极为不满,认为他们剽窃自己的理论,对此维尔斯特拉斯也有同感.

英国数学家凯莱从1845年起就发表椭圆函数的论文,一直持续了半个世纪. 他的风格保守,十分倾向于具体计算. 只是在1845年的论文中给出椭圆函数的一个双重无穷乘积表示,而不是像以前从椭圆积分反演得来,他具体从双重无穷乘积来表示雅可比椭圆函数. 凯莱的研究收入在他唯一出版的著作《椭圆函数》(1876)中.

19世纪中叶,对椭圆函数的研究主要集中在德国,除了雅可比和他的学生之外,本书的主角艾森斯坦是椭圆函数的主要研究者,他更多是从数论出发,但是他的论文没有引起很多注意,直到19世纪80年代才为克朗耐克所发展. 艾森斯坦批评阿贝尔和雅可比通过椭圆积分的反演以及通过加法定理复化既不自然也不严格. 他在1847年发表关于椭圆函数的论文,使用双重无穷乘积定义椭圆函数. 他的研究为克朗耐克所继续,特别是他在晚年的一系列著作,其工具是二重级数. 他们的工作都与数论相关.

尽管凯莱及艾森斯坦等人早已有不从椭圆积分的反演来定义椭圆函数的想法,但是椭圆函数的系统理论公认为是维尔斯特拉斯所建立.也正是由这时开始,椭圆函数论正式作为解析函数论的一个特殊情况来处理.从 19 世纪末起,在许多解析函数论的著作中,后面一大半是论述椭圆函数及其推广的.随着时间的流逝,椭圆函数这部分越来越薄,最后趋向于 0,这导致现代大学生对这类不仅在历史上而且到现在仍极为重要的函数一无所知.

在椭圆函数与模函数领域出现的大家很多,但阿贝尔是一个绕不过去的人物.

梁启超曾说:"古今中外论济世救人者,耶稣之外,墨子而已."

从此等口气谈论椭圆函数这一分支的建立,我们可以说,古今中外论椭圆函数与椭圆积分者,高斯之外,阿贝尔而已.

这个挪威青年有两大不幸,一是身染肺病,二是结果不被承认.如果晚生 150 年肺结核便有药可医,但成果被忽视即使到今天也难免,例如德布兰吉斯证明的比勃巴赫猜想.

阿贝尔积分和阿贝尔函数是椭圆积分、超椭圆积分以及椭圆函数、超椭圆函数的推广,1826 年 10 月 30 日,他把题为《论很广一类超越函数的一般性质》(Memoire sur une properiete generale d'une classe trs etendue de fonctions transcendants)的论文呈递给巴黎科学院,但是负责评审论文的柯西连看也没看,就把它丢在一边.此文直到 1841 年才发表,而其中证明的阿贝尔定理的特殊情形于 1826 年发表.

椭圆积分及其反演到 1832 年已有一个相当满意的解答,而一般的阿贝尔积分及其反演问题却遇到极大困难.

雅可比没能解决这个问题,他只是在 1832 年证明反函数也具有一个代数加法定理,并在 1834 年研究 $v = 3$ 的特殊情形,即可以简化为椭圆积分的阿贝尔积分的反演.这时他已意识到需要多变元的多重周期函数来代替 θ 函数,一般超椭圆积分的分类问题在 1838 年由雅可比的学生黎西罗(Friedrich Julius Richelot,1808—1875)解决.他著有《椭圆函数》《阿贝尔曲体》等专著.不过他广为人知的工作是用尺规做出了正 257 边形,稿纸长达 80 页之多.

雅可比反演问题的最简单情形($v = 3$)由哥贝尔(Adolph

Gopel,1812—1847）在 1847 年对特殊情形解决，一般情形由罗森哈恩（Johann Georg Rosenhain,1816—1887）在 1850 年完全解决. 他们都是雅可比的学生，解决途径都是沿着雅可比所指出的对两变元情形适当推广 θ 函数.

对于一般情形，维尔斯特拉斯试图解决第一类超椭圆积分的反演问题. 在 19 世纪 40 年代中期，他还是中学教师时，就已经花费很大力气研究这个问题. 第一篇论文发表在 1848—1849 年布劳恩斯伯格中学的年度报告上，当然，它没有引起注意. 在 1849 年 7 月 17 日的手稿中，他已得出这个问题的主要结果，即引进类似于 θ 函数的辅助函数，并把反函数表为这种收敛幂级数之商，其详细内容于 1853 年寄给《克莱尔杂志》，并于 1854 年发表. 这篇论文使他名声大振，他获得 1855—1856 年度的休假并进行专门研究，发表了 1856 年的论文，这两篇论文直接将他迎进了柏林大学的大门. 1856 年的论文详细叙述了对超椭圆积分的雅可比反演问题的解决过程. 这次他把它表述为微分方程的解，他声称他的方法对一般的阿贝尔积分也适用，并于 1857 年夏天向柏林科学院提交了详细的报告，但在印刷过程中他撤回了这篇论文. 几周后，黎曼发表了由四部分组成的长篇大论文《阿贝尔函数论》，两人用的方法不同，但结果完全一样，他后来重新写了这篇论文，并从 1869 年开始用于他的讲课之中.

从阿贝尔到黎曼，阿贝尔函数论这个领域进展不大，但从历史上看，伽罗华在 1832 年写的最后的书信中却包括许多代数函数论的内容，他叙述了许多定理，不过没有任何证明. 其中包括后来黎曼完成的把阿贝尔积分分成三类的结果，他还知道第一类积分的周期数目与第一类和第二类线性独立积分数目之间的关系. 他还给出第三类积分的参量与独立变量之间的互换公式. 不过在他以前的论文中看不到有关这些结果的痕迹，这种天才的闪光经过 20 年却没人能理解，只有在另一位天才——黎曼那里才引起另一次突破，但似乎没有什么证据说明黎曼知道伽罗华的这封信.

关于阿贝尔函数，黎曼发表了两篇文章：一是《阿贝尔函数论》(*Theorie der Abel'schen Functionen*)，一是《论 θ 函数的零点》(*uber das Verschwinden der Theta-Functionen*)，这是前一篇

的续篇. 前一篇由四部分构成,是他生前发表的最深刻且有丰富内容的著作.

(1) 阿贝尔积分的表示及分类,即对由
$$f(z,\omega) = 0$$
定义的黎曼曲面上所有阿贝尔积分进行分类. 第一类阿贝尔积分,在黎曼曲面上处处有界,线性独立的第一类阿贝尔积分的数目等于曲面的亏格 p,如果曲面的连通数
$$N = 2p + 1$$
这 p 个阿贝尔积分被称为基本积分.

第二类阿贝尔积分,在黎曼曲面上以有限多点为极点.

第三类阿贝尔积分,在黎曼曲面上具有对数型奇点.

每一个阿贝尔积分均为上三类积分的和.

黎曼还引进相伴曲面观念. 黎曼面上的有理函数也可借助相伴曲面来表示.

(2) 黎曼－洛赫定理.

这是代数函数论及代数几何学最重要的定理. 黎曼得到的是黎曼不等式,是黎曼－洛赫定理的原始形态,黎曼研究的出发点之一是黎曼面上指定单极点的亚纯函数的数目. 他证明,以 μ 个给定的一般点为极点的单值函数形式 $\mu - p + 1$ 维线性簇,但对于一组特殊的 m 个点,维数 l 还要增加,因此黎曼得出黎曼不等式
$$l \geq \mu - p + 1$$
黎曼的学生洛赫(Gustav Roch,1839—1866) 补充了一项,使之成为等式,此即代数函数论及代数几何学中心定理.

1882 年出现两篇关于代数函数论的大论文,一篇是戴德金和 H. 韦伯合写的,一篇是克朗耐克写的. 他们由代数－算术方法推广黎曼的理论,特别是黎曼－洛赫定理. 前者用理想的语言,后者用除子的语言来整理代数函数论,揭示它们与代数数论的相似之处,从而最终指向交换代数学.

(3) 黎曼矩阵、黎曼点集与阿贝尔函数.

黎曼认识到,周期关系是非退化阿贝尔函数存在的充分且必要条件,但他既没有表述完全,也没有提供一个证明. 对此,维尔斯特拉斯尽管花费了很大力气,仍未能得出一个完全证

明. 庞加莱完成了证明(1902). 他证明, 任何 $2n$ 重周期的解析函数可以表示为两个整函数的商, 这两个整函数满足 θ 函数所适合的函数方程.

1884 年弗罗比尼乌斯证明, 存在非平凡 θ 函数的充分且必要条件就是黎曼的双线性关系. 黎曼双线性关系也被称为黎曼 – 弗罗比尼乌斯关系, 因此可知这些关系是存在具有给定周期的亚纯函数, 经过线性变换之后变元数目不减少的充分必要条件, 当然它也保证由周期关系定义的 θ 函数绝对且一致收敛, 它还定义了一个与黎曼曲面对应的雅可比簇 $J(x)$.

(4) θ 函数及雅可比反演问题.

为了研究雅可比簇, 黎曼推广雅可比 θ 函数, 引进黎曼 θ 函数.

黎曼证明了下列定理:

① 阿贝尔定理;

② 阿贝尔函数的雅可比反演定理;

③ 黎曼奇性定理.

(5) 双有理变换的概念和参模.

黎曼对于由两个代数函数

$$F(s,z) = 0$$
$$F_1(s_1,z_1) = 0$$

定义的黎曼面, 引进了一个等价关系, 即双有理等价, 也就是通过 (s,z) 与 (s_1,z_1) 之间的有理函数一一对应, 使 F 变到 F_1 或 F_1 变到 F. 以后的代数几何学, 研究双有理不变量及双有理等价类成为中心课题. 对于平面代数曲线, 黎曼提出描述亏格为 p 的双有理等价类集合的问题. 黎曼通过 θ 函数推出, 当 $p > 1$ 时, 这集合依赖于 $3p - 3$ 个任意复常数, 他称这些常数为"类模"(klassenmoduln), 后来简称为模或参模(moduli). 当参模是"一般的"(即不满足特殊条件)时, 黎曼给出该参模等价类中定义的方程

$$F(s,z) = 0$$

的最小阶数. 关于参模结构的研究是现代数学的热门话题, 从 20 世纪 30 年代以来已经取得了很大的进展.

黎曼在晚年的一个成就是证明 $p = 3$ 情形的托雷里

(Ruggiere Torelli,1884—1915)定理,即 $J(x)$,Θ 决定 X. 为此,他把 θ 函数稍加推广,成为具有特征的 θ 函数. 利用这种广义 θ 函数及其导数在零点的值(即所谓 θ 常数),就可以定出亏格为 p 的黎曼面所依赖的参数.

一般曲线的托雷里定理是托雷里在1914年证明的,不过有一些漏洞,直到1957年才由魏伊补全.

代数函数论的另一大问题是肖特基问题,由于雅可比簇是主极化阿贝尔簇,但反过来不一定对. 问题是:哪些主极化阿贝尔簇是代数曲线的雅可比簇? 1880年,肖特基对于 $p=3$ 的情形进行研究. 1888年对于 $p=4$ 的情形,他证明,某些 θ 常数的16次多项式在雅可比簇上为0,但一般不为0. 1909年,他和荣格(Heinrich Wilhelm Ewald Jung,1876—1953)引入肖特基簇,猜想它可以刻画雅可比簇,这就是所谓肖特基猜想,至今尚未解决. 原来的肖特基问题由于1986年盐田隆比吕证明诺维科夫(Serge Novikov,生于1938年)猜想而向前迈进了一大步.

从以上胡作玄先生的介绍可以看出,椭圆函数始于蛮横角力计算积分,终于以优雅方式建立起宏大的理论.

2012年60岁的围棋老将聂卫平参加了当年的三星杯分组赛,虽然第一轮就"惨遭"淘汰,但他还是从心底里"看不上"那些只知蛮横角力而忽略了围棋美学和艺术性的"实战派棋手". 他说:"没有大局观的围棋我不喜欢,那还能算围棋吗?"

如果说椭圆曲线和椭圆函数还停留在为计算椭圆周长作准备的初级阶段,那么它就早被历史所淘汰,正是因为它成为21世纪最主流的代数几何学的发轫,才有了今天人们愿意将其钩沉出来的愿望.

曾有记者问季羡林先生,学那些早已作古的文字,如梵文、吐火罗文,有什么用? 季先生淡然说:"世间的学问,学好了,都有用;学不好,都没用."

确实,人们现在大多愿意学习那些最时髦的理论,对椭圆函数这种19世纪的"过时"理论不屑一顾,但对于那些对数学真正感兴趣的人,这么漂亮的理论不学真是罪过,所以笔者所在的工作室从大量旧文献中将其打捞出来,奉献给那些真想学的读者. 香港中文大学教授李连江总结说,"想学"和"真想学"

是有差别的,有四层意思:

(1) 真想学,就不在乎别人学不学,也不在乎别人学得怎么样;

(2) 真想学,就会努力学好,不会满足于差不多;

(3) 真想学,就会对自己有耐心;

(4) 真想学,才能埋头耕耘,不问收获.

在编的过程中我们遗憾的发现,世界各先进国家的数学家对此均有所贡献,经典著作很多. 根据曼宁的研究,共有超过 1 亿册 的书籍消失在第二次世界大战,其中除了焚毁的外,还包括因空袭和爆炸毁坏的书籍. 但是,经过战时书籍委员会的努力,有超过一亿两千三百万的战士版书被印制出来,再加上胜利募书运动募集的图书,发送给美国武装军人的书比希特勒销毁的还多.

"当希特勒发动全面战争,美国不仅以士兵和子弹打了回去,还以书反击. 虽然现代战争少不了新式武器——从飞机到原子弹,但经证实,书才是最难对付的武器." 曼宁如是说.

本书是经典数学中的经典内容,要读懂它无论是谁都要下一点笨功夫才行.

用胡适大师的话结束本文:这个世界聪明人太多,肯下笨功夫的人太少,所以成功者只是少数人.

刘培杰

2017 年 6 月 25 日

于哈工大

McCarthy 函数和 Ackermann 函数

刘培杰数学工作室　编译

内容简介

　　本书由一道竞赛题引入麦卡锡函数,介绍了麦卡锡函数与阿克曼函数的相关内容与问题,并同时介绍了莫绍揆数理逻辑的相关内容及其历史与进展.
　　本书适合高等学校数学及相关专业师生使用,也适用于数学爱好者参考阅读.

编辑手记

　　这是一本与人工智能的数学基础有关系的科普图书,它的出版有些环境因素.
　　Alpha Go 刚刚横扫了中、日、韩三国围棋高手,连战 60 场未败,这标志着人工智能再一次"战胜"了人类.
　　人工智能并非全新的概念,其实已经有六十多年的历史. 1956 年夏季,一次长达两个月的研讨会于美国达特茅斯学院(Dartmouth College)举行. 约翰·麦卡锡(John McCarthy)、马文·明斯基(Marvin Minsky)、艾伦·纽厄尔(Allen Newell)、赫伯特·西蒙(Herbert Simon)等著名学者出席了会议. 会上,麦卡锡首次提出了"人工智能"这个概念. 纽厄尔和西蒙则展示了他们编写的逻辑理论机器(The Logic Theory Machine). 该机器能够根据逻辑规则提出假设并解决问题,可以证明《数学原理》中的定理,满足了大多数人规定的"智能"标准. 此次与会学者有数学家、逻辑学家、认知学家、心理学家、神经生理学家、计算机科学家等,后来他们中的绝大多数,都成为著名的人工智能专家. 这是历史上第一次人工智能研讨会,也被广泛认为是人工智能诞生的标志. 近十年来计算机软件和硬件性能的不断提升,在互联网大数据、深度学习技术以及行业应用需求不断提高的大背景下,人工智能在业内被看作迎来了"第三次浪潮".

出版界对人工智能的再度兴起也给予了高度的重视. 以韩国为例,早在2016年3月,李世石九段和Alpha Go之间的世纪对决,以Alpha Go的四胜一负告一段落. 这一结果显示,人工智能的发展远远超过我们的想象,带来了不小的冲击. 人机对决后,韩国共出版了16种有关人工智能的图书,这一数据远远高于2015年的3种. Alpha Go的制造商——谷歌公司的未来战略报告书《谷歌的未来》名列韩国经管类图书排行榜第20名,成为韩国2016年上半年的畅销书.

本书的二位主角中的一位是美国著名人工智能专家麦卡锡(与美国早期排华政策制定者麦卡锡同名,在美华人都知道麦卡锡主义.). AlphaGo赢了李世石两局之后,阿尔法围棋团队的工作人员非常喜悦,李世石心情沉重,《三联生活周刊》主笔薛巍写邮件询问两位专家的看法,发现他们的反应都很平静. 一直认为人工智能研究一开始就注定会失败的美国哲学家约翰·塞尔说:"没有意识,机器人就无法真正地下棋. 所以(机器人下棋)只是一个比喻. 比喻是无害的,除非你把它当真." 美国量子物理学家戴维·多伊奇说:"我认为这是一个令人印象极其深刻的成就,但这几乎跟人类意义上的通用智能无关."

英国《卫报》的报道说:"比赛开始时,李世石按照韩国人的传统向对手鞠躬表示尊敬,而这次他的对手既看不见他,也感知不到他的存在." 还不仅如此. 2014年约翰·塞尔在《你的电脑不知道什么》一文中说:

"我们经常会看到有人说,'深蓝'下棋赢了卡斯帕罗夫.这种说法很可疑.卡斯帕罗夫要下棋并获胜,他必须得意识到他是在下棋,并意识到无数其他东西,如他的王后受到了威胁.'深蓝'对这些都没有意识,因为它对什么都没有意识.为什么意识如此重要?如果你没有意识,你就不能真正地下棋或者做任何认知行为."

1984年,塞尔在BBC瑞思讲座第二讲的标题是:电脑能不能思考?他的回答是否定的.他说,按照电脑的定义,无论它们多么先进,它们都不会思考,但这不等于说电脑不强大.而人工智能研究者的乐观和自信也是非常惊人的.比如日本人工智能专家松伟丰就说:"如果人类的思维也是某种计算的话,那么它就完全有理由通过计算机来模拟和实现.人类所有的大脑活动,包括思考、识别、记忆、感情,全部都可以通过计算机得到实现.只要我们通过计算机来实现人工智能,我们就可以为它配备一个类似于人身体的东西,可以将它设置成偶尔也会犯些错误."塞尔把这种乐观的看法称作"强人工智能"派.在他们看来,人脑的运行跟电脑的运行是类似的,人脑就是一个计算机,心灵相当于电脑的程序.

根据这种观点,人类的心灵没有什么本质性的生物学特点.所以任何有着恰当的程序、恰当的输入和输出的物理系统都跟人一样,有其心灵.例如,如果你用旧啤酒罐做了一个风力驱动的电脑,如果有着合适的程序,它就会有心灵.卡内基梅隆大学的休伯特·西蒙说,我们已经有了能够思考的机器,现在的电脑已经跟人一样有思想.西蒙的同事阿兰·纽厄尔声称,我们已经发现,智能只是一个物理信号操作的问题;它跟生理或身体硬件没有本质关联.麻省理工学院的马文·明斯基说,下一代电脑会非常智能,以致如果它们愿意让我们留在家中当宠物,我们就很幸运了.最夸张的是人工智能一词的发明人麦卡锡的说法:甚至连温度计那样简单的机器都有信念.温度计有什么信念呢?他说:"我的温度计有三个信念:这里太热,这里太冷,以及这里不冷不热."

本书的另一位主角是数学之王希尔伯特的高足 —— 阿克曼(1896—1962). 希尔伯特虽然同他合作写过一本卓越的数理逻辑著作,但希尔伯特对他并不好,原因是阿克曼结婚太早. 希尔伯特特别反对数学家和科学家年纪轻轻就结婚,他认为那会妨碍他们履行自己对科学的责任. 所以当阿克曼结婚时,希尔伯特非常生气,拒绝在学术上进一步帮助他. 少了希尔伯特的帮助,阿克曼便得不到大学的职位,所以如此天才的阿克曼只好到中学去教书. 后来希尔伯特又听说阿克曼夫妇想要小孩儿,便大吼道:"真是个好消息啊,那样我就用不着再为那个疯子做任何事情了." 数学家思维之古怪可见一斑. 不过曾当过中学老师的阿克曼要想到以自己名字命名的函数竟然在世界中学生最高级别的数学竞赛中出现那也会倍感欣慰的.

20 世纪 30 年代初,哥德尔在证明著名的不完全性定理时定义了一类函数,如今称原始递归函数. 此后,哥德尔和克利尼又在原始递归函数的基础上引入取极小运算(μ 运算),形成了部分递归函数(μ 递归函数). 这些构成了本书的背景材料.

从学科分类来说它属于数理逻辑. 数理逻辑中又分为集合论、递归论、模型论、证明论,它属于递归论.

在我国大学的逻辑专业、计算机专业、数学专业、哲学专业等都开设数理逻辑这门课. 特别是计算机专业更离不开这门数学.

图灵奖获得者,美国普林斯顿大学教授罗伯特·塔扬(Robert E. Tarjan)在 2012 年 4 月中旬接受《中国科学报》记者采访时说:

"在我看来,数学本身是件非常美丽的事物,我们把数学运用到计算机科学中,而计算机科学又很好地帮助人们解决了现实生活中的一些问题. 数学也是一门艺术,只不过你看不见它的结构,它存在于人们的头脑中,是由我们的大脑编成各种各样美丽的'建筑'."

刘晓力博士在 2017 年 5 月 25 日的一篇博文中指出:随着数学和计算机技术的进展,计算的观念越来越显示了它在各个领域的威力,从计算的角度审视世界,也已经成为数字化时代生存的一种特殊的思维方式. 人工智能的成果更激发了一些认知科学家、人工智能专家和哲学家的乐观主义立场,致使有人主张一种建立在还原论基础上的计算主义,或者更确切地说是算法主义(Algorithmism)的强纲领,认为从物理世界、生命过程直到人类心智都是算法可计算的(Computable),甚至整个宇宙也完全是由算法(Algorithm)支配的. 这种看法中有对计算、算法和可计算概念的误读,也有对计算的功能和局限性的估计不足,而且,这种哲学信念与其所提供的证据的确凿程度显然不成比例. 我们对于在一种隐喻意义上使用"计算"一词的计算主义不予讨论. 但是,如果把计算局限于"图灵机算法可计算"这一科学概念上使用,则计算主义是可质疑的. 同时,我们也主张,如果可以超越传统的"算法"概念,充分借鉴生物学、物理学和复杂性科学的研究成果,人类计算的疆域可以进一步拓展.

广义的计算理论应当包括计算理论层、算法层和实现层三个层次(Nilsson). 其中,计算理论层是要确定采用什么样的计算理论去解决问题,算法层是寻求为实现计算理论所采用的算法,实现层是给出算法的可执行程序或硬件可实现的具体方法. 显然,计算理论层最为根本,也最为困难. 同时,即使解决了计算理论层和算法层的问题,也未必能解决实现层的问题,因为还存在一个计算复杂性的问题. 计算主义强纲领事实上是在"存在算法"的意义上,断言物理世界、生命过程以及认知是"可计算的". 其中,"算法"是指20世纪30年代,哥德尔、丘奇、克林尼、图灵等数学家对于直观的"算法可计算"概念的严格的数学刻画,与此概念相联的丘奇－图灵论题就是计算主义的基本工作假说. 事实上,恰是由于算法和图灵机概念的引进,哥德尔不完全性定理有了图灵机语境下的版本. 而且,通过建立在算法概念上的可计算性理论,人们很快证明了一系列数学命题的不可判定性和一系列数学问题的算法不可解性. 在自动机理论和数学世界中,也已经证明存在着不可计算数那么多的不可计算对象. 下面,我们将依次讨论计算主义强纲领下各种论断的可质疑之点.

在计算主义的强纲领下,"物理世界是可计算的"无疑是一个基本的信念. 当今,这种信念的经典形式是多伊奇1985年提出的

"物理版本的丘奇－图灵论题"："任何有限可实现的物理系统,总能为一台通用模拟机器以有限方式的操作完美地模拟". 多伊奇认为,算法或计算这样的纯粹抽象的数学概念本身完全是物理定律的体现,计算系统不外是自然定律的一个自然结果.

我们认为,要考查物理世界是否可计算的问题,需要考虑物理过程、物理定律和我们的观察三个基本因素的相互作用问题,而且我们最为关注的是,用可计算的数学结构,物理理论能否足够完全地描述实在的物理世界,特别是能否描述在偶然性和随机性中显示出的物理世界的规律性.

物理学家是通过物理定律来理解物理过程的,而成熟的物理理论是使用数学语言陈述的. 真实物理世界的对象由时间、位置等这样的直接可观察量,或者由它们导出的能量这一类的量组成. 因此,我们可以考虑像行星的可观察位置和蛋白质的可观测构型,以及大脑的可观察结构这样的事物. 但是,即使用最高精度的仪器,我们仍然不能分辨许多更精细的数量差别,而只能得到有限精确度的数值. 这表明,我们对物理过程观察的准确是有限的. 恰如哥德尔所言："物理定律就其可观测后果而言,是只有有限精度的". 同时,由于"观察渗透理论"的影响,我们的观察必定忽略或舍弃了许多我们不得不忽略和舍弃的因素,物理理论永远是真实物理世界的一种简化和理想化. 当人们将数学应用于物理理论时,一个最重要的手段是借助数学中的各种有效算法和可计算结构. 自从康托之后,人们认识到数学中的可计数的数仅仅是实数的非常小的部分;丘奇－图灵论题之后,人们知道算法可计算函数也仅仅是函数中非常小的部分. 当然,在描述物理过程时,任何不可计算的数和不可计算函数都可以在一定的有效性的要求下,用可计算数和可计算函数作具有一定精度的逼近. 量子力学领域的旗手密尔本（C. L. Milburn）就认为："无论是经典的还是量子的物理系统都可以以任意高的精度模拟".

但是,我们显然没有充足的理由就此做出"真实的物理世界就是可计算的"这种断言. 真实的、包含着巨大随机性的物理世界和计算机可模拟的理想化的世界毕竟有着巨大的差异,图灵机可产生的可计算性结构仅仅是真实世界结构的一部分.

而且,尽管带有机外信息源的图灵机早已把图灵的整数计算法推广到了以实数为输入、输出的情形,普艾尔(Pour-EI)和里查斯(J. Ian Richards)也已经探讨了数学中的连续量和物理过程中的可计算性结构问题,讨论了函数空间和测度空间的可计算性结构(Pour-EI & Richards),但是,我们仍然不能排除某些物理理论具有不可计算性.普艾尔和里查斯就曾证明物理场论中的波动方程存在着这种意义上的特解.

宇宙是一个处在不断演化过程中的包含着巨大复杂性的系统,没有先验的理由使我们相信,物理世界的任何过程都一定是基于算法式规则的.如果自然界中的确存在不可计算的过程——例如,像王浩和卡斯蒂(J. L. Casti)所指出的,某一级别的地震可能在某些构成不可计算系列的时点或时段发生,海浪在海岸的翻涌和大气在大气层中的运动等物理过程,很可能就是不可计算的——我们就永远找不到精确计算它们的算法.物理世界与可计算的世界并非是同构的,一个重要的原因是,我们对物理对象和物理过程的经验都是有限的,而不可计算性涉及的是无穷的系列.恰如王浩所说的:"我们观测的有限精度似乎在物理世界和物理理论之间附加了一层罩纱,使得物理世界中可能存在的不可计算元素无法在物理理论中显现."迈尔弗德(W. C. Myrvold)1993年也做出断言:"在量子力学中企图由可计算的初始状态产生不可计算结果的简单算法是注定要失败的,因为,量子力学中存在的不可计算的结果不可能由可计算的初始数据产生."况且,即使最先进的量子计算机也没有完全解决物理定律的可逆性与计算程序的不可逆性的矛盾,我们又如何能够断定"物理世界是可计算的"?

相信宇宙是一部巨型计算机的人们认为,生命本身是最具特色的一类计算机,因为生命过程是可计算的.一些计算主义者做出这样的论断,更主要的依据是近年来人工生命的研究进展.我们不妨考查一下这种论断的可信程度.

如果在现代意义上使用计算概念,生命过程的可计算主义思想事实上可以追溯到20世纪60年代冯·诺依曼的细胞自动机(cellular automata)理论.冯·诺依曼当时认为,生命的本质就是自我复制,而细胞自动机可以实现这种复制机制,因此可以用细胞自动机理解生命的本质. 在此基础上, 从 20 世纪 60 年代斯塔勒 (Stahl) 的"细胞活动模型"到科拉德 (Conrad) 等人的"人工世界"概念, 从兰顿 (C. Langton) 的"硅基生命"形式到道金斯 (R. Dawkins) 和皮克奥弗 (C. Pickover) 的"人工生物形态"理论, 直到 90 年代采用霍兰 (J. Holland) 的遗传算法, 在细胞自动机理论、形态形成理论、非线性科学理论之上, 生命计算主义的倡导者们全面进入人工生命领域的工作. 所有这些都是试图用计算机生成的虚拟生命系统了解真实世界中的生命过程. 在他们看来, 生命是系统内不同组成部分的一系列功能的有机化, 这些功能的各方面特性能够在计算机上以不同的方式创造, 最重要的是生物的自适应性、自组织性造就了自身, 而不在于是不是由有机分子组成. 进化过程本身完全可以独立于特殊的物质基质, 发生在为了争夺存储空间的计算机程序的聚合中, 生命完全可以通过计算获得.

对于"硅基生命"是否要以看作"活的生命", 人工生命是否具有生命的某些特征, 例如自我复制的特征等问题, 我们暂时不予讨论. 我们关注的是, 计算主义者把生命的本质看作计算, 把生命过程看成可计算的这种观点, 其理由是否充分.

我们认为, 能够在计算机上实现某种复制过程, 甚至能够在计算机中看到某种人工生命的某些"演化"或"进化"过程, 这与能够真正"演化"或"进化"出所有自然生命显然是两回事. 因为依照可计算性理论中的"递归定理", 机器程序复制自身并非困难之事. 递归定理已经指出, 图灵机有能力得到自己的描述, 然后还能以自己的描述作为输入进行计算, 即机器完全有自再生的能力. 如果生命的本质仅仅是自我复制, 当初冯·诺依曼所设想的"从细胞自动机可以获得生命本质"的思想并无不妥. 但是, 我们今天早已知道, 普遍认可的生命的几大本质特征是: (1) 自我繁殖的能力; (2) 与环境相互作用的能力; (3) 与其他有机体以特定的方式相互作用和相互交流的能力. 计算主义者并没有指出, 图灵算法如何可以穷尽后面两种类型的本质. 事实上已经证明, 目前最先进的人工神经网络模型所欠缺的正是与环境相互作用的机制, 难以建立神经网络的中间语言与外部环境语言之间的沟通渠道. 这也恰是目前人工生命研究者最感棘手的问题.

按照我们的理解,这里的关键问题在于,承认硅基生命具有生命的某些特征,并不意味着承诺计算可以穷尽生命的所有本质,也不意味着承诺通过能行程序可以实现所有的生命过程.这里"穷尽"和"所有的"概念至关重要.倡导"生命的本质是计算"的学者恐怕确实是在误读"可计算的"这一概念.毕竟,某一范围的对象或过程是可计算的,是指存在着算法,能够计算这一范围的一切对象和一切过程,或者说,这种可计算结构可以穷尽这一范围的一切对象和一切过程.如果仅仅是此一范围的某些对象、某些过程的某些特性,甚至仅仅是一些最为表象、最为简单的特征可以用计算粗糙地表达或模拟,并不能由此妄称这一范围的对象和过程就是"可计算"的.

至于认为阿德勒曼(LM. Adlems)倡导的 DNA 计算机是"实现了生命的本质就是计算的思想",显然是计算主义者的另一个误解.因为计算主义者们在这里忽视了一个重要的问题,即 DNA 计算机显然已经远远超出了我们最初对于"算法"概念的理解,事实上它已经引进了基因工程的手段,这里的"计算"借助了基因编码的自然机制,已经不复是图灵算法的计算机制了.也许生物计算机可以作为某种借助自然机制的仿真工具,而且 DNA 计算机在计算复杂性等方面确实优于经典计算,但已经证明它仍然没有超越丘奇 – 图灵论题,我们如何能够断定 DNA 计算机不仅能够计算可计算的东西,甚至能够计算图灵机"不可计算"的量呢?!

近来网上关于"中国人不讲逻辑"的文章渐多,除了中国特色的不是逻辑的所谓"解释逻辑"大行其道(大概是因为拥有了它便永远辩不倒)之外,真正的逻辑还真是稀缺,而这与计算有关,正如北京语言大学陈鹏博士指出:

如果谈及逻辑与计算的关系,大多数人都会认同逻辑与计算彼此紧密关联,例如,美国计算机科学家马纳(Manna)就曾经提出过"逻辑即计算机科学的演算"的观点.此外,甚至还有人认为"计算本质上就是逻辑",例如,我国著名数理逻辑学家莫绍揆指出:"事实上,它们(程序设计)或者就是数理逻辑,或者是用计算机语言书写的数理逻辑,或者是数理逻辑在计算机

上的应用."从某种意义上来说,逻辑之于计算的重要性怎么强调都不过分,这些主要可以通过如下论据来为之辩护:

1. **从计算机的发展历史来看,计算科学起源于逻辑学**

追溯现代计算机科学的起源,应该说,它与逻辑有着密不可分的关系. 众所周知,自从罗素与怀特海共同撰写《数学原理》之后,兴起对数理逻辑的研究,人们甚至期望以逻辑为基础,构建整个数学,乃至科学大厦. 在这种逻辑主义的驱使下,不可避免地需要对"能行可计算"概念进行形式化. 在"能行可计算"概念的探索中,丘奇、哥德尔和图灵几乎在同一时间给出完全不同且又相互等价的定义. 丘奇发明了 Lambda 演算,用来刻画"能行可计算". 哥德尔指出"一般递归函数"作为对"能行可计算"的定义. 图灵则通过对一种装置的描述,定义"能行可计算"的概念,这种装置被后人称作"图灵机",这正是现代计算机的理论模型,标志现代计算机科学的诞生.

2. **逻辑成为计算机软硬件系统的理论基础**

布尔逻辑成为集成电路设计的一个核心理论,正如赫尔曼·戈德斯坦(Herman Goldstine)所说:"正是通过它(布尔逻辑),使得电路设计从一门艺术变成一门科学." 同时,也正是由于布尔逻辑的思想融汇在开关电路的设计中,才会在集成电路领域形成著名的摩尔定律,才使得集成电路和技术的创新发展得以实现. 一阶逻辑、逻辑类型论和 Lambda 演算与编程语言的深度交叉,形成了程序设计理论的核心. 形式语法(formal syntax)、类型系统(type system)和形式语义(formal semantics)成为一门程序设计语言的基础. 逻辑的证明论、模型论思想与计算机软硬件系统的互动,构成了计算机系统正确性验证理论. 人类基于霍尔逻辑、分离逻辑、Isabelle、Coq 等理论与工具,可以验证大型软硬件系统的正确性.

读一本书在中国先要解决有什么用的问题,读了能多赚钱吗? 能!

2011 年法国职业薪酬最高的 20 个职业排行,第一名是软件工程师,第二名是数学家,第六、七、八名分别是气象学家、生物学家和历史学家,牙医排在第十名,社会学家是十一名,经济学家排在二十名.

软件工程师要精通计算机,而符号逻辑是必学的,数学家更不必说了. 前几年被报纸炒得沸沸扬扬的中南大学数学系大三学生刘路,不仅破格成为教授级研究员,而且还得到了100万的奖励. 他准备用其买一套房子,令众多大学生羡慕. 他凭什么?凭的就是证明了一个数理逻辑的猜想.

郑志雯是香港新世界集团创始人郑裕彤的孙女,新世界集团第二代掌门人郑家纯的女儿,现任香港新世界酒店集团首席行政总裁,她是美国哈佛大学毕业的,学的专业却是应用数学. 泰国国王普密蓬·阿杜德的长女乌汶叻公主是美国麻省理工学院毕业的,攻读的也是数学学士学位. "富二代"与"官二代"在选择教育方向上不可谓不慎重,他(她)们都不约而同选择了数学,不能不说是对理科本质上的认可.

曾有段子让各位理科青年大放异彩,写出偏旁部首相同的几个字——当普通青年只能写出"玩玻璃球"这样令人尴尬的词组,化工青年已经贯口一般背出了镧系和锕系"镧铈镨钕钷钐铕钆铽镝钬铒铥镱镥";考古青年则有"孔劼玎玑玘玛玚玧玥玡玨玚场玥珉珅玮"的绝技傍身;生物青年说"鸸鸥鸮鹨鹛鸺鸸鸹鹈鸦鸺鸺鹇鹎鹩鹊鸽鹏鹏";寿司青年可以对"鲔鲑鱿鲹鲸鲙鳝鳗鲨鮨鲊鲭鲷鲣鲫鲂鲥鲤";围观青年只好"哈哈哈哈……";卖萌青年则"喵喵喵喵……".

21世纪的竞争从本质上说是人才的竞争,而人才的核心能力又不可缺少逻辑分析能力,所以多了解一些数理逻辑是有益处的. 而且它不仅内容丰富,还和许多学科如哲学、数学、计算机科学、语言学及心理学等有联系,影响及于这些学科,有些影响甚至是带有根本性的.

曾在普林斯顿大学和斯坦福大学任教授的著名科学家杰弗里·乌尔曼(Jeff Ullman)写了很多科学著作,关于写书他的哲学是:如果材料好,写得差一点也不要紧.

本书摘编了很多大家关于递归函数的论述. 如 D. Hilbert 和 W. Ackerman 的 *Grundzu ge der theo-retischen Logik*,R. Peter 的 *Rekursive Funktionen* 及 J. C. E. Dekker,E. Specker,J. Myhill,S. C. Kleene. A. church,A. M. Turing,R. M. Robinson 等人的著作.

本书虽然是以大中学生和数学爱好者为目标读者,但笔者希望能有更多的中学教师来读. 中学数学教师需要读更高深的数学书,了解现代数学,否则会教龄长,见识短. 正如王小波在《红拂夜奔》中所写:

> "假如你不走出这道墙,就以为整个世界是一个石头花园,而且一生都在石头花园中度过."

现在有许多中学数学教师感到在校时还能得到一点学生表面化的尊敬,但学生毕业后马上被抛弃,很心寒,其实这并不奇怪,因为你肚子里没多少货,只是学生捞分的一个工具罢了,工具当然是用后即弃,所以要有货才行. 金庸先生在游记中曾写到了台湾的酒女制度. 有一次高阳与古龙等请金庸吃饭,招来陪酒的女子前前后后有二十多个,金庸观察到,这些酒女的教育程度相当不错,其中有两位小姐在谈话中引用了李后主的词、白居易的诗. 有一个酒女刚进来,古龙问道:"咦,你不是不做了,怎么又来了?"酒女说:"东山再起,重作冯妇". 让一座人不免刮目. 职业无尊卑,有料则成.

在 1773 年出版的《一个老图书馆员的年历》一书中,作者哲罗德·比安曾这样告诫年轻的图书馆员:"妥善看管汝之图书,此乃汝自始至终永为首要之职责."

当我们把"妥善看管"换成"潜心出版"就可作为我们数学工作室的职责!

尽管我们已经尽了最大的努力,但囿于学识与层次所限,它注定不会是一流之作. 美国诗人约瑟夫·布罗茨基的几句诗写得好:

> 我忠诚于这二流的年代,
> 并骄傲地承认,我最好的想法
> 也属二流.……

刘培杰
2017 年 5 月 21 日
于哈工大

Cauchy 函数方程

刘培杰数学工作室　编著

内容简介

本书主要讲授了柯西函数方程,及由此衍生的诸多问题.本书透过柯西函数方程,向读者勾勒出柯西函数方程的发展历程及相关理论,展示了函数方程在数学思想中的重要性.

本书适合于大学师生以及数学爱好者参考阅读.

编辑手记

怎样评价解题方法.当代最负盛名的英国数学心理学家斯根普(R. Skemp)有一篇著名论文,题目是《关系性理解和工具性理解》(Relational and Instrumental Understanding),这是对"理解"层次认识的一次重大突破.

斯根普指出,工具性理解是指一种语义性理解:符号 A 所指代的事物是什么,或者一种程序性理解,一个规则 R 所指定的每一个步骤是什么,如何操作等.简言之,就是按照语词的本意和计算程序进行操作,即"只知是什么,不知为什么".

华东师范大学的张奠宙教授联想到:1996 年钱伟长在《自然杂志》复刊后的卷首篇发表了一篇文章,其中提到数学工具与工程技术关系的论述.钱伟长说:"做一番事业,用的工具要恰到好处,目的是解决问题. 就像屠夫杀猪要用好刀,但这把刀能用好就行,不要整天磨刀,欣赏刀,刀磨得多好啊!那是刀匠的事."钱校长还说:"不要做刀匠,要做屠夫,去找最合适的刀,去杀最难的问题."

钱伟长对数学这把刀在工程上应用的论述,和斯根普所说的"工具性理解"意思是相通的. 仔细想来,钱伟长所说的"刀"就是工具. 对于"刀",使用者必须能加以识别,了解它的价值、效能、用途,会用它解决各种问题,即知悉"刀"之"然". 这是大多数"屠夫"应知应会的内容. 一些好的"屠夫"虽然不是刀匠,不必会制造刀,但是知道一些"刀"的制造过程,"知道其所以然",有助于用好刀. 这相当于对"刀"的关系性理解. 至于一些使用该刀的专家(屠夫),除了能够创造性地利用这把刀,解决一些复杂的问题,并转而发现原"刀"的不足,对"制刀"提出改革建议. 这就不仅知道其所以然,还能发现新的"然",由此可以进入到创新的层面了.

选择什么样的问题来剖析这把刀,是初等数学还是高等数学. 先看一个段子:

100元的衣服和200元的衣服,我们外行根本分不清,得上千元才能摸出是好料子;500元的假包和2万元的真包,出去唬人都一样,气质好的姑娘背个假的也像真的. 反倒是煎饼果子,3元普通的和5元加肠的,一口咬下去就知道;吃米线,8元全素的和20元三种荤菜的,幸福度差几条街. 初等数学问题好比米线和煎饼果子,我们再熟悉不过了,所以还是以此为入口较益. 在本书中提到的上海交通大学的这道自主招生试题中主要使用了两个工具. 一个是因式分解公式,它的一般形式可表述为:

求出所有的复数 m,使得多项式
$$x^3 + y^3 + z^3 + mxyz$$
可以被表示成三个线性三项式的乘积.

解 不失一般性,在所有的因式中,z 的系数都是1. 设 $z + ax + by$ 是 $p(x, y, z) = x^3 + y^3 + z^3 + mxyz$ 的一个线性因子,那么 $p(z)$ 在每个 $z = -ax - by$ 处都是 0,因此

$$x^3 + y^3 + (-ax-by)^3 + mxy(-ax-by)$$
$$= (1-a^3)x^3 - (3ab+m)(ax+by)xy + (1-b^3)y^3 \equiv 0$$
这显然等价于 $a^3 = b^3 = 1$ 和 $m = -3ab$,由此可以得出 $m \in \{-3, -3\omega, -3\omega^2\}$,其中 $\omega = \dfrac{1+i\sqrt{3}}{2}$. 因此对 m 的每个可能值,恰有三个可能的 (a,b),故 $-3, -3\omega, -3\omega^2$ 就是所求的值.

尽管我们在本书中只使用了 $m = -3$ 这个结果,但其他两个也很重要.

第二个所使用的工具就是著名的柯西方程. 它是如此的基本,以至于在许多貌似无关的问题中都会发现它的身影,并且一般来说使用后效果还都很好. 为了给出一个对比,我们举一道 IMO 试题,给出四种证法. 第一种我们使用柯西方程来解,另外三种我们用其他方法来解,优劣读者自有评价. 这是第 17 届 IMO 的最后一题,由英国命题:

求一切含两个变量的多项式 p 满足下列条件:
(1) 对一正整数 n 和一切实数 t, x, y 有
$$p(tx, ty) = t^n p(x, y)$$
即 p 为 n 次齐次式.
(2) 对所有实数 a, b, c 有
$$p(a+b, c) + p(b+c, a) + p(c+a, b) = 0$$
(3) $p(1, 0) = 1$.

解法 1 我们将指出满足条件 (1) ~ (3) 的函数 $p(x, y)$ 是唯一的连续函数
$$p(x, y) = (x+y)^{n-1}(x-2y) \qquad ①$$
如此,原设 $p(x, y)$ 是多项式实际上是多余的,于条件 (2) 令 $b = 1-a, c = 0$,得
$$p(1-a, a) + p(a, 1-a) + p(1, 0) = 0$$
因 $p(1, 0) = 1$,得
$$p(1-a, a) = -1 - p(a, 1-a) \qquad ②$$
其次,令 $1-a-b = c$,根据条件 (2) 得
$$p(1-a, a) + p(1-b, b) + p(a+b, 1-a-b) = 0$$

由式②,这意指
$$-2 - p(a, 1-a) - p(b, 1-b) + p(a+b, 1-a-b) = 0$$
或等价于
$$p(a+b, 1-a-b) = p(a, 1-a) + p(b, 1-b) + 2 \quad ③$$
令 $f(x) = p(x, 1-x) + 2$,式③则变成
$$f(a+b) - 2 = f(a) - 2 + f(b) - 2 + 2$$
即
$$f(a+b) = f(a) + f(b) \quad ④$$
因 $p(x, y)$ 是连续的,故 $f(x)$ 也是连续的.

柯西一重要定理断言满足式④的函数 $f(x)$ 是唯一的连续函数 $f(x) = kx$,其中 k 为一常数. 现在应用它去求常数 k,我们注意到
$$f(1) = p(1, 0) + 2 = 1 + 2 = 3$$
可知 $k = 3$,所以
$$f(x) = 3x$$
既然依定义有
$$f(x) = p(x, 1-x) + 2$$
故得
$$p(x, 1-x) = 3x - 2 \quad ⑤$$
若 $a + b \neq 0$,我们可在条件(1)中令
$$t = a+b, x = \frac{a}{a+b}, y = \frac{b}{a+b}$$
便得
$$p(a, b) = (a+b)^n p\left(\frac{a}{a+b}, \frac{b}{a+b}\right) \quad ⑥$$
等式⑤取 $x = \frac{a}{a+b}$,则 $1 - x = \frac{b}{a+b}$,故得
$$p\left(\frac{a}{a+b}, \frac{b}{a+b}\right) = \frac{3a}{a+b} - 2 = \frac{a - 2b}{a+b}$$
把上式代入式⑥,得
$$p(a, b) = (a+b)^n \frac{a-2b}{a+b} = (a+b)^{n-1}(a - 2b)$$
$$a + b \neq 0$$
既然 $p(x, y)$ 是连续的,便知恒等式

$$p(a,b) = (a+b)^{n-1}(a-2b) \qquad ⑦$$

即使 $a+b=0$ 仍然成立. 因此唯一的连续函数能满足已知条件的是式①所定义的多项式 $p(x,y)$；反之,不难证明这多项式满足条件(1)~(3).

解法 2 现给一种比较系统的解法. 设 $p(x,y)$ 是一多项式,并设 $a=b=c$,对于一切 a,由条件(2)有

$$3p(2a,a) = 0$$

因此 $p(x,y) = 0$. 因 $x-2y = 0$,不难证明(这留给读者去证明)p 有一个因子是 $x-2y$,即

$$p(x,y) = (x-2y)Q(x,y) \qquad ⑧$$

其中,Q 为一个 $n-1$ 次多项式. 我们注意 $Q(1,0) = p(1,0) = 1$,由条件(2)并用 $b=c$,得

$$p(2b,a) + 2p(a+b,b) = 0$$

此式用 Q 表示,Q 是如式⑧所定义的,得

$$(2b-2a)Q(2b,a) + 2(a-b)Q(a+b,b)$$
$$= 2(a-b)(Q(a+b,b) - Q(2b,a)) = 0$$

因此,若 $a \neq b$,则

$$Q(a+b,b) = Q(2b,a) \qquad ⑨$$

显然此式当 $a=b$ 时也成立. 令 $a+b=x, b=y$,则 $a=x-y$,式⑨变成

$$Q(x,y) = Q(2y, x-y)$$

这函数方程说明把 Q 的第一与第二自变量各易以第二的 2 倍与第一减去第二,不会改变 Q 的值. 重复这原理导出

$$Q(x,y) = Q(2y, x-y) = Q(2x-2y, 3y-x)$$
$$= Q(6y-2x, 3x-5y) = \cdots \qquad ⑩$$

这里自变数的和常为 $x+y$. ⑩的各式可写成

$$Q(x,y) = Q(x+d, y-d)$$

其中

$$d = 0, 2y-x, x-2y, 6y-3x, \cdots \qquad ⑪$$

容易看出如果 $x \neq 2y$,诸 d 的值相异. 对 x 与 y 的任何定值,方程

$$Q(x+d, y-d) - Q(x,y) = 0$$

是 d 的 $n-1$ 次多项式方程,且当 $x \neq 2y$ 时有无限多个解答(有

些由式 ⑪ 给出). 所以, 若 $x \neq y$, 方程
$$Q(x+d, y-d) = Q(x,y)$$
对一切 d 均成立. 由连续性知当 $x = 2y$ 时也成立. 但这是指 $Q(x,y)$ 为单一变量 $x + y$ 的函数. 既然它是 $n-1$ 次齐次式, 那么
$$Q(x,y) = c(x+y)^{n-1}$$
其中, c 是一常数. 又 $Q(1,0) = 1$, 故 $c = 1$. 因此
$$p(x,y) = (x-2y)(x+y)^{n-1}$$

解法 3 在第二个条件中, 令 $a = b = c = x$, 则得
$$p(2x, x) = 0$$
即对于 $x = 2y$, 此多项式取值为 0. 因此有表达式
$$p(x,y) = (x-2y)Q_{n-1}(x,y) \qquad ⑫$$
其中, Q_{n-1} 是 $n-1$ 次的齐次多项式.

在第二个条件中令 $a = b = x, c = 2y$, 则得
$$p(2x, 2y) = -2p(x+2y, x)$$
且由齐次性, 有
$$2^{n-1}p(x,y) = -p(x+2y, x) \qquad ⑬$$
在表达式 ⑬ 中, 以式 ⑫ 代入, 则得
$$2^{n-1}(x-2y)Q_{n-1}(x,y) = -(2y-x)Q_{n-1}(x+2y, x)$$
因而
$$2^{n-1}Q_{n-1}(x,y) = Q_{n-1}(x+2y, x) \qquad ⑭$$
把第三个条件代入式 ⑫, 得
$$Q_{n-1}(1,0) = 1 \qquad ⑮$$
我们在式 ⑭ 中令 $x = 1, y = 0$, 且由式 ⑮ 可得
$$2^{n-1} = Q_{n-1}(1,1) \qquad ⑯$$
现在在式 ⑭ 中令 $x = 1, y = 1$, 则由式 ⑯ 得
$$4^{n-1} = Q_{n-1}(3,1) \qquad ⑰$$
这样, 我们逐次可得
$$8^{n-1} = Q_{n-1}(5,3)$$
$$16^{n-1} = Q_{n-1}(11,5)$$
$$32^{n-1} = Q_{n-1}(21,11)$$
$$\vdots$$
从式 ⑭ 可见, 一方面, 左边的那些项每项乘以 2^{n-1} 而各式的右

边变量和总是 $2x + 2y$. 所以,存在无限多对 (x,y),对它有
$$(x + y)^{n-1} = Q_{n-1}(x,y) \qquad ⑱$$
因为 Q_{n-1} 看作是一个多项式,关系式 ⑱ 是恒等式. 由此,代入式 ⑫ 就得
$$p(x,y) = (x - 2y)(x + y)^{n-1} \qquad ⑲$$
容易验证,等式 ⑲ 满足题给的所有条件.

解法 4 在条件(2)中令 $a = b = c$,得 $p(2a,a) = 0$(对所有 a),此即
$$p(x,y) = (x - 2y)Q(x,y) \qquad ⑳$$
其中,Q 是一个 $n - 1$ 次的齐次多项式. 由于
$$p(1,0) = Q(1,0) = 1$$
在条件(2)中令 $b = c$,得
$$p(2b,a) + 2p(a + b, b) = 0$$
而由式 ⑳ 知
$$(2b - 2a)Q(2b,a) + 2(a - b)Q(a + b, b)$$
$$= 2(a - b)(Q(a + b, b) - Q(2b,a))$$
于是,对任意 $a \neq b$,有
$$Q(a + b, b) = Q(2b, a) \qquad ㉑$$
但是式 ㉑ 对 $a = b$ 也成立. 令 $a + b = x, b = y, a = x - y$,式 ㉑ 变为
$$Q(x,y) = Q(2y, x - y)$$
反复利用这个递推式,可得
$$Q(x,y) = Q(2y, x - y) = Q(2x - 2y, 3y - x)$$
$$= Q(6y - 2x, 3x - 5y) = \cdots \qquad ㉒$$
其中两个变量之和都是 $x + y$,且式 ㉒ 中每一项都具有形式
$$Q(x,y) = Q(x + d, y - d)$$
其中
$$d = 0, 2y - x, x - 2y, 6y - 3x, \cdots \qquad ㉓$$
当 $x \neq 2y$ 时,上面的 d 的值两两不同. 对任意固定的 x, y,方程 $Q(x + d, y - d) - Q(x,y) = 0$ 的左边是一个关于 d 的 $n - 1$ 次多项式,且若 $x \neq 2y$,该方程有无穷多个解,其中一部分解由式 ㉓ 给出. 因此,对 $x \neq 2y$,等式 $Q(x + d, y - d) = Q(x,y)$ 对所有 d 均成立. 由连续性可知上述结论在 $x = 2y$ 时也成立. 从而 $Q(x,$

134

y)是关于 $x+y$ 的单变量函数,而 Q 是一个 $n-1$ 次齐次多项式. 从而 $Q(x,y) = c(x+y)^{n-1}$,其中 c 为常数,由 $Q(1,0) = 1$,可知 $c = 1$. 所以
$$p(x,y) = (x - 2y)(x + y)^{n-1}$$

如果将函数 $f(x)$ 限定为有限可积的,则柯西方程还有一个更简单的解法,这是夏皮罗发表在《美国数学月刊》上的:

设函数 $f(x)$ 满足函数方程 $f(x + y) = f(x) + f(y)$,并且是局部可积的(即在每一个有限区间上是可积的),那么必有 $f(x) = cx$,其中 c 是一个常数. (AMM H. N. Shapiro, A micronote on a functional equation, Vol. 80(1773), No. 9:1041)

证明 由 $f(x)$ 所满足的函数方程和局部可积性易于验证下面的恒等式
$$yf(x) = \int_0^{x+y} f(u)\mathrm{d}u - \int_0^x f(u)\mathrm{d}u - \int_0^y f(u)\mathrm{d}u$$
由于上式右边在交换 x,y 时不变,因此就得出 $yf(x) = xf(y)$. 那样对 $x \neq 0$ 就得出 $\dfrac{f(x)}{x}$ 是一个常数. 因而对 $x \neq 0$, $f(x) = cx$,其中 c 是一个常数. 又由函数方程显然可以得出 $f(0) = 0$,所以对 x 的任意值都成立 $f(x) = cx$.

《美国数学月刊》曾多次刊登过有关柯西方程的解法和应用的文章. 如下面的编号为 E2537 号的征解问题:

求出所有在 $(0, +\infty)$ 上定义的使得 $f(x_1 y) - f(x_2 y)$ 不依赖于 y 的连续函数.

解 (1)x_1 和 x_2 是变量,f 是实值函数. 由于 $f(xy) - f(y)$ 是不依赖于 y 的,因此我们有
$$f(xy) - f(y) = f(x) - f(1)$$
函数 $g(x) = f(\mathrm{e}^x) - f(1)$ 满足柯西方程
$$g(x + y) = g(x) + g(y)$$

它有唯一的连续解 $g(x) = \alpha x$，因此 $f(x) = \alpha \ln x + \beta$，其中 α 和 β 是任意常数.

(2) x_1 和 x_2 是固定的不同的常数，f 是实值函数. 由于 f 的表达式是不依赖于 y 的，我们有 $f(x_1 y) - f(x_2 y) = c$ 或者等价的
$$f(ax) = f(x) + c$$
其中 $a = \dfrac{x_1}{x_2} \neq 1$，并且 c 是常数. 那么函数 $g(x) = f(e^x) - \dfrac{cx}{b}$ 满足 $g(x+b) = g(x)$，其中 $b = \ln a$. 那么
$$f(x) = g(\ln x) + \dfrac{c}{b} \ln x$$
反过来，容易验证每个具有形式
$$f(x) = g(\ln x) + \alpha \ln x$$
的函数具有所说的性质，其中 α 是常数而 g 是连续的周期为 $b = \ln \dfrac{x_1}{x_2}$ 的周期函数.

在从《美国数学月刊》近 4 000 道问题中遴选出来的 400 道最佳征解问题中也有涉及如下问题:

如果
$$\lim_{n \to \infty} \dfrac{x_1 + x_2 + \cdots + x_n}{n} = \alpha$$
就写作 $\{x_n\} \to \alpha$. 一个函数，如果 $\{x_n\} \to \alpha$ 时即有 $f(x_n) \to f(\alpha)$，则说函数 $f(x)$ 是在 $x = \alpha$ Cesaro 连续的(C 连续). 证明，如果 $f(x)$ 的形式是 $Ax + B$，那么它在每一个 x 处是 C 连续的，且如果 $f(x)$ 即使在单独一个 $x = \alpha$ 是 C 连续的，那么 $f(x)$ 具有 $Ax + B$ 的形式.

证明 问题的第一部分是非常容易的. 对于第二部分：假设 $f(x)$ 在单独的 α 值上 C 连续，由坐标轴的平移变换，我们可取 $\alpha = 0$ 和 $f(\alpha) = 0$. 那么，如果 $a + b + c = 0$，数列 $\{a, b, c, a, b, c, \cdots\}$ 是 Cesaro 收敛于 0，由 $f(x)$ 在零 C 连续，我们断定 $f(a) + f(b) + f(c) = 0$ 或 $f(a) + f(b) = -f(-a-b)$. 这样也有 $f(a) = -f(-a)$，从而对任意 x 和 y

$$f(x+y) = f(x)+f(y), f(nx) = nf(x)$$

如果一个数列 $\{x_n\}$ 是 Cesaro 收敛于 0,则

$$\lim \sigma_n = 0 \quad (n\sigma_n = x_1 + \cdots + x_n)$$

那么

$$\lim \frac{1}{n}\sum_{k=1}^{n} f(x_k) = \lim f(\sigma_n) = 0$$

因此 $f(x)$ 在通常意义上说是在零连续,且根据 $f(x)$ 的可加性,在所有其他的点 $x, f(x)$ 也连续,我们知道只有连续函数 $f(x) = Ax$ 满足.

曾经流传过一本很奇特的书叫《苏格兰文集》,它是由巴拿赫所领导的里沃夫学派成员在苏格兰咖啡馆讨论时所记录的. 这些大本子由巴拿赫夫人在第二次世界大战爆发时埋在一个足球场内,战后将其整理出版,里面的许多问题至今还没有解决.

下面笔者摘录一小段.

现在让我讲几个有关柯西方程 $f(x+y) = f(x)+f(y)$ 的问题. 假设对每个 h 而言, $f(x+h)-f(x)$ 都是 x 的连续函数,我曾猜想 $f(x) = g(x) + h(x)$,这里 g 是连续函数,h 是哈默尔函数. 我不知道如何证明,所以退而求其次,我猜出了谁能证明: 我写信给德布鲁因,他证明了我的猜测,文章发表在大约 28 年前的《数学新记录》(Nieuw Archief voor Wiskunde)——一份荷兰数学刊物上. 我还猜测: 如果对每个 h 而言 $f(x+h)-f(x)$ 是 x 的可测函数,那么 $f(x) = g(x) + h(x) + r(x)$,这里 g 是可测函数,h 是哈默尔函数,r 使得 $r(x+h) - r(x)$ 几乎处处为 0. 这个猜测最近已由一位年轻的匈牙利数学家拉克尔柯维茨证明了. 这方面没有解决的一个最妙的问题是肯佩尔曼提出的. 要是问题是我提的,我就愿意提供 500 美元求解. 肯佩尔曼的问题是: 如果对每个 x 和每个 h 有 $2f(x) \leq f(x+h)+f(x+2h)$,那么 f 是单调函数. 乍看起来,这个问题似乎并不厉害,就好像谁都可以证明或者找出反例似的,可是迄今却没有一个人获得成功. 如果除了上述条件以外,还假设 f 是可测函数,那么很容易证明它一定是单调函数. 这是一个简单的练习,而且我们可以定义出满足上述条件的一个函数,在有理数集上不是单调的,

所以我们要考虑的不仅仅是一个可数集. 我了解的情况就是这些. 在这个问题上, 现在大家都还在原地踏步, 问题仍然没有解决. 我想, 这个问题竟然如此困难, 这是非常出人意料的.

本书的其中一个附录也是基于文前所提到的"工具性理解", 那就是实数理论, 它是导出柯西方程解的基础.

如果实数的理论对中学生来讲有难度, 那么还是有可替代的方法.

设函数 $f(x)$ 在 $\mathbf{R}$ 上可导, 由
$$f(x+y) = f(x) + f(y)$$
得
$$f(x) = 2f\left(\frac{x}{2}\right)$$
依此下去
$$f(x) = 2f\left(\frac{x}{2}\right) = 2^2 f\left(\frac{x}{2^2}\right) = \cdots = 2^n f\left(\frac{x}{2^n}\right) \quad (n \in \mathbf{N}_+)$$
易得 $f(0) = 0$, 当 $x \neq 0$ 时
$$\frac{f(x)}{x} = \frac{f\left(\frac{x}{2}\right)}{\frac{x}{2}} = \frac{f\left(\frac{x}{2^2}\right)}{\frac{x}{2^2}} = \cdots = \frac{f\left(\frac{x}{2^n}\right)}{\frac{x}{2^n}} \quad (n \in \mathbf{N}_+)$$
而
$$\lim_{n \to \infty} \frac{x}{2^n} = 0$$
所以
$$\lim_{n \to \infty} \frac{f\left(\frac{x}{2^n}\right)}{\frac{x}{2^n}} = f'(0)$$
设 $f'(0) = k$ (k 为常数), 上述等式取极限, 从而
$$\lim_{n \to \infty} \frac{f(x)}{x} = \frac{f(x)}{x}, \frac{f(x)}{x} = k, f(x) = kx$$
此时对 $x = 0$ 也成立, 且经检验, $f(x) = kx$ 满足已知条件, 所以满足条件的函数是 $f(x) = kx$.

用此方法来解本书前面所提到的 2000 年上海交通大学自

主招生试题也很容易.

解:易知 $f(0) = 0$. 令 $x = y \neq 0$,得
$$f(2x) = 2f(x) + 2x^3$$
$$\Rightarrow \frac{f(2x)}{2x} = \frac{f(x)}{x} + x^2$$
$$\Rightarrow \frac{f(x)}{x} = \frac{f\left(\frac{x}{2}\right)}{\frac{x}{2}} + \left(\frac{x}{2}\right)^2$$

$$\frac{f(x)}{x} = \left[\frac{f(x)}{x} - \frac{f\left(\frac{x}{2}\right)}{\frac{x}{2}}\right] + \left[\frac{f\left(\frac{x}{2}\right)}{\frac{x}{2}} - \frac{f\left(\frac{x}{2^2}\right)}{\frac{x}{2^2}}\right] + \cdots +$$

$$\left[\frac{f\left(\frac{x}{2^{n-1}}\right)}{\frac{x}{2^{n-1}}} - \frac{f\left(\frac{x}{2^n}\right)}{\frac{x}{2^n}}\right] + \frac{f\left(\frac{x}{2^n}\right)}{\frac{x}{2^n}}$$

$$= \left(\frac{x}{2}\right)^2 + \left(\frac{x}{2^2}\right)^2 + \cdots + \left(\frac{x}{2^n}\right)^2 + \frac{f\left(\frac{x}{2^n}\right)}{\frac{x}{2^n}}$$

$$\lim_{n \to \infty} \frac{f(x)}{x} = \lim_{n \to \infty} \left[\left(\frac{x}{2}\right)^2 + \left(\frac{x}{2^2}\right)^2 + \cdots + \right.$$

$$\left. \left(\frac{x}{2^n}\right)^2 + \frac{f\left(\frac{x}{2^n}\right)}{\frac{x}{2^n}}\right]$$

$$= \lim_{n \to \infty} \left[\left(\frac{x}{2}\right)^2 + \left(\frac{x}{2^2}\right)^2 + \cdots + \right.$$

$$\left. \left(\frac{x}{2^n}\right)^2\right] + \lim_{n \to \infty} \frac{f\left(\frac{x}{2^n}\right)}{\frac{x}{2^n}}$$

因为
$$\lim_{n \to \infty} \frac{f(x)}{x} = \frac{f(x)}{x}$$

$$\lim_{n\to\infty}\left[\left(\frac{x}{2}\right)^2+\left(\frac{x}{2^2}\right)^2+\cdots+\left(\frac{x}{2^n}\right)^2\right]=\frac{\frac{1}{4}}{1-\frac{1}{4}}x^2=\frac{1}{3}x^2$$

$$\lim_{n\to\infty}\frac{f\left(\frac{x}{2^n}\right)}{\frac{x}{2^n}}=f'(0)=1$$

所以

$$\frac{f(x)}{x}=\frac{1}{3}x^2+1$$

即

$$f(x)=\frac{1}{3}x^3+x$$

此函数对 $x=0$ 也成立,且经检验 $f(x)=\frac{1}{3}x^3+x$ 满足已知条件,所以函数 $f(x)$ 的解析式是

$$f(x)=\frac{1}{3}x^3+x$$

另一个与"工具性理解"相关的是"教学平台理论"。"平台"是借用计算机科学的名词,例如"Word"文字处理平台。对"Word 平台"拿来会用就是了。除少数专家外,一般人只知其然,不必详细了解它的"所以然"(编制过程)。事实上,许多数学内容已经作为平台在使用,例如希尔伯特严格的《几何基础》、戴德金的实数分割说、康托的实数序列说、公理化的实数系数等。除非是这方面的专家,普通数学学习者不必都需要理解其所以然,只要懂得其意义和作用,能够站到这个平台上往前走就可以了。

中学数学里有一个突出的例子是数轴,数轴上的点和全体实数能够建立起一一对应,即实数恰好一对一地填满数轴。这是一个平台,只要"知其所以然",明了它的意义,会在架设直角坐标系时加以使用就可以了。至于它的所以然,要使用"可公度"和"不可公度"线段的理论,相当费时费事。这一理论在 20 世纪 50 年代还曾出现在中学数学教材里,后来就删除了。现在对数轴只做"工具性理解",将它当作平台加以使用。

如果将 Cauchy 函数方程限定在 $\mathbf{Z}_+$ 上,那么还会有其他的等价形式,如:求所有函数 $f:\mathbf{Z}_+ \to \mathbf{Z}_+$,使得对所有的正整数 m, n,有
$$f(m) \geqslant m, f(m+n) \mid (f(m)+f(n))$$
(第67届罗马尼亚国家队选拔考试(2016))

所求答案为 $f(n) = nf(1)$.

显然,$f(n) \leqslant nf(1)$. 下面只须证明可加性
$$f(m+n) = f(m) + f(n)$$

记 $f(1) = l$,则 $1 \leqslant \dfrac{f(n)}{n} \leqslant l$. 于是,存在最小的正整数 $k \leqslant l$,使得有无穷多个 n 满足 $\left[\dfrac{f(n)}{n}\right] = k$.

记
$$A = \left\{ n \;\middle|\; \left[\dfrac{f(n)}{n}\right] = k \right\}$$
$$B\{n \mid n \in A, 2n \notin A\}$$
$$A' = A \backslash B$$

先证明 B 为有限集. 从而,A' 为无限集. 由
$$f(2n) \leqslant 2f(n)$$
$$\Rightarrow \left[\dfrac{f(2n)}{2n}\right] \leqslant \left[\dfrac{2f(n)}{2n}\right] = k$$
$$\Rightarrow \left[\dfrac{f(2n)}{2n}\right] < k$$

由 k 的最小性,知 B 为有限集. 从而,A' 为无限集.

其次,对于 $n \in A'$,由
$$f(2n) \mid 2f(n)$$
$$\dfrac{2f(n)}{f(2n)} = \dfrac{\dfrac{f(n)}{n}}{\dfrac{f(2n)}{2n}} < \dfrac{k+1}{k} = 1 + \dfrac{1}{k}$$

则 $\dfrac{2f(n)}{f(2n)} < 2$,故 $f(2n) = 2f(n)$.

再固定正整数 a.

由 k 的最小性,知无穷集 A' 中除了有限个外的无穷多个 n,有

$$f(a+n) \geqslant k(a+n)$$

于是

$$\frac{f(a)+f(n)}{f(a+n)} < \frac{f(a)+(k+1)n}{k(a+n)} \quad ①$$

当 $n \to +\infty$ 时,式 ① $\to \frac{k+1}{k} < 2$.

从而,无限集 A' 中除了有限个外的无穷多个 n,使得
$$f(a+n) = f(a) + f(n)$$

最后,对于固定的正整数 a,b
$$f(a+n) = f(a) + f(n)$$
$$f(b+n) = f(b) + f(n)$$

由 $\dfrac{f(a+n)+f(b+n)}{f(a+b+2n)} \in \mathbf{Z}_+$ $(n \in A')$,知

$$\frac{f(a+n)+f(b+n)}{f(a+b+2n)}$$
$$= \frac{f(a)+f(n)+f(b)+f(n)}{f(a+b)+f(2n)}$$
$$= \frac{f(a)+f(b)+f(2n)}{f(a+b)+f(2n)} \quad ②$$

因为 $f(2n) \geqslant 2n$,所以 $f(2n)$ 可趋于无穷大.

而式 ② 总为整数,因此,必为 1,即
$$f(a+b) = f(a) + f(b)$$

柯西尽管用现代人的话说是一个政治素质很不过硬,人品极差的人,但他在数学上还是颇具眼光的. $f(x+y) = f(x) + f(y)$ 这个以他的名字命名的方程一经提出便倾倒众人. 借用美国人有句话说得好:Why blend in when you were born to stand out? —— 天生奇质难自弃,安可泯然众人矣?

刘培杰
2017 年 5 月 1 日
于哈工大

Pell 方程 —— 从整数谈起

冯克勤　编著

内容简介

本书共 5 章,包括:整数和它的表示,同余,方程的整数解,整点与逼近,整数的应用. 本书主要介绍整数的各种性质和由整数引申出来的各种数学问题及故事.

本书适合数学爱好者参考阅读.

前言

数论被称作数学的皇后,它的主要任务是研究整数的性质和方程的整数解. 大家在小学和中学数学课里已经学到整数的一些知识(例如约数和倍数,最大公约数和最小公倍数,素数和正整数的素因子分解,带余除法等),也学到这些知识的某些应用(如分数的约分和通分,求整系数多项式的有理根等). 如果你是数学课外活动小组的积极分子,听过数学讲座或者阅读过数学课外读物,还会了解到整数的更奇妙的知识:学到求方程整数解的许多方法,这会帮助你解决不少数论难题.

本书主要介绍整数的各种性质和由整数引申出来的各种数学问题和故事. 作者试图在本书中达到以下几个目的.

首先,我们希望开拓中学生的数学眼界,从 6 000 多年前人类认识了整数讲起,一直讲到1994年证明费马猜想,不仅介绍中国在数论上的光辉成就(勾股定理、中国剩余定理、陈景润定理等),也涉及各国伟大数学家一些重要的数论贡献,从整数讲到有理数和实数,从多项式讲到幂级数,从整数的四则运算讲到有限域,从有理数逼近无理数讲到数的几何,试图使大家明白,在中学里分别讲授的算术、代数和几何是一个有机的整体.也希望同学们在课堂学习之余,能闻到一点近代数学的气息.

其次,我们希望提高中学生的数学修养和素质,在书中讲述了与整数有关的一些数学知识,但我们的着眼点主要不是增加知识,也不是介绍解题技巧,而是通过一些数学材料着重叙述各种数学思想和观点.用整数的同余说明如何对事物作数学上的分类(等价关系),用同余类上的四则运算引出抽象的代数结构(环或域),用有理数逼近无理数说明精确和近似的辩证关系,用通信中各种实际问题说明数学模型的意义.以大量具体例子说明数学上的许多概念是如何自然产生和提炼出来的,数学上存在性和构造性证明的价值和区别.我们希望同学们能体会到人们在各种实践活动中的数学思考方式.

最后,我们希望中学生了解整数的各种实际应用.数学是抽象的,它是各种事物共性的高度概括,这也决定了数学应用的广泛性.在古希腊,整数曾经被作为认识世界和哲学思考的基本手段("万物皆数").整数概念是古代人类在生产实践中产生的.随着实践活动的发展和科学技术不断进步,特别是20世纪计算机技术的飞速发展,包括数论在内的整个离散数学成为解决实际问题的重要工具,不断出现的新的实际问题的研究促进了数论的发展(如最近发展起来的计算数论),所以实践永远是数学发展的最根本动力.但是数学的发展还有追求自身完美的内部动力,这在数论中尤为明显.整数概念一旦产生,人们对于整数性质的探讨便世世代代执着地追求下去.费马猜想被众多优秀数学家研究了350年,在解决问题的过程中发展了博大精深的数学理论(代数数论、解析数论……).这些深刻的数学思想和理论一旦得到应用,往往给技术带来巨大的变革.本书最后一章挑选了数论在试验设计和通信工程中的某些应用,用这些实例说明理论和实践的辩证关系.简言之,无论同学们从事什么具体工作,数学的训练,数学知识特别是数学思考方式对于大家的事业与成就都是重要的.

　　数学知识的学习方法和思考方法的掌握是循序渐进的.数学也许是最具有继承性和传统性的一门学问.一年级的数学不好,肯定会影响二年级的成绩;初中数学不好,高中数学也会更加困难.所以数学基础一定要牢固,此外也许老师把数学教得过于机械、死板,用数学倒学生的胃口,或者让同学们做大量重复性的习题,产生厌烦的心理.翻一下这本书,你也许会感到数学与我们日常生活和工作息息相关,数学不是枯燥无味的,而是很活泼的学问.另一方面,数学也是一门严格的学问,要学好数学和掌握数学需要付出艰苦的努力,作者希望通过这本书使同学们对数学产生兴趣,认识到我们不是数学的奴隶,要通过努力变成数学的主人.

　　在21世纪即将到来的时刻,数学的深化和扩展正以从未有过的高速度进行着,数学研究和应用的宏伟事业正等待同学们去完成.

冯克勤
1997年7月
于北京

Newton 公式

刘培杰数学工作室　编

内容简介

如果使用题中所给的对称条件,许多初等数学问题解起来都很简单.本书应用牛顿公式,介绍了怎样利用对称条件解方程组及不等式.

本书适合于准备参加竞赛的学生、数学教师及数学爱好者参考阅读与收藏.

编辑手记

先从编写动机开始. 若干年前的一天,我在天津古文化街的一家名叫阿秋的旧书店中买到了一本吴大任先生的藏书,是德国著名数学家布拉须凯写的微分几何著作. 因为原书是用德语写成的,笔者并不精通,所以只能简单翻看. 在其中居然发现了一个初中常用的数学式子 $x^3 + y^3 + z^3 - 3xyz$. 因为之前笔者有若干年的奥数培训经历,所以就想能否以此为引子,详细介绍一下多元对称多项式,而对称多项式研究的基础就是牛顿公式. 这便是本书名的来历. 借此机会也向中学生介绍一下吴大任先生. 吴大任先生是我国著名数学家,陈省身先生在《吴大任教育与科学文选》(崔国良选编,天津:南开大学出版社,2004

年)一书的序言中对其的评价有两段话:一是,他是数学系(南开大学)最好的学生,姜先生最喜欢他;二是,大任是一个十分聪明的人,有高尚的人格,我深以同学三次(中学、大学、研究生)为幸.

本书的内容是从一个简单的但现行中学数学课本中已删去了的因式分解公式谈起的. 对中学阶段经典内容究竟应保留多少,吴大任先生曾在1982年11月为天津师范大学数学系和天津市数学学会等联合主办的《中等数学》创刊号上撰文指出:数学,特别是中学数学,和别的学科有一点很不相同,那就是它的许多(不是一切)古老的内容,不但至今照样有用,而且构成现代数学的基础. 我觉得,现代数学有以下特点:(1)一些经典内容获得了新的应用,因而有新的发展;(2)由于应用和数学理论内部矛盾的推动,产生了崭新的数学分支;(3)经典数学和现代数学经过高度综合概括和抽象,使不少概念有了新的含义,也产生了新的概念,新的数学结构. 这些情况表明,中学数学教学内容的现代化不能操之过急,不能为了现代化而削弱基本的、必要的经典内容,不能违反青少年的认识规律进行讲授(例如离开直觉,超过感性认识来达到理性认识),还必须考虑教师的条件.

我并不反对中学数学现代化,我只是认为对此要持慎重态度. 其原因主要有两个:一方面,我感到我们中学数学大纲砍掉的经典内容过多,是不恰当的. 除了已经谈过的解析几何,例如反三角函数只讲四个而不讲六个,破坏了三角内容的完整性,而那两个反三角函数仍然是很有用的,在某些场合(例如在求一些初等函数的不定积分时),没有它们就不方便,而讲它们也不费事. 又如一元高次方程的根和系数关系应当是中学生的常识,也不列入大纲. 如果仔细检查,这样的例子还可以举出很多. 另一方面,大约十多年前,许多国家都进行了中学数学现代化的变革,给教学带来了严重困难,还削弱了学生的基本功;过了几年,不得不又改回来,虽不完全是"复旧",也是走了很曲折的道路. 尽管对这个问题的争论至今尚未中止,但他们的经验教训我们应当认真汲取. 这类带根本性的变革,必须以科学的态度,经过试验,然后推广(不能像"学大寨"那样).

现在我们各级学校(包括高等学校)的教学方法普遍存在着的问题不少,如灌输式,如分数贬值,如有些课程自觉或不自觉地鼓励学生死记硬背,使学生知其然,而不知其所以然,等等.这些都妨碍着学生独立工作能力的培养,应当注意改正.

这里只针对中学数学教学谈两点意见.

一点是必须加强对学生运算能力、逻辑表达能力和绘图能力的培养.除了教师要以身作则,要善于引导以外,对学生的练习和试卷都要严格要求,使他们养成一丝不苟、精益求精的作风.即使结果或结论看来正确,如果逻辑条理不好,表达不清楚,绘图不准确,都不能算全对.至于逻辑混乱,绘图错了,更应算作严重错误.教师在评卷时,如果要费尽心思才能猜测出学生的思路,那个解答就不合要求.这样做自然要降低成绩,但只有这样,分数才没有水分,才不会出现贬值现象.实际上,过多的"优秀"成绩是不合规律的,对教者、学者都没有好处,会使他们自我陶醉,不求提高.

另一点意见是,必须大力克服题海战术现象.学数学就必须做足够的练习,包括一些较难的题在内,这是毫无疑义的,多做些综合题也是有益的,其中的道理人人都了解.对于学习能力强,有余力、有兴趣多做题,甚至于做一些难题的学生,我们也不要阻止他们那样做.但是,绝不能勉强所有学生都去做那么多的重复题、难题和偏题.这种题海战术不必要地增加了学生的负担,在他们思想上形成压力,影响他们对学习数学的兴趣(他们不能充分享受做出数学题的乐趣,不能欣赏数学这门科学的精髓),会使一部分学生对学好数学丧失信心.人们常常把数学课作为中小学学生负担过重,健康下降的罪魁祸首,我要为数学课鸣不平.造成负担过重的,在数学方面,主要是题海战术的做法.我以为与其花大量时间去搞题海战术,远远不如把时间用于让学生学到更多的数学知识和方法.

概括起来就两点:老内容要讲,新内容也要讲,而这正是本书的主题.

吴大任先生这本藏书是德文的.本来吴先生是留英的.1933年夏,中英庚款会招考留英学生,有数学一科,吴先生去应试,因其学业优秀,自然一考即中.于是他去了伦敦大学留学.

等到了 1934 年，陈省身被清华选送去德国汉堡大学留学. 汉堡大学是第一次世界大战后成立的大学，数学实力极强. 陈先生的老师是德国最好的几何学家 W. Blaschke. 当陈省身先生将这一情况告诉了吴大任先生后，吴大任先生竟决定由伦敦大学转学到汉堡大学.

他在汉堡大学的研究十分成功. 他写了两篇关于椭圆空间的积分几何的论文都发表在德国重要的数学杂志 *Mathematische Zeitschrift* 上. 据陈先生讲这两篇文章足可作为他的博士论文. 他到汉堡大学时未注册，但有 Blaschke 的支持，必可完成博士学位，可惜他坚持按期回国，便把博士学位放弃了. 而笔者所见到的这一书也正是 Blaschke 的. 因为书上有吴先生的藏书印，所以旧书店老板坚持索要高价. 历时 4 年讨价还价，终于购到手中.

A. C. Banerjee 曾说：数学的教学质量是几个变量的函数，即

$$T = T(S,B,C,M,R,E,\cdots)$$

其中 S 是教学要点的恰当性，B 是选作阅读用的书籍，C 是教员的能力，M 是教学方法，R 是学生的接受能力，E 是考试制度，等等. 为了全面地改进 T，必须恰当地改进 T 所依赖的所有要素.

所有要素很难全都改进，我们就先改变 B.

这是一个初高中都会遇到的一个公式. 先举几个初中数学的例子.

例 1　令 x,y,z 是不同的实数，证明

$$\sqrt[3]{x-y} + \sqrt[3]{y-z} + \sqrt[3]{z-x} \neq 0$$

证明　恒等式

$$a^3 + b^3 + c^3 - 3abc$$
$$= (a+b+c)(a^2+b^2+c^2-ab-bc-ca)$$

此恒等式可用两种方法计算以下行列式，得出

$$D = \begin{vmatrix} a & b & c \\ c & a & b \\ b & c & a \end{vmatrix}$$

第 1 种方法是用 Sarrus 法则展开行列式，第 2 种方法是把所有的列加到第 1 列，提取公因式，然后展开剩下的行列式. 注意，

这个恒等式还可改写为
$$a^3 + b^3 + c^3 - 3abc$$
$$= \frac{1}{2}(a+b+c)[(a-b)^2 + (b-c)^2 + (c-a)^2]$$
回到本题,设相反,令
$$\sqrt[3]{x-y} = a, \sqrt[3]{y-z} = b, \sqrt[3]{z-x} = c$$
由假设 $a+b+c=0$,从而 $a^3+b^3+c^3 = 3abc$. 但这蕴涵
$$0 = (x-y) + (y-z) + (z-x)$$
$$= 3\sqrt[3]{x-y}\sqrt[3]{y-z}\sqrt[3]{z-x} \neq 0$$
因为各数不同,所得的矛盾证明了我们的假设不成立,因此和不是零.

在柯召、孙琦先生的《初等数论100例》中曾给出不定方程
$$x^3 + y^3 + z^3 = x + y + z = 3 \qquad ①$$
仅有4组整数解
$$(x,y,z) = (1,1,1), (-5,4,4), (4,-5,4), (4,4,-5)$$
的证明. 江苏省海安县双楼初级中学的薛锁英、李娜两位老师2012年将这一问题进一步深化,得到方程①有理数解的通式. 利用的基本公式即为本书开头所提到的公式.

命题1 方程①的全部有理数解表示为
$$x = y = z = 1$$
和
$$(x,y,z) = \left(3 - \frac{2p^2}{qr}, 3 - \frac{2q^2}{pr}, 3 - \frac{2r^2}{pq}\right) \qquad ②$$
其中,p,q,r 为非零整数,$p+q+r = 0$.

证明 首先讨论方程组
$$\begin{cases} x+y+z = 3w \\ x^3+y^3+z^3 = 3w^3 \end{cases} \qquad ③$$
的实数解.

令 $x = w-p, y = w-q, z = w-r$,代入方程组③并化简得
$$\begin{cases} p+q+r = 0 \\ 3(p^2+q^2+r^2)w - (p^3+q^3+r^3) = 0 \end{cases} \qquad ④$$
其中,p,q,r 为实数.

由方程组③的对称性,我们设定 p,q,r 的值互换时,由

150

$$x = w - p, y = w - q, z = w - r$$
得到的不同数组 (x, y, z) 视为同一组解.

又因为 $p + q + r = 0$,所以,p, q, r 的值仅需讨论以下三种情形.

(1) 当 $p = q = r = 0$ 时,得
$$x = y = z = w$$

(2) 当 $p = 0, q \neq 0, r \neq 0$ 时,$x = w$,方程组③变为
$$\begin{cases} y + z = 2w & \text{⑤} \\ y^3 + z^3 = 2w^3 & \text{⑥} \end{cases}$$

⑤³ - ⑥ 得
$$3yz(y + z) = 6w^3 \qquad \text{⑦}$$

(ⅰ) 当 $w = 0$ 时,$x = 0$.
由方程⑤⑥易得 $y = -z$.
故 $(x, y, z) = (0, -k, k)$.

(ⅱ) 当 $w \neq 0$ 时,由方程⑤⑦得
$$yz = \frac{6w^3}{3(y+z)} = w^2$$
$$\Rightarrow (y - z)^2 = (y + z)^2 - 4yz = 0$$
$$\Rightarrow y = z \Rightarrow x = y = z = w$$

此时,$p = q = r = 0$.

同(1) 的情形.

(3) 当 $p \neq 0, q \neq 0, r \neq 0$ 时,由方程组④的第二个式子得
$$w = \frac{p^3 + q^3 + r^3}{3(p^2 + q^2 + r^2)}$$

由
$$p^3 + q^3 + r^3 - 3pqr$$
$$= (p + q + r)(p^2 + q^2 + r^2 - pq - qr - rp) = 0$$
$$p^2 + q^2 + r^2$$
$$= (p + q + r)^2 - 2(pq + qr + rp)$$
$$= -2(pq + qr + rp)$$

故
$$w = \frac{p^3 + q^3 + r^3}{3(p^2 + q^2 + r^2)} = -\frac{pqr}{2(pq + qr + rp)}$$

显然
$$w \neq 0$$
故
$$x = w - p = w\left(1 - \frac{p}{w}\right)$$
$$= w\left[1 + \frac{2(pq + qr + rp)}{qr}\right]$$
$$= w\left[3 + \frac{2p(q + r)}{qr}\right] = w\left(3 - \frac{2p^2}{qr}\right)$$

同理
$$y = w\left(3 - \frac{2q^2}{pr}\right), z = w\left(3 - \frac{2r^2}{pq}\right)$$

则方程组 ③ 中 x, y, z, w 有解

$$\begin{cases} w = -\dfrac{pqr}{2(pq + qr + rp)} \\ x = w\left(3 - \dfrac{2p^2}{qr}\right) \\ y = w\left(3 - \dfrac{2q^2}{pr}\right) \\ z = w\left(3 - \dfrac{2r^2}{pq}\right) \end{cases} \quad ⑧$$

综上,当 $w \neq 0$ 时,方程组 ③ 变为
$$\frac{x}{w} + \frac{y}{w} + \frac{z}{w} = \left(\frac{x}{w}\right)^3 + \left(\frac{y}{w}\right)^3 + \left(\frac{z}{w}\right)^3 = 3$$

故方程 ① 的全部实数解表示为
$$x = y = z = 1$$
及
$$x = 3 - \frac{2p^2}{qr}, y = 3 - \frac{2q^2}{pr}, z = 3 - \frac{2r^2}{pq}$$

接下来证明:式 ② 中 x, y, z 为有理数的充要条件是 $\dfrac{p}{q}, \dfrac{p}{r}, \dfrac{q}{p}, \dfrac{q}{r}, \dfrac{r}{p}, \dfrac{r}{q}$ 为有理数.

充分性.

若 $\dfrac{p}{q}, \dfrac{p}{r}, \dfrac{q}{p}, \dfrac{q}{r}, \dfrac{r}{p}, \dfrac{r}{q}$ 为有理数,易得

$$x = 3 - \frac{2p^2}{qr} = 3 - 2 \times \frac{p}{q} \times \frac{p}{r}$$

$$y = 3 - \frac{2q^2}{pr} = 3 - 2 \times \frac{q}{p} \times \frac{q}{r}$$

$$z = 3 - \frac{2r^2}{pq} = 3 - 2 \times \frac{r}{p} \times \frac{r}{q}$$

均为有理数.

必要性.

若 x, y, z 为有理数,由式 ② 知

$$\frac{p^2}{qr} = \frac{3-x}{2}, \frac{q^2}{pr} = \frac{3-y}{2}$$

故 $\left(\frac{p}{q}\right)^3 = \frac{3-x}{3-y}$ 为有理数.

令 $\left(\frac{p}{q}\right)^3 = \frac{A}{B}(A, B$ 为整数$)$,则 $\frac{p}{q} = \sqrt[3]{\frac{A}{B}}$.

同理,令 $\frac{r}{q} = \sqrt[3]{\frac{C}{D}}(C, D$ 为整数$)$,则

$$p + q + r = q\sqrt[3]{\frac{A}{B}} + q + q\sqrt[3]{\frac{C}{D}}$$

$$= q\left(1 + \sqrt[3]{\frac{A}{B}} + \sqrt[3]{\frac{C}{D}}\right) = 0$$

因为 $q \neq 0$,所以

$$\sqrt[3]{\frac{A}{B}} + \sqrt[3]{\frac{C}{D}} = -1 \qquad ⑨$$

又

$$\left(\sqrt[3]{\frac{A}{B}} + \sqrt[3]{\frac{C}{D}}\right)^3$$

$$= \frac{A}{B} + \frac{C}{D} + 3\sqrt[3]{\frac{A}{B}}\sqrt[3]{\frac{C}{D}}\left(\sqrt[3]{\frac{A}{B}} + \sqrt[3]{\frac{C}{D}}\right)$$

$$= \frac{A}{B} + \frac{C}{D} - 3\sqrt[3]{\frac{A}{B}}\sqrt[3]{\frac{C}{D}} = -1$$

故

$$\sqrt[3]{\frac{A}{B}}\sqrt[3]{\frac{C}{D}} = \frac{1}{3}\left(\frac{A}{B} + \frac{C}{D} + 1\right) \qquad ⑩$$

式⑨⑩表明，$\sqrt[3]{\dfrac{A}{B}}$，$\sqrt[3]{\dfrac{C}{D}}$ 为二次有理方程

$$x^2 + x + \dfrac{1}{3}\left(\dfrac{A}{B} + \dfrac{C}{D} + 1\right) = 0$$

的两个共轭根 $\dfrac{-1 \pm \sqrt{\Delta}}{2}$，其中

$$\Delta = 1 - \dfrac{4}{3}\left(\dfrac{A}{B} + \dfrac{C}{D} + 1\right)$$

令

$$\sqrt[3]{\dfrac{A}{B}} = \dfrac{-1 + \sqrt{\Delta}}{2}$$

$$\sqrt[3]{\dfrac{C}{D}} = \dfrac{-1 - \sqrt{\Delta}}{2}$$

则

$$\dfrac{A}{B} = \left(\dfrac{-1 + \sqrt{\Delta}}{2}\right)^3 = \dfrac{-1 - 3\Delta + (3 + \Delta)\sqrt{\Delta}}{8}$$

$$\dfrac{C}{D} = \left(\dfrac{-1 - \sqrt{\Delta}}{2}\right)^3 = \dfrac{-1 - 3\Delta - (3 + \Delta)\sqrt{\Delta}}{8}$$

由以上两式中 $\dfrac{A}{B}$，$\dfrac{C}{D}$，Δ 均为有理数，易知，$\sqrt{\Delta}$ 也为有理数.

所以，$\dfrac{p}{q}$，$\dfrac{r}{q}$ 也为有理数.

同理，$\dfrac{p}{r}$，$\dfrac{q}{r}$，$\dfrac{q}{p}$，$\dfrac{r}{p}$ 均为有理数.

因此，存在非零整数 p, q, r，满足式②为方程①的所有有理数解（除显然解 $x = y = z = 1$）.

命题 1 成立.

当 $(p, q, r) = (1, 1, -2)$ 或 $(-1, -1, 2)$ 时，由

$$x = 3 - \dfrac{2p^2}{qr}, y = 3 - \dfrac{2q^2}{pr}, z = 3 - \dfrac{2r^2}{pq}$$

知 x, y, z 有唯一的整数解 $(4, 4, -5)$.

由上述证明易得如下命题.

命题 2 不定方程组
$$\begin{cases} x + y + z = 3w \\ x^3 + y^3 + z^3 = 3w^3 \end{cases}$$
整数解的通式为：

(1) $x = y = z = w$；

(2) 当 $w = 0$ 时

$$x = 0, y = -z$$

或

$$y = 0, x = -z$$

或

$$z = 0, x = -y$$

(3) 当 $w \neq 0$ 时，有

$$x = k\left(\frac{3pqr}{2} - p^3\right), y = k\left(\frac{3pqr}{2} - q^3\right)$$

$$z = k\left(\frac{3pqr}{2} - r^3\right), w = \frac{kpqr}{2}$$

其中，k, p, q, r 为非零整数，$p + q + r = 0$.

例 2 设实数 x, y, z 满足

$$x^3 + y^3 + z^3 = x + y + z = 3$$

证明

$$\sqrt[3]{(3-x)(3-y)(3-z)} = 2$$

$$\sqrt[3]{3-x} + \sqrt[3]{3-y} + \sqrt[3]{3-z} = 0 \text{ 或 } 3\sqrt[3]{2}$$

证明 因为

$$(3-x)(3-y)(3-z)$$

$$= (y+z)(x+z)(x+y)$$

$$= \frac{(x+y+z)^3 - (x^3+y^3+z^3)}{3} = 8$$

所以

$$\sqrt[3]{(3-x)(3-y)(3-z)} = 2$$

在命题 1 的证明中，得到了方程 ① 仅有两类实数解.

(1) $x = 3 - \frac{2p^2}{qr}, y = 3 - \frac{2q^2}{pr}, z = 3 - \frac{2r^2}{pq}$，其中，$p + q + r = 0, p, q, r$ 为非零实数. 易得

$$\sqrt[3]{3-x} + \sqrt[3]{3-y} + \sqrt[3]{3-z}$$
$$= \sqrt[3]{\frac{2p^2}{qr}} + \sqrt[3]{\frac{2q^2}{pr}} + \sqrt[3]{\frac{2r^2}{pq}}$$
$$= \sqrt[3]{\frac{2}{pqr}}(p+q+r) = 0$$

（2）由 $x = y = z = 1$，易得
$$\sqrt[3]{3-x} + \sqrt[3]{3-y} + \sqrt[3]{3-z} = 3\sqrt[3]{2}$$

例3 设实数 x,y,z 满足
$$\sqrt[3]{(3-x)(3-y)(3-z)} = 2$$
$$\sqrt[3]{3-x} + \sqrt[3]{3-y} + \sqrt[3]{3-z} = 0$$

证明
$$x^3 + y^3 + z^3 = x + y + z = 3$$

证明 设
$$a = \sqrt[3]{3-x}, b = \sqrt[3]{3-y}, c = \sqrt[3]{3-z}$$

则
$$a^3 + b^3 + c^3$$
$$= (a+b+c)(a^2+b^2+c^2-ab-bc-ca) + 3abc$$

即
$$x + y + z = 3$$

又
$$\sqrt[3]{(3-x)(3-y)(3-z)} = 2$$
$$\Leftrightarrow \sqrt[3]{(y+z)(x+z)(x+y)} = 2$$
$$\Leftrightarrow (y+z)(x+z)(x+y) = 8$$

故
$$x^3 + y^3 + z^3$$
$$= (x+y+z)^3 - 3(y+z)(x+z)(x+y)$$
$$= 27 - 24 = 3$$

例4 设整数 x,y,z,w 满足不定方程组
$$\begin{cases} x+y+z = 3w \\ x^3+y^3+z^3 = 3w^3 \end{cases}$$

其中，$w \neq 0$. 证明：$w \mid xyz$.

证明 由命题2，当 $w \neq 0$ 时，不定方程组的解仅有两类：

(1) $x = y = z = w$,易知,$w \mid xyz$.

(2) $x = k\left(\dfrac{3pqr}{2} - p^3\right)$, $y = k\left(\dfrac{3pqr}{2} - q^3\right)$, $z = k\left(\dfrac{3pqr}{2} - r^3\right)$, $w = \dfrac{kpqr}{2}$.

由此只须考虑本原解
$$x = \dfrac{3pqr}{2} - p^3, y = \dfrac{3pqr}{2} - q^3$$
$$z = \dfrac{3pqr}{2} - r^3, w = \dfrac{pqr}{2}$$

的情形,其中,p,q,r 两两互质,且 $p + q + r = 0$,p,q,r 为两奇一偶.

故
$$xyz = \left(\dfrac{3pqr}{2} - p^3\right)\left(\dfrac{3pqr}{2} - q^3\right)\left(\dfrac{3pqr}{2} - r^3\right)$$
$$= pqr\left(\dfrac{3qr}{2} - p^2\right)\left(\dfrac{3pr}{2} - q^2\right)\left(\dfrac{3pq}{2} - r^2\right)$$

易见,$2\left(\dfrac{3qr}{2} - p^2\right)\left(\dfrac{3pr}{2} - q^2\right)\left(\dfrac{3pq}{2} - r^2\right)$ 为整数.

因此,$\dfrac{pqr}{2} \mid xyz$,即 $w \mid xyz$.

例 5(2014 年全国初中数学联合竞赛(第二试 A 卷)) 设 n 为整数. 若存在整数 x,y,z 满足 $n = x^3 + y^3 + z^3 - 3xyz$,则称 n 具有性质 P.

在 $1,5,2\,013,2\,014$ 这四个数中,哪些数具有性质 P,哪些数不具有性质 P? 说明理由.

解 取 $x = 1, y = z = 0$,得
$$1 = 1^3 + 0^3 + 0^3 - 3 \times 1 \times 0 \times 0$$
于是,1 具有性质 P.

取 $x = y = 2, z = 1$,得
$$5 = 2^3 + 2^3 + 1^3 - 3 \times 2 \times 2 \times 1$$
因此,5 具有性质 P.

接下来考虑具有性质 P 的数.

记 $f(x,y,z) = x^3 + y^3 + z^3 - 3xyz$,则

$$\begin{aligned}f(x,y,z) &= (x+y)^3 + z^3 - 3xy(x+y) - 3xyz \\ &= (x+y+z)^3 - 3z(x+y)(x+y+z) - \\ &\quad 3xy(x+y+z) \\ &= (x+y+z)^3 - 3(x+y+z)(xy+yz+zx) \\ &= \frac{1}{2}(x+y+z)(x^2+y^2+z^2-xy-yz-zx) \\ &= \frac{1}{2}(x+y+z)[(x-y)^2+(y-z)^2+(z-x)^2]\end{aligned}$$

即

$$f(x,y,z) = \frac{1}{2}(x+y+z)[(x-y)^2+(y-z)^2+(z-x)^2]$$

不妨设 $x \geqslant y \geqslant z$.

若 $x-y=1, y-z=0, x-z=1$,即

$$x = z+1, y = z$$

则

$$f(x,y,z) = 3z+1$$

若 $x-y=0, y-z=1, x-z=1$,即

$$x = y = z+1$$

则

$$f(x,y,z) = 3z+2$$

若 $x-y=1, y-z=1, x-z=2$,即

$$x = z+2, y = z+1$$

则

$$f(x,y,z) = 9(z+1)$$

由此知形如 $3k+1$ 或 $3k+2$ 或 $9k(k \in \mathbf{Z})$ 的数均具有性质 P.

因此,$1, 5, 2\,014$ 均具有性质 P.

若 $2\,013$ 具有性质 P,则存在整数 x, y, z,使得

$$2\,013 = (x+y+z)^3 - 3(x+y+z)(xy+yz+zx)$$

注意到,$3 \mid 2\,013$,则

$$3 \mid (x+y+z)^3$$
$$\Rightarrow 3 \mid (x+y+z)$$

$\Rightarrow 9 \mid [(x+y+z)^3 - 3(x+y+z)(xy+yz+zx)]$
$\Rightarrow 9 \mid 2\ 013$

但 $2\ 013 = 9 \times 223 + 6$,矛盾.

从而,2 013 不具有性质 P.

例 6(2014 年全国初中数学联合竞赛(第二试 B 卷)) 设 n 为整数. 若存在整数 x,y,z 满足
$$n = x^3 + y^3 + z^3 - 3xyz$$
则称 n 具有性质 P.

(1) 试判断 1,2,3 是否具有性质 P;

(2) 在 $1,2,\cdots,2\ 014$ 这 2 014 个连续整数中,不具有性质 P 的数有多少个?

解 (1) 取 $x = 1, y = z = 0$,得
$$1 = 1^3 + 0^3 + 0^3 - 3 \times 1 \times 0 \times 0$$
于是,1 具有性质 P.

取 $x = y = 1, z = 0$,得
$$2 = 1^3 + 1^3 + 0^3 - 3 \times 1 \times 1 \times 0$$
于是,2 具有性质 P.

若 3 具有性质 P,则存在整数 x,y,z,使得
$3 = (x+y+z)^3 - 3(x+y+z)(xy+yz+zx)$
$\Rightarrow 3 \mid (x+y+z)^3 \Rightarrow 3 \mid (x+y+z)$
$\Rightarrow 9 \mid [(x+y+z)^3 - 3(x+y+z)(xy+yz+zx)]$
$\Rightarrow 9 \mid 3$

这是不可能的.

因此,3 不具有性质 P.

(2) 记 $f(x,y,z) = x^3 + y^3 + z^3 - 3xyz$,则
$$\begin{aligned}f(x,y,z) &= (x+y)^3 + z^3 - 3xy(x+y) - 3xyz \\ &= (x+y+z)^3 - 3z(x+y)(x+y+z) - \\ & \quad 3xy(x+y+z) \\ &= (x+y+z)^3 - 3(x+y+z)(xy+yz+zx) \\ &= \frac{1}{2}(x+y+z)(x^2+y^2+z^2-xy-yz-zx) \\ &= \frac{1}{2}(x+y+z)[(x-y)^2+(y-z)^2+(z-x)^2]\end{aligned}$$

即
$$f(x,y,z) = \frac{1}{2}(x+y+z)[(x-y)^2 + (y-z)^2 + (z-x)^2]$$

不妨设 $x \geqslant y \geqslant z$.

若 $x-y=1, y-z=0, x-z=1$,即
$$x = z+1, y = z$$
则
$$f(x,y,z) = 3z+1$$

若 $x-y=0, y-z=1, x-z=1$,即
$$x = y = z+1$$
则
$$f(x,y,z) = 3z+2$$

若 $x-y=1, y-z=1, x-z=2$,即
$$x = z+2, y = z+1$$
则
$$f(x,y,z) = 9(z+1)$$

由此知形如 $3k+1$ 或 $3k+2$ 或 $9k(k \in \mathbf{Z})$ 的数均具有性质 P.

注意到
$$f(x,y,z) = (x+y+z)^3 - 3(x+y+z)(xy+yz+zx)$$
若 $3 \mid f(x,y,z)$,则
$$3 \mid (x+y+z)^3 \Rightarrow 3 \mid (x+y+z)$$
$$\Rightarrow 9 \mid f(x,y,z)$$

综上,当且仅当 $n=9k+3$ 或 $n=9k+6(k \in \mathbf{Z})$ 时,整数 n 不具有性质 P.

因为 $2\,014 = 9 \times 223 + 7$,所以,在 $1,2,\cdots,2\,014$ 这 $2\,014$ 个连续整数中,不具有性质 P 的数共有 $224 \times 2 = 448$(个).

再举一个高中数学中的例子.

例 7(2014 年全国高中数学联赛河南赛区预赛(高二)) 方程 $x^3 + y^3 - 3xy + 1 = 0$ 的非负实数解为_____.

解 $x = y = 1$.

令 $x = 1+\delta_1, y = 1+\delta_2(\delta_1, \delta_2 \geqslant -1)$,则
$$x^3 + y^3 - 3xy + 1$$

$$= (1+\delta_1)^3 + (1+\delta_2)^3 - 3(1+\delta_1)(1+\delta_2) + 1$$
$$= (\delta_1 + \delta_2 + 3)(\delta_1^2 - \delta_1\delta_2 + \delta_2^2) = 0$$

但 $\delta_1 + \delta_2 + 3 > 0$,于是
$$\delta_1^2 - \delta_1\delta_2 + \delta_2^2 = 0 \Rightarrow \delta_1 = \delta_2 = 0$$
$$\Rightarrow x = y = 1$$

例 8(本题由美国达拉斯大学的 Titu Andressen 提供) 解实数方程
$$6^x + 1 = 8^x - 27^{x-1}$$

解 假设 $a = 1, b = -2^x, c = 3^{x-1}$,然后原方程将通过假设变为
$$a^3 + b^3 + c^3 - 3abc = 0$$

根据公式
$$a^3 + b^3 + c^3 - 3abc$$
$$= (a+b+c)(a^2 + b^2 + c^2 - ab - bc - ac)$$

当且仅当 $a = b = c$ 时,上式右边的第二项等于零,由本题的已知条件知,假设不成立,因此 $a + b + c = 0$ 等价于
$$1 - 2^x + 3^{x-1} = 0$$

解得
$$3^{x-1} - 2^{x-1} = 2^{x-1} - 1$$

设题中每个 x 满足 $f(t) = t^{x-1}, t > 0$. 由拉格朗日定理知,当 $\alpha \in (2,3)$ 且 $\beta \in (1,2)$ 时
$$\begin{cases} f(3) - f(2) = f'(\alpha) \\ f(2) - f(1) = f'(\beta) \end{cases}$$

因为 $f'(t) = (x-1)t^{x-2}$,我们可得
$$(x-1)\alpha^{x-2} = (x-1)\beta^{x-2}$$

这表明 $x = 1$ 或 $x = 2$.

注:$x = 1$,因为 $\alpha \neq \beta$.

例 9 证明
$$\sqrt[3]{\cos\frac{2\pi}{7}} + \sqrt[3]{\cos\frac{4\pi}{7}} + \sqrt[3]{\cos\frac{8\pi}{7}} = \sqrt[3]{\frac{1}{2}(5 - 3\sqrt[3]{7})}$$

证明 我们要求出多项式,使它们的零点是上式左边三项. 简化问题,暂时不考虑立方根. 在此情形下,要求多项式,使

它们的零点是 $\cos\dfrac{2\pi}{7},\cos\dfrac{4\pi}{7},\cos\dfrac{8\pi}{7}$.考虑了7次单位根.除了我们忽略的 $x=1$,还有方程 $x^6+x^5+x^4+x^3+x^2+x+1=0$ 的各根,它们是 $\cos\dfrac{2k\pi}{7}+\mathrm{i}\sin\dfrac{2k\pi}{7},k=1,2,\cdots,6$.我们看出 $2\cos\dfrac{2\pi}{7},2\cos\dfrac{4\pi}{7}$ 与 $2\cos\dfrac{8\pi}{7}$ 具有形式 $x+\dfrac{1}{x}$,其中 x 是这些根之一.

若定义 $y=x+\dfrac{1}{x}$,则
$$x^2+\frac{1}{x^2}=y^2-2$$
$$x^3+\frac{1}{x^3}=y^3-3y$$

把方程 $x^6+x^5+x^4+x^3+x^2+x+1=0$ 除以 x^3,代入 y 值,得三次方程
$$y^3+y^2-2y-1=0$$
的三个根为 $2\cos\dfrac{2\pi}{7},2\cos\dfrac{4\pi}{7},2\cos\dfrac{8\pi}{7}$.完成了较简单的一步.

但是,问题是要求这些数的立方根之和.看对称多项式,有
$$X^3+Y^3+Z^3-3XYZ$$
$$=(X+Y+Z)^3-3(X+Y+Z)(XY+YZ+ZX)$$

与
$$X^3Y^3+Y^3Z^3+Z^3X^3-3(XYZ)^2$$
$$=(XY+YZ+XZ)^3-3XYZ(X+Y+Z)(XY+YZ+ZX)$$

因 X^3,Y^3,Z^3 是方程 $y^3+y^2-2y-1=0$ 的根,故由 Viète 关系式,得 $X^3Y^3Z^3=1$,从而 $XYZ=\sqrt[3]{1}=1$,也有
$$X^3+Y^3+Z^3=-1$$
$$X^3Y^3+X^3Z^3+Y^3Z^3=-2$$

在以上两个等式中,我们知道了等式左边变为含未知数 $u=X+Y+Z$ 与 $v=XY+YZ+ZX$ 的两个方程的方程组,即
$$u^3-3uv=-4$$
$$v^3-3uv=-5$$

记两个方程为 $u^3=3uv-4$ 与 $v^3=3uv-5$,把它们相乘,得

$$(uv)^3 = 9(uv)^2 - 27uv + 20$$

用代换 $m = uv$，上式变为

$$m^3 - 9m^2 + 27m - 20 = 0$$

或

$$(m-3)^3 + 7 = 0$$

此方程有唯一解 $m = 3 - \sqrt[3]{7}$. 因此

$$u = \sqrt[3]{3m - 4}$$
$$= \sqrt[3]{5 - 3\sqrt[3]{7}}$$

我们断定

$$\sqrt[3]{\cos\frac{2\pi}{7}} + \sqrt[3]{\cos\frac{4\pi}{7}} + \sqrt[3]{\cos\frac{8\pi}{7}}$$
$$= X + Y + Z = \frac{1}{\sqrt[3]{2}}u$$
$$= \sqrt[3]{\frac{1}{2}(5 - 3\sqrt[3]{7})}$$

这正是要求的.

从一道初中数学中的因式分解问题出发引申出几乎所有的对称多项式的内容，对于中学师生来讲似乎有些高配. 但中学教师就是应该高配的，无论是知识还是学历都应如此.

《清华暑期周刊》1934 年第 3/4 期刊登了一篇《得其所哉》的文章，对西洋文学系 9 位研究生的毕业出路做了如下报道：

施闳诰：上海立达学院英文教员；
武崇汉：保定培德中学英文教员；
左登金：绥远省立第一中学英文教员；
季美林：山东省立第一中学国文教员；
何凤元：天津扶轮中学英文教员；
王岷源：投考本校研究院；
陈光泰：投考本校研究院；
崔金荣：河北省立第四中学英文教员；
尤炳圻：赴日留学.

从报道中可见 9 位当时中国顶级学校的顶级专业的研究生竟有 5 人到中学去当教师.这真是中国教育史上的一件幸事.今日之中国如能再现则学生幸甚,国家幸甚!

刘培杰

2017.7.16

于哈工大

Ramsey 定理

刘培杰数学工作室　编译

内容简介

本书主要介绍了拉姆塞的基本理论,拉姆塞数,并论述了组合学家、图论学家、概率学家、计算机专家眼中的拉姆塞定理及拉姆塞数,最后讨论了拉姆塞定理的应用与未来.

本书可供从事这一数学分支相关学科的数学工作者、大学生以及数学爱好者研读.

编辑手记

先介绍一下书名中的人物：

拉姆塞(Ramsey),英国人.1903 年 2 月 22 日出生.曾在剑桥大学工作.1930 年 1 月 19 日逝世.

拉姆塞在组合论、数理逻辑以及代数曲线论等方面做出了贡献.在组合论中有以他的名字命名的定理.他是罗素的学生,是数学基础的逻辑主义派的支持者.他在1926年的著作中发展了怀特海与罗素的思想.他曾设计"简单类型论",企图代替和改进罗素提出的"分支类型论".近来研究者认为前者还不如后者.这一问题至今仍是数理逻辑的一个重要课题.

在许多数学之外的领域也有相应的拉姆塞理论.比如经济

学和财政学中的有关税收问题.拉姆塞是一个天才,但中国有句古语叫"天妒英才",拉姆塞在 27 岁那年因为一个小病意外死亡.但他留下的以其名字命名的定理则足够人类忙乎一个世纪.

拉姆塞理论是组合学中的困难分支,它聚集的结果证明了,在充分大的集合分成固定个数的子集时,一个子集有确定的性质.求怎样大集合的精确界限是真正困难的问题,在大多数情形下不能回答.

这个领域的起源是拉姆塞定理,它指出,对每对正整数(p,q),有最小整数$R(p,q)$,现在称为拉姆塞数,使得当完全图的边染上红色与蓝色时,或者有完全子图,它有 p 个顶点,边都是红色的,或者有完全子图,它有 q 个顶点,边都是蓝色的.(回忆完全图是无定向图,其中任何两个顶点用边联结起来.)

下面举两个拉姆塞理论的简单问题.

例 1 证明:若平面上的点染上黑色或白色,则存在一个三角形,它的顶点染上相同颜色.

证明 设存在一个构形,它没有构成一个单色的等边三角形.

从同色的两点开始,例如黑色,不失一般性,可设它们是$(1,0)$与$(-1,0)$,则$(0,\sqrt{3})$与$(0,-\sqrt{3})$一定都是白色.因此$(2,0)$是黑色,从而$(1,\sqrt{3})$是白色.于是,一方面$(1,2\sqrt{3})$不能是黑色,另一方面它也不能是白色,这是矛盾.因此得出结论.这个证明容易从图 1 中推出.

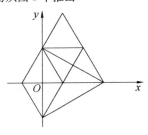

图 1

我们再选出一个 2000 年贝拉卢斯数学奥林匹克的问题,许多教练员都特别喜欢这道题,因为解法包含了组合学与数论之间的相互作用.

例2 令 $M = \{1,2,\cdots,40\}$. 求最小的正整数 n,对这个 n,不能分 M 为 n 个不相交子集,使得当 a,b,c(不一定不同)在相同子集中时,$a \neq b + c$.

解 我们将证明 $n = 4$. 首先设能分 M 为三个这样的集合 X,Y,Z. 技巧:按它们基数递减顺序把集合排列为
$$|X| \geq |Y| \geq |Z|$$

令 $x_1, x_2, \cdots, x_{|X|}$ 是 X 按递增顺序的元素. 这些数与差 $x_i - x_1$, $i = 1,2,\cdots,|X|$ 一起,一定都是 M 的不同元素. 总共有 $2|X| - 1$ 个这样的数,意思是 $2|X| - 1 \leq 40$ 或 $|X| \leq 20$,又有
$$3|X| \geq |X| + |Y| + |Z| = 40$$
从而 $|X| \geq 14$.

在 $X \times Y$ 中有 $|X| \cdot |Y| \geq |X| \cdot \frac{1}{2}(40 - |X|)$ 对,每对中各数之和至少是 2,至多是 80,总共是 79 个可能值. 因
$$14 \leq |X| \leq 20$$
函数 $f(t) = \frac{1}{2}t(40 - t)$ 在区间 $[14,20]$ 中是凹的,故有
$$\frac{|X|(40 - |X|)}{2} \geq \min\left\{\frac{14 \cdot 26}{2}, \frac{20 \cdot 20}{2}\right\}$$
$$= 182 > 2 \cdot 79$$

可用鸽笼原理求不同的 3 对 $(x_1,y_1), (x_2,y_2), (x_3,y_3) \in X \times Y$,其中 $x_1 + y_1 = x_2 + y_2 = x_3 + y_3$.

若任何的 x_i 相等,则对应的 y_i 也相等,这不可能,因为各对 (x_i,y_i) 不同. 不失一般性,于是可设
$$x_1 < x_2 < x_3$$
对 $1 \leq j < k \leq 3$,值 $x_k - x_j$ 在 M 中,但不在 X 中,因为否则
$$x_j + (x_k - x_j) = x_k$$
类似的,对 $1 \leq j < k \leq 3$,有 $y_j - y_k \notin Y$. 因此三个公差
$$x_2 - x_1 = y_1 - y_2$$
$$x_3 - x_2 = y_2 - y_3$$
$$x_3 - x_1 = y_1 - y_3$$

在 $M\backslash(X\cup Y)Z$ 中. 但是设
$$a = x_2 - x_1, b = x_3 - x_2, c = x_3 - x_1$$
有 $a+b=c$, 其中 $a,b,c \in Z$, 矛盾.

因此不能分 M 为有要求性质的 3 个集合. 我们来证明这可对 4 个集合完成. 问题是如何安排这 40 个数.

以基 3 把数记为 $\cdots a_i \cdots a_3 a_2 a_1$, 其中只有有限多个数字不为 0. 用归纳法建立集合 $A_1, A_2, A_3, \cdots$ 如下. A_1 由有 $a_1 = 1$ 的所有数组成. 对 $k > 1$, 集合 A_k 由有 $a_k = 0$ 的所有数组成, $a_k = 0$ 已经不与有 $a_k = 1, a_i = 0 (i < k)$ 的数一起放在另一个集合中. 另一种描述是, A_k 由这样的数组成, 它们与区间 $(\frac{1}{2}3^{k-1}, 3^{k-1}]$ 中的某个整数对模 3^k 同余. 对我们的问题

$$A_1 = \{1, 11, 21, 101, 111, 121, 201, 211, 221,$$
$$1\,001, 1\,011, 1\,021, 1\,101, 1\,111\}$$
$$A_2 = \{2, 10, 102, 110, 202, 210,$$
$$1\,002, 1\,010, 1\,102, 1\,110\}$$
$$A_3 = \{12, 20, 22, 100, 1\,012, 1\,020, 1\,022, 1\,100\}$$
$$A_4 = \{112, 120, 122, 200, 212, 220, 222, 1\,000\}$$

利用这些集合的第 1 种描述, 看出它们用尽所有正整数. 利用第 2 种描述, 看出 $(A_k + A_k) \cap A_k = \varnothing, k \geqslant 1$. 因此 A_1, A_2, A_3, A_4 提供了要求的例子, 证明了本题答案是 $n = 4$.

评注 一般的, 对正整数 n 与 k, 分 $\{1, 2, \cdots, k\}$ 为 n 个集合, 则三元组 (a, b, c), 使 a, b, c 在相同集合中, $a + b = c$, 称为舒尔三元组. 舒尔定理证明了, 对每个 n, 存在最小数 $S(n)$, 使得把 $\{1, 2, \cdots, S(n)\}$ 分为 n 个集合的任一划分中, 有一个集合包含舒尔三元组, 不存在 $S(n)$ 的一般公式, 但是已经求出了上界与下界. 本题证明了 $S(4) > 40$. 事实上, $S(4) = 45$.

其实这是两个特别小的例子, 足以看出拉姆塞定理的强大. 例子对理解定理很重要.

科学领域第一巨奖——"突破奖"日前揭晓, 两名中国数学家恽之玮和张伟, 他们均毕业于北京大学, 也都是 80 后, 获得了"新视野奖". 其中, 恽之玮一直被人们称作"YUN 神". 恽之玮是谁, 他有多厉害? 在人人网上, 曾经流传着一篇文章:

说"YUN 神"也有十分敬佩的人,就像中国佛教中神也有罗汉和菩萨之分. 用中国数学大师陈省身的话说:"我们最多只能做数学殿堂中的罗汉,永远也不可能做成菩萨."

确实有极少数天才确实就是比常人高出一大截. 据说"YUN 神"在普林斯顿高等研究院的时候,对比利时人 Pierre Deligne 佩服得五体投地. Deligne 的神迹之一就是常常当人家兴致勃勃写了一黑板的高深发现时,Deligne 不慌不忙地站起来说:"讲得很精彩,不过您的结论是错的!"弄了几次大家不禁觉得 Deligne 实在是神仙下凡,毕竟他再怎么强也不能刚刚接触人家的理论半个小时就比人家钻研了好几年还要更明白啊!"YNU 神"告诉我们,Deligne 后来透露了自己的秘密,他在听人家讲座时脑子里面准备好几个例子,看到定理推论等都先用例子验证一番,有时候还真能发现问题.

不仅是 Deligne 如此,许多大师级别的数学家都曾表达过类似的意思. 有一则数学名言是这样说的:"好的数学家手里都有许多例子,而蹩脚的数学家只有抽象的理论."

其实"YUN 神"说这个故事的目的是希望大家在学数学的时候多注意具体的例子,数学的后续课程常常抽象性比较强,只记概念不记例子是很难在脑子里形成清晰的图景的,学习和思考的过程中,随时抱着几个典型的例子想一想,特别注意再找一些反例,你一定会发现数学的很多内容变得更加精彩和生动了.

Deligne 是少年成名,大概 14 岁时,他的老师不知出于什么用心把布尔巴基的几卷《数学原理》(*Éléments de Mathématique*) 借给他看. 布尔巴基是一帮法国数学大神们的共用笔名,这伙人在集合论的基础上用公理方法重新构造整个现代数学. 从初始概念和公理出发,以最具严格性,最一般的方式来重写整个现代高等数学. 于是就写出了 9 卷本的《数学原理》(到 Deligne 学生时代第 9 卷还没有出,现在又狗尾续貂地出了 35 卷还没完). 我们可以看看这 9 卷的书目:

第 1 卷　集合论
第 2 卷　代数
第 3 卷　拓扑

第 4 卷　单实变函数
第 5 卷　拓扑向量空间等
第 6 卷　积分
第 7 卷　交换代数
第 8 卷　李群等
第 9 卷　谱理论

大家看到了吗？光是内容顺序的安排就很奇怪了吧，很难想象一个正常的人类能怎样学下去. 从表达形式来说，如果说哪本数学书敢说自己最不适合做教材，《数学原理》肯定笑了，七千多页的长篇大论包含的内容博大精深，偏偏通篇只有内在逻辑的发展而毫无启发性的描述. 成熟的数学工作者做做参考倒也罢了，用来学习嘛……呃. 我们还是讲讲 Deligne 吧！这个当时只有 14 岁的孩子狂热地爱上了这套书，看懂了绝大部分内容，并由此掌握了现代数学的基础知识. （同龄的"YUN 神"若遇到当时的 Deligne，能体会我们看他自己的心情吗？）

看完这些，Deligne 就开始和群论学家 Tits 做研究了，其实他才 18 岁的大学新生，Tits 发现比利时已经容不下这位横空出世的大神了，只好把他打发到巴黎高等师范学院，那里 Deligne 遇到了 Serre 和 Grothendieck 这两个大人物，当然很高兴，等 23 岁的他回到布鲁塞尔大学，校方考虑了一下，来年只好给他发了个博士学位，同时聘任其当教授. 两年后，和普林斯顿高等研究院齐名的欧洲高等研究院就把这个 26 岁的小伙子聘去当终身教授.

本书的定位是数学科普著作. 这类著作的写作在中国是弱项，市场上充斥的大多是处于编故事状态的初级读本. 有网友说编故事害人不浅，尤其是编科学故事. 而且因为大部分人没有相应的专业背景，也没时间和精力花心思去研究，所以很容易蒙混过关. 信了故事的人绝大部分以悲剧收场；极其个别的人发现被骗后痛定思痛走上正途；相当一部分人发现了好处，加入了编造的队伍，且故事越来越"精致".

确实，中国许多人有偷懒的倾向. 总想用最少的力气获得很大的成功. 所以以浪漫地编故事代替了严谨的数学推导后，造成了许多社会问题. 很多人开始想入非非.

杨津涛曾写过一篇博文,题目就是:为什么中国"民科"多?因为常年听假科学故事.

为什么"中国民科"特别多?

为什么"中国民科"对自己天马行空的"理论体系"充满了自信?

为什么"中国民科"在社交网络上常得到众人热烈支持?

这是一个需要追问一代甚至几代人的教育背景,才能理解的问题.

且以中小学教科书中的科学家故事,管中窥豹.

牛顿被苹果砸头发现万有引力?

牛顿被苹果砸中脑袋,然后发现了万有引力,这是我们从小耳熟能详的故事.

其实,牛顿发现万有引力,是受到博物学家罗伯特·胡克的启发.

1671年,胡克发表论文《试论地球周年运动》,提出天体有吸引力、惯性运动、引力大小与距离有关的3条假设.1679年,胡克在给牛顿的信中讨论了他设想的"平方反比定律",还向牛顿建议了计算方向.

牛顿后来按照胡克的思路,凭借伽利略的理论及微积分,发现了牛顿第三定律和万有引力定律,将其发表在1687年出版的《自然哲学的数学原理》一书中.

万有引力定律发表后,胡克认为牛顿剽窃了自己的研究成果,两人关系恶化.

1717年,牛顿在给一位法国作家的信中,为了否认胡克给他的启发,编造了苹果落地的故事,但这个故事在牛顿生前并未公之于世.[①]

1727年,伏尔泰在《哲学通信》这本书里第一次说到苹果

---

① 张继栋.瓦特的水壶与牛顿的苹果——无稽之谈的误导.力学与实践,2008(2):105-106.

树和牛顿发现万有引力的关系. 此后不断以讹传讹, 变得广为人知. ①

壶盖跳动启发瓦特发明蒸汽机?

瓦特看到水烧开后, 壶盖跳动, 从而发明蒸汽机的故事, 同样因写入教科书而深入人心.

即便瓦特天天看开水壶的壶盖跳动, 他也没有机会"发明蒸汽机".

因为蒸汽动力的研发从15世纪的达·芬奇就已经开始了. 1688年, 法国物理学家德尼斯·帕潘用圆筒和活塞制造了第一台简易蒸汽机. 此后相关技术不断提升. 1712年, 英国人纽可门又制作出了可用于矿井排水和农田灌溉的蒸汽机.

在前人的基础之上, 瓦特给蒸汽机加上冷凝器(1763)、双动发动机(1782)、离心式调速器(1788)、压力计(1790)等装置, 完善了蒸汽机, 推动了英国工业革命.②

瓦特是蒸汽机的改进者, 不是发明者.

富兰克林雷雨天放风筝测闪电?

富兰克林将钥匙放在风筝中, 在雨中测试闪电的故事, 也在中国广为流传.

早有研究者发现, 富兰克林只是在《宾夕法尼亚学报》上简单地叙述过风筝实验的设计, 从没有说真的做了这个实验. 曾有人按照富兰克林的设计, 制作了相同的风筝, 但风筝却飞不起来.③

如果修改富兰克林的设计, 让带着钥匙的风筝在雷雨天飞起来, 会产生什么后果呢?

---

① 吴大江. 现代宇宙学. 北京:清华大学出版社, 2013:66.
② 张继栋. 瓦特的水壶与牛顿的苹果——无稽之谈的误导. 力学与实践, 2008(2):105-106.
③ 曹天元. 富兰克林的风筝. 南方都市报, 2006年9月6日.

研究显示,如果电流从风筝经过人体,将达到几十,甚至上百千安,手拿风筝的人呼吸将停止,肌肉被撕裂,甚至燃烧. 富兰克林如果真的做了这个实验,不可能全身而退. ①

在电学上,富兰克林很有成就,不仅证明了人工电和雷电的同一性,还发现了尖端放电现象,提出"正电"和"负电"的概念、电荷守恒定律等. 这些成果建立在当时已有的电学实验基础之上. ②

爱迪生痴迷实验成"发明大王"?

教科书中关于爱迪生的故事很多. 比如,小时候用身体孵鸡蛋;因为做实验被列车员打聋了耳朵;只上了三个月学却能靠努力成为发明大王.

打聋耳朵这个故事是虚构的. 真实情况是,在列车上当报童的爱迪生"上车不及,列车员恐怕他坠入轮底,便一把将他拉了上来,他觉得耳中好像突然被咬了一口,接着便失去了听觉". ③

爱迪生后来被称为"发明大王",因为他一生中有2 000多项发明,在美国获得了1 328项专利.

但这些发明并非出自爱迪生一人之手,更多的是团队的贡献.

爱迪生在1876年建立了"门洛帕克实验室",先后招募了200多名专业人士. 这些人或精通数学,或擅长物理或者化学,或很会画图. 正是这些人的通力合作,才有了爱迪生名下的一个个发明,弥补了他的知识缺陷. ④

---

① Albert Jiao. 富兰克林的风筝实验真实存在吗. 果壳网,2011年1月9日.
② 睢平. 富兰克林与他的电学. 中学物理教学参考,1996(12):44-46.
③ 西蒙兹. 爱迪生传. 上海:世界书局,1941:40.
④ 梁国钊. 爱迪生科学研究方法的特点. 学术论坛,1988(4):27-37.

爱因斯坦小时候很笨?

爱因斯坦常被"民科"引为同道.

教科书曾称,爱因斯坦小时候很笨,成绩不好,不受老师喜欢.

实际上,由于家庭教育的原因,爱因斯坦12岁就自学了平面几何.中学时期,他的"数学和物理水平远远超出学校的要求".在苏黎世工业大学"数理师范系"期间,爱因斯坦不仅在课堂上接受了正规的数学、物理专业教育,还在课外进行了大量阅读及实验,扩展了知识.爱因斯坦在1905年获得苏黎世大学物理学博士学位,1909年成为这所大学的教授.①

1901年,22岁的爱因斯坦发表第一篇论文《由毛细现象所得出的结论》,引起了学术界的注意.1905年是爱因斯坦的"奇迹年",他一年之内在物理学界最权威的《物理学杂志》发表了6篇论文,包括提出狭义相对论的《论动体的电动力学》.10年后,爱因斯坦又建立了广义相对论,并在1916年做出推论,"一个力学体系变动时,必然发射以光速传播的引力波".②

如今,爱因斯坦的大部分理论已得到实验证实.

时代悲剧

以上这些科学家故事,传递着这样的"科学观":

灵机一动,可以获得重大科学发现(牛顿被苹果砸);知识贫乏,也不妨碍搞科研工作(爱迪生只上了三个月学);不尊重主流科学评价体系,不被认可即认为遭到了迫害(爱因斯坦小时候也被认定为很笨);……

这种"科学观",辅以昔年"科学大跃进"所灌输的蔑视学

---

① (德)阿尔布雷希特·弗尔辛.爱因斯坦传.北京:人民文学出版社,2011:12-50,88-97.

② 许良英.爱因斯坦奇迹年探源.科学文化评论,2005(2).

者、"人民群众最聪明"等价值观,共同催生出了"中国民科"的心态,使之面对正规科研时,常条件反射式地采取对抗立场. 比如,2006年4月5日,北京某研究"哥德巴赫猜想"的"民科",写信给数学专家刘培杰①,如此抗议道:

"我尊重陈景润、王元等数学家,但我更尊重真理. 我从宏观的角度看问题,认为他们证的(1+2),(2+3),……都是误入歧途的连篇废话;…… 哥德巴赫猜想不过是一个井蛙之见,…… 群众才是真正的数学英雄! 广大民科为什么不能超越陈、王? …… 中国数学界普遍存在着学术歧视和学术造假,即只要没有教授推荐的一切民间来稿 …… 就一律判为全错! 废纸! …… 中国数学界的现状使我找不到审稿人,更难发表,报国无门."想必各位读者肯定都听说过"民科"这个词. 由于一些历史原因,中国的民间科学家多半集中在数学和理论物理领域,这些人的诉求以出名为主,想靠它发财的人不多. 但西方国家的"民科"则以长寿领域最为多见,因为这个领域需求量很大,但真实效果却又很难衡量,符合这两个特征的领域历来就是骗子的最爱,长寿首当其冲.

欧洲很早就出现过号称能让人长命百岁的"老西医",现代医学诞生后这类人仍然没有消失,只是换了种方式,打着"科学"的旗号继续行骗. 由于他们普遍口才极佳,不少人还有正规大学的博士头衔,所以他们说服了很多人为其捐款,其中不乏百万富翁,于是追求长寿渐渐成了富人和异想天开者的代名词. 真正的科学家自然瞧不起这些人,把他们视为骗子,导致很多国家级科研都拒绝为长寿研究拨款.

"民科"是各国皆有的闹剧,"中国民科"多了一层时代悲剧.

国人的这种"避重就轻"总想走捷径的心理,不仅体现在科学研究领域,在一切需要实力说话的领域都有所体现,比如战争.

作家新垣平最近写了一篇题为"《三国演义》与鸦片战争"

---

① 笔者在此郑重声明,本人绝非数学专家.

的文章也从另一个角度表达了这种看法:

法国汉学家佛朗索瓦·于连有一部名作《迂回与直达》,书中提出了中西思想一个很重要也很有趣的区别:中国人喜爱侧面迂回的方式,而西方人惯于正面进攻. 他以战争为例说明这一点:在战争中,希腊和罗马的方阵、兵团以正面的对抗为主,两军在旷野中一战定胜负,而中国则避免正面对战,喜欢从侧面迂回,或者用埋伏、偷袭等方式奇袭.

就像很多宏观比较的书一样,关于这个论断总可以找出一些反例,但我感到,双方所崇尚的基本理念的确是不同的. 西方历史上的经典战役,譬如马拉松会战、萨拉米斯会战、坎尼和扎马会战,都是大军的正面决战(有侧面的攻击也是对正面对抗的补充). 而中国自春秋以来的许多重大战役,如马陵之战、长平之战、赤壁之战和淝水之战,虽然形式各不相同,但胜利都是奇谋秘计的结果,有的甚至没多少像样的战斗可言. 如孙子说:"凡战者,以正合,以奇胜. 故善出奇者,无穷如天地,不竭如江河."

到了《三国演义》里,虽然整本书充斥着战争,但真正对战斗的描写非常简略,而且往往浪漫化为"三英战吕布""关公斩颜良""许褚战马超"的武将单挑,这些对战虽为人津津乐道,但大部分决定性的胜利是靠奇谋妙计. 所以所向无敌的吕布和关羽,也被"水淹下邳""白衣渡江"等妙计送了性命. 类似《战争与和平》中那种几十万大军主力正面交战的场面很少,即便有也不是决定性的. 特别是官渡、赤壁、夷陵"三大战役"动辄有七八十万大军,但取胜都是靠奇袭,而且都是火攻:火烧乌巢、火烧赤壁、火烧连营. 在敌人意想不到的时间和地点,以意想不到的方式取得胜利.

从故事的需要来说,当然是越出奇越好看,但是在不知不觉中就远离了事实.《三国演义》的资料基本来于《三国志》,有正史的依据. 不过真正的历史事实在载入史册的时候已经被加工过一次. 比如赤壁之战就令军事史家头疼,基本的地点都不明确,而战斗的过程也迷雾重重,虽然黄盖诈降火攻应是事实,但这只是战斗的一部分. 现代研究者推测,孙刘联盟在火攻后还发起过大规模进攻,击溃了曹操的主力,但史书记载已经非常之少,到了演义里,干脆就成了一把火把八十万大军都烧光了.与之相应,战争的过程就变得非常轻松,诸葛亮、周瑜等智士羽扇纶巾,谈笑自若,把曹军看成了死人.

比起靠力量和士气苦战的正面直击,进行侧面迂回、寻找敌方的致命缺陷的奇袭,某种意义上是更高明的思维.但人们会想,既然智者总能够以弱胜强,出奇制胜,那么蛮力还有什么重要性吗?即使读者能明白诸葛亮的神机妙算是艺术的夸张,但其中隐藏着的思维陷阱却不是那么容易看透,这个陷阱认为:再强大的对手都是有破绽的,只要你够聪明,就总能找到,从而一击而毙.就像武侠小说里一身金钟罩铁布衫的高手总在某个隐秘之处有死穴一样,轻轻一碰,就会毙命.

这种思维方式潜移默化,影响深远.到了鸦片战争前夕,林则徐料到和英国人将有一战,也知道英夷船坚炮利,大清水师不是对手,苦思破敌之法.大概是从《三国演义》中寻到灵感,他拟定了一条"火攻"之策:用几十艘瓜皮小艇装载火物,在夜里乘风排放,斜向靠近英国人的战舰,一边抛掷火物,靠上后贴紧敲钉,将火船钉在战舰上,英国舰队就"樯橹灰飞烟灭"了.

林则徐拿这一套对付英国鸦片船,倒也烧了一些 —— 据说多为中国人走私鸦片的船.但当正式的武装舰队到来,却根本没有用武之地.首先英舰的火力占绝对优势,中国小船靠近前就死伤惨重,就算能靠近,英国船又没有被铁索钉住,可以灵活调转方向,瞬息间怎么能将两船钉死?而且一些船体上包裹金属,一般的火炮都能扛住几发,完全不惧强度很低的火攻.事实证明,这一套完全是空想.

林则徐还认为英国人虽然枪炮厉害,但是膝盖弯曲不便,只要近身搏斗就能取胜,甚至一推倒就爬不起来.事实的荒谬不用多说,这在骨子里仍是"死穴"的变形:洋人既然舰炮厉害无比,那么在某个方面就一定有致命弱点.拿住这个弱点,还不能干掉对方么?

残酷的真相是:英国舰队虽然不能说没有弱点,但在当时的清军面前,就是无论怎样迂回奇袭也无法战胜的对手.而近代西方的军事技术和操练方式,正是一次次战场上正面搏杀的结果.历史上也有很多别的战争以实力取胜,但总可以有其他的解释——比如我方缺乏诸葛亮这样厉害的军师,直到鸦片战争时,实力的对比才再也无法掩饰,后来的林则徐叹息说:"虽诸葛武侯来,亦只是束手无策."

按于连的研究,迂回的思想渗透到了中国文化的方方面面,极具诗意的美感和哲学的深度,这当然值得我们骄傲.但在欣赏古人智慧的同时,也不应忘记许多惨痛的教训:不是每一个敌人都有致命的弱点,不是每一个问题都有拍案叫绝的妙法去化解,我们决不能忘记正面对决的必要性.

本套丛书充其量就是一套科普小册子,那么怎样才能写好一系列小册子.看看其他领域的成功经验是有益的.

2017年10月30日晚,台湾著名音乐人胡德夫的首部音乐纪录片《未央歌》在北京举行发布会.

纪录片片名取自作家鹿桥的小说《未央歌》.这部背景为西南联大的小说于1945年写成.1967年在中国台湾出版后引起轰动.

《未央歌》共九集,每集以一首歌为引子,由胡德夫弹唱并讲述歌曲的故事.本书每本都从一个小问题出发,最后引出一个数学中的大定理,最后希望能达到对所有数学领域的全覆盖.

"安知不如微虫之为珊瑚与赢蛤之积为巨石也"(章太炎语)是我们的信念.

刘培杰
2018年1月26日
于哈工大

逼近论中的 Weierstrass 定理

刘培杰数学工作室　编著

内容简介

本书分为十八章,详细介绍了逼近论中的 Weierstrass 定理的相关基础理论,同时还介绍了 Weierstrass 定理的证明及实数域与复数域上的逼近问题.

本书适合高等数学研究人员、高等院校数学专业教师及学生参考阅读.

编辑手记

作为一个现代人究竟要读多少书?

亿万富豪埃伦·穆斯克是电动汽车制造商特斯拉公司(Tesla),以及太空探索技术公司 SpaceX 的创始人,SpaceX 是使太空飞行器成功进入太空轨道的首家私营公司. 许多媒体曾这样介绍穆斯克:世界上只有四个国家掌握了卫星发射和回收技术,美国、俄罗斯、中国和穆斯克. 据穆斯克的母亲梅伊回忆:当他只有八九岁的时候,他就读完了整部大英百科全书,而且还记住了里面的内容!

尽管有人这样区别学习文科和学习理科的两类不同学生:前者要读万卷书,行万里路才能成大气候,后者似乎只须囿于自己的小圈子不断深挖才会最终有所收获. 对于学习数学的大学生来说多读书、多解题似乎是公认的正确途径, 多读书意味着多掌握前人提出的定理, 对自己遇到的问题多少会有所启迪. 以一道第二届全国大学生数学夏令营竞赛试题为例.

例(第一试第五题) 设实系数多项式序列 $\{P_n(x)\}$ 在 **R** 上一致收敛于实值函数 $f(x)$, 试证 $f(x)$ 也是多项式.

分析 关于多项式序列一致逼近连续函数, 我们知道有著名的 Weierstrass 逼近定理: 有限区间 $[a,b]$ 上的任一连续函数 $f(x)$ 可用多项式序列 $\{Q_n(x)\}$ 在此区间上一致逼近, 即, 收敛 $\lim\limits_{n\to+\infty} Q_n(x) = f(x)$ 在区间 $[a,b]$ 上是一致的.

此定理与我们这里的命题的不同之处仅在于所考虑的定义域: 前者是有限的, 后者是无限的. 因此, 证明这里的命题的关键必然在于定义区间的无界性以及多项式在无限区间上的特性. 非常数的多项式在有限区间上与在无限区间上的一个显著的差别为: 它在有限区间上是有界的, 而在无限区间上是无界的.

多项式序列 $\{P_n(x)\}$ 在 **R** 上一致收敛于 $f(x)$, 由 Cauchy 关于函数序列一致收敛的充要条件知, 对任意 $\varepsilon > 0$, 存在与 $x \in \mathbf{R}$ 无关的数 N, 当 $m, n > N$ 时, 不等式

$$|P_m(x) - P_n(x)| < \varepsilon$$

对任意 $x \in \mathbf{R}$ 都成立. 记 $P_{m,n}(x) = P_m(x) - P_n(x)$, 则 $P_{m,n}(x)$ 也是一多项式. 若 $P_{m,n}(x)$ 不是常数, 则有

$$\lim_{|x|\to+\infty} |P_{m,n}(x)| = +\infty$$

(这就是无限区间上的非常数多项式的一个特性). 至此, 离结论已不远了.

证明 设多项式序列 $\{P_n(x)\}$ 在 **R** 上一致收敛于 $f(x)$. 因此, 存在自然数 N_0, 使得当 $m, n \geq N_0$ 时有

$$|P_m(x) - P_n(x)| < 1 \quad (\forall x \in \mathbf{R})$$

记 $P_n(x) = \sum_{j=0}^{d_n} p_j^{(n)} x^j$,其中

$$p_j^{(n)} \in \mathbf{R}, j = 0,1,2,\cdots,d_n$$
$$p_{d_n}^{(n)} \neq 0 \quad (n = 1,2,\cdots)$$

$P_{m,n}(x) = P_m(x) - P_n(x) \quad (m,n = 1,2,\cdots)$

我们断言,当 $m,n \geq N_0$ 时,$P_{m,n}(x)$ 为常数,即当 $m,n \geq N_0$ 时,$d_m = d_n, p_j^{(m)} = p_j^{(n)}, j = 1,2,\cdots,d_m$.

事实上,若存在 $m,n \geq N_0$,使得 $P_{m,n}(x)$ 不是常数,则由于 $P_{m,n}(x)$ 是一个多项式,因此

$$\lim_{|x| \to +\infty} |P_{m,n}(x)| = +\infty$$

这与 $|P_{m,n}(x)| = |P_m(x) - P_n(x)| < 1 (\forall x \in \mathbf{R})$ 矛盾. 因而对所有 $m,n \geq N_0, P_{m,n}(x)$ 为常数. 但

$$P_{m,n}(x) = P_m(x) - P_n(x)$$
$$= \sum_{j=0}^{d_m} p_j^{(m)} x^j - \sum_{j=0}^{d_n} p_j^{(n)} x^j$$

所以 $m,n \geq N_0$ 时,$d_m = d_n, p_j^{(m)} = p_j^{(n)}, j = 1,2,\cdots,d_m$.

由于一个序列中的有限项不影响其极限,因此不妨设存在 $d \in \mathbf{N}, p_j \in \mathbf{R}, j = 1,2,\cdots,d$,使得 $d_n = d$, $p_j^{(n)} = p_j, j = 1,2,\cdots,d; n = 1,2,\cdots$,故

$$P_n(x) = p_0^{(n)} + \sum_{j=1}^{d} p_j x^j \quad (n = 1,2,\cdots)$$

显然

序列 $\{P_n(x)\}$ 在 $\mathbf{R}$ 上一致收敛于函数 $f(x)$

$\Leftrightarrow$ 序列 $\{p_0^{(n)}\} = \left\{ P_n(x) - \sum_{j=1}^{d} p_j x^j \right\}$ 在 $\mathbf{R}$ 上

一致收敛于 $f(x) - \sum_{j=1}^{d} p_j x^j$

$\Leftrightarrow$ 序列 $\{p_0^{(n)}\}$ 收敛于某实数 $p_0 \in \mathbf{R}$

并且 $f(x) - \sum_{j=1}^{d} p_j x^j = p_0, \forall x \in \mathbf{R}$

因此 $f(x) = \sum_{j=0}^{d} p_j x^j$ 是一个多项式.

本书介绍的中心定理恰恰就是 Weierstrass 逼近定理. 关于 Weierstrass 中文有好几个译法, 最多见的是外尔斯特拉斯和维尔斯特拉斯, 这种情况在译名中很常见. 比如: 1902 年出版的《外国尚友录》, 编者叫张元, 我们对他几乎一无所知, 除了在序中我们知道他当时是在一个新式学堂读书, 这个学堂是哪个学堂, 现在完全搞不清楚, 这本书共 10 卷, 共收录了 864 人. 但由于当时的水平所限, 有重复现象, 如法国的孟德斯鸠, 他有三个译名, 一个叫蒙的斯鸠, 一个叫蒙特斯邱, 一个叫孟的斯鸠, 三个译名收在不同的韵部里边; 一个是在卷一的一东韵, 就是"蒙的斯鸠"和"蒙特斯邱", 前后相连, 但是没有合在一起, 因为他不知道这是一个人; 后边这一条"孟的斯鸠", 因为变成去声了, 所以在二十四敬韵, 到了第八卷, 我们才可以找到这个条目. 因为译名的纷繁, 就使得刚刚接触西方读物的人很难把它们还原到一起. 编这本书的都是学生, 他们也不了解这三个名字是不是一个人, 不敢轻易合并.

所以为了避免这种情况出现, 我们就都统一用英文名 Weierstrass.

定理也统一为 Weierstrass 定理, 即

设 $f(x)$ 为闭区间 $[a,b]$ 上的任一连续函数, 则必存在多项式序列 $\{Q_n(x)\}$ 一致收敛于 $f(x)$.

值得一提的是这个用纯分析方法证得的结论, 若充分利用概率思维, 有时证明可以简化.

不妨假定 $[a,b] = [0,1]$, 否则可取 $g(t) = f(a + (b-a)t)$, $t \in [0,1]$. 记 $M = \sup_{x \in [0,1]} |f(x)|$, 则 M 必有限, 令

$$Q_n(x) = \sum_{k=0}^{n} \binom{n}{k} x^k (1-x)^{n-k} f\left(\frac{k}{n}\right) \quad (n \geq 1)$$

显然 $Q_n(0) = f(0)$, $Q_n(1) = f(1)$. 以下证明: 对 $\forall \varepsilon > 0$, 存在整数 N, 当 $n > N$ 时

$$\sup_{x \in [0,1]} |f(x) - Q_n(x)| < \varepsilon \quad (*)$$

由于$f(x)$对于闭区间连续必为一致连续,因而必存在$\delta > 0$,使得对$\forall x_1, x_2 \in (0,1)$满足$|x_1 - x_2| < \delta$,则必有
$$|f(x_1) - f(x_2)| < \frac{\varepsilon}{2}$$
构造一个随机模型:在n次独立重复试验中,每次试验成功的概率为$x, x \in (0,1)$,记Y_n为n次试验中成功的次数,则由切比雪夫不等式得
$$P(|Y_n/n - x| \geq \delta) \geq \frac{1}{\delta^2}\mathrm{Var}(Y_n/n)$$
$$= \frac{nx(1-x)}{n^2\delta^2} \leq \frac{1}{4n\delta^2}$$
任取$N > M/(\delta^2\varepsilon)$,则当$n > N$时,对$\forall x \in (0,1)$,有
$$|f(x) - Q_n(x)|$$
$$= \left|\sum_{k=0}^{n}\binom{n}{k}x^k(1-x)^{n-k}\left(f(x) - f\left(\frac{k}{n}\right)\right)\right|$$
$$\leq E|f(x) - f(Y_n/n)|$$
$$= E(|f(x) - f(Y_n/n)| \mathbf{1}_{|x-Y_n/n|<\delta}) +$$
$$E(|f(x) - f(Y_n/n)| \mathbf{1}_{|x-Y_n/n|\geq\delta})$$
$$\leq \frac{\varepsilon}{2} + 2MP(|x - Y_n/n| \geq \delta)$$
$$\leq \frac{\varepsilon}{2} + 2M \cdot \frac{1}{4n\delta^2} < \varepsilon$$
即式(∗)成立.

这个定理在逼近论甚至于整个分析学中都十分重要,在李特尔伍德(J. E. Littlewood, 1885—1977)所著的《Littlewood数学随笔集》中都提到了这个定理. 不过是二维时的情形,他是这样说的:①

有一个著名的Weierstrass定理是这样陈述的,在

---

① 摘自《Littlewood数学随笔集》,J. E. 李特尔伍德著,B. 博罗巴斯编,李培廉译,高等教育出版社,2014.

矩形域 R 中连续的函数 $f(x_1, x_2)$ 可以用一个 x_1, x_2 的多项式的序列来一致逼近. 这在 n 维空间中也成立, 初学者会像下面那样来讲, 但是要用 $x_1, x_2, \cdots, x_n$; $x'_1, x'_2, \cdots, x'_n$ 作自变量. 证明是几个概念的大胆结合, 它分成两部分; 第二部分还不至于被批得体无完肤, 我到了末了再来讲. 下面是初学者证明的第一部分. 我要感谢 Flett 博士, 他指出了一两个巧妙的改错 (misimprovement), 而且为了更符合实际的情况, 还故意留有几处印刷错误未作更正.

函数 $f(x_1, x_2)$ 在 $(-a \leqslant x_1 \leqslant a, -b \leqslant x_2 \leqslant b)$ 中连续, 取 $c > 0$, 定义函数 $f(x_1, x_2)$ 如下①

$f_1(x_1, x_2)$

$$= \begin{cases} f(-a, b) & (-a-c \leqslant x_1 \leqslant -a, b \leqslant x_2 \leqslant b+c) \\ f(x_1, b) & (-a \leqslant x_1 \leqslant a, b \leqslant x_2 \leqslant b+c) \\ f(a, b) & (-a \leqslant x_1 \leqslant a+c, b \leqslant x_2 \leqslant b+c) \\ f(-a, x_2) & (-a-c \leqslant x_1 \leqslant -a, -b \leqslant x_2 \leqslant b) \\ f(x_1, x_2) & (-a \leqslant x_1 \leqslant a, -b \leqslant x_2 \leqslant b) \\ f(a, x_2) & (a \leqslant x_1 \leqslant a+c, -b \leqslant x_2 \leqslant b) \\ f(a, -b) & (-a-c \leqslant x_1 \leqslant -a, -b-c \leqslant x_2 \leqslant -b) \\ f(x_1, -b) & (-a \leqslant x_1 \leqslant a, -b-c \leqslant x_2 \leqslant -b) \\ f(-a, -b) & (-a-c \leqslant x_1 \leqslant -a, -b-c \leqslant x_2 \leqslant -b) \end{cases}$$

容易证明 $f(x_1, x_2)$ 在下述域中连续

$$(-a-c \leqslant x_1 \leqslant a+c, -b-c \leqslant x_2 \leqslant b+c)$$

对位于区域 R 中的 (x_1, x_2), 我们定义

$$\phi_n(x_1, x_2) = \pi^{-1} n \int_{-a-c}^{a+c} \mathrm{d}x'_1 \int_{-b-c}^{b+c} f_1(x'_1, y'_1) \cdot$$

---

① 这里定义域的不等式是有一些错误的, 如其中第三行中的 $-a$ 应为 a, 第七行的第一个不等式应为: $a \leqslant x_1 \leqslant a+c$, 等等. 这是讲印刷错误的一篇, 刚刚作者讲过, 故意留下了一些印刷错误未作更正, 请读者注意! —— 译者注

$$\exp(-n((x'_1 - x_1)^2 + (y'_1 - y_1)^2))\mathrm{d}x'_2$$

我们来证明(这是上面讲的前半部分)

(1) 对 R 中的 (x_1, x_2) 在 $n \to \infty$ 时,$\phi_n(x_1, x_2)$ 一致收敛到 $f(x_1, x_2)$。

存在这样一个 $\delta(\varepsilon)$,使得当 (x'_1, x'_2) 和 (x''_1, x''_2) 属于 $(-a-c \leqslant x'_1 \leqslant a+c, -b-c \leqslant x'_2 \leqslant b+c)$,且满足 $|x''_1 - x'_1| < \delta(\varepsilon)$ 以及 $|x''_2 - x'_2| < \delta(\varepsilon)$ 时,有 $|f_1(x''_1, x''_2) - f_1(x'_1, x'_2)| < \varepsilon$。令 $n_0 = n_0\varepsilon = \mathrm{Max}\{(c^3) + 1, (\delta^{-3}(\varepsilon)) + 1\}$ ①
并令 $n > n_0$。于是有

$$-a - c < x_1 - n^{-\frac{1}{3}} < x_1 + n^{-\frac{1}{3}} < a + c$$
$$-b - c < x_2 - n^{-\frac{1}{3}} < x_2 + n^{-\frac{1}{3}} < b + c$$

从而我们有 ②

$$\phi_n(x_1, x_2)$$
$$= \pi^{-1} n \Big(\int_{-a-c}^{a+c} \mathrm{d}x'_1 \int_{x_2 + n^{-\frac{1}{3}}}^{b+c} \mathrm{d}x'_2 + \int_{-a-c}^{a+c} \mathrm{d}x'_1 \int_{x_2 - n^{-\frac{1}{3}}}^{x_2 + n^{-\frac{1}{3}}} \mathrm{d}x'_2 +$$
$$\int_{x_1 - n^{-\frac{1}{3}}}^{x_1 + n^{-\frac{1}{3}}} \mathrm{d}x'_1 \int_{x_2 - n^{-\frac{1}{3}}}^{x_2 + n^{-\frac{1}{3}}} \mathrm{d}x'_2 +$$
$$\int_{x_1 + n^{-\frac{1}{3}}}^{a+c} \mathrm{d}x'_1 \int_{x_2 - n^{-\frac{1}{3}}}^{x_2 + n^{-\frac{1}{3}}} \mathrm{d}x'_2 + \int_{-a-c}^{a+c} \mathrm{d}x'_1 \int_{-b-c}^{x_2 - n^{-\frac{1}{3}}} \mathrm{d}x'_2 \Big) \cdot$$
$$f_1(x'_1, x'_2) \exp(-n((x'_1 - x_1)^2 + (x'_2 - x_2))) \quad (2)$$

可以令它,比如说,等于
$$T_1 + T_2 + \cdots + T_5$$

在 T_1 中我们有

---

① 此式中第一个等号后应为 $n_0(\varepsilon)$,疑系故意留下的误印。——译者注

② 下式第一行中第一个积分的下限似应为 $-a-c$,第三行中 exp 的指数因子的第一项似应为 $-n(x'_1 - x_1)^2$,均疑系作者留下的误印。——译者注

$$|f_1(x'_1, x'_2)| < K$$
$$\exp[\ ] \leq \exp(-n \cdot n^{-\frac{2}{3}})$$

从而得
$$|T_1| < \varepsilon \quad (n > n_1(\varepsilon)) \qquad (3)$$

类似地有①
$$|T_2|, |T_4|, |T_5| < \varepsilon \quad (n > n_2(\varepsilon)) \quad (4)$$

在 T_3 中我们令 $x'_1 = x_1 + x''_1, x'_2 = x_2 + x''_2$. 因为在所涉及的区域内我们有 $|x''_1| \leq n^{-\frac{1}{3}}, |x''_2| \leq n^{-\frac{1}{3}}$, 于是有

$$|f_1(x_1 + x''_1, x_2 + x''_2) - f_1(x_1, x_2)|$$
$$< \varepsilon \quad (n > \delta^{-3}(\varepsilon)) \qquad (5)$$

现在在 T_3 中我们有 $f(x_1, x_2) = f_1(x_1, x_2)$, 从而有
$$T_3 = T_{3,1} + T_{3,2} \qquad (6)$$

其中
$$T_{3,1} = \pi^{-1} n f(x_1, x_2) \int_{-n^{-\frac{1}{3}}}^{n^{-\frac{1}{3}}} dx''_1 \int_{-n^{-\frac{1}{3}}}^{n^{-\frac{1}{3}}} dx''_2 \cdot$$
$$\exp(-n(x''^2_1 + x''^2_2)) \qquad (7)$$

$$T_{3,2} = \pi^{-1} n \int_{-n^{-\frac{1}{3}}}^{n^{-\frac{1}{3}}} dx''_1 \int_{-n^{-\frac{1}{3}}}^{n^{-\frac{1}{3}}} dx''_2 \varepsilon(f_1(x_1 + x''_1, x_2 + x''_2) -$$
$$f_1(x_1, x_2)) \cdot \exp(-n(x''^2_1 + x''^2_2)) \qquad (8)$$

对 $n > \text{Max}(n_0, n_1, n_2)$, 我们有
$$|T_{3,2}| \leq \pi^{-1} n \int_{-n^{-\frac{1}{3}}}^{n^{-\frac{1}{3}}} dx''_1 \int_{-n^{-\frac{1}{3}}}^{n^{-\frac{1}{3}}} dx''_2 \varepsilon \exp(-n(x''^2_1 + x''^2_2))$$
$$\leq \pi^{-1} \varepsilon n \int_{-\infty}^{+\infty} dx''_1 \int_{-\infty}^{+\infty} dx''_2 \exp(-n(x''^2_1 + x''^2_2)) = \varepsilon$$
$$(9)$$

还有, 式(7) 中的二重积分为

---

① 我在这里指出, 在 $T_2 = \int_{-a-c}^{a+c}$ 中的积分"错"成 $\int_{-a-c}^{x_1 - n^{-\frac{1}{3}}}$ 了, 在这种书写方式中失误实际上难免, 通常好像是鬼使神差一样. —— 译者注

$$\left(\int_{-n^{-\frac{1}{3}}}^{n^{-\frac{1}{3}}} e^{-nu^2} du\right)^2 \qquad (10)$$

现在

$$\begin{aligned}
\left(\int_{-n^{-\frac{1}{3}}}^{n^{-\frac{1}{3}}} e^{-nu^2} du\right) &= 2\int_{0}^{n^{-\frac{1}{3}}} = 2\int_{0}^{\infty} - 2\int_{n^{-\frac{1}{3}}}^{\infty} \\
&= n^{-\frac{1}{2}} \pi^{\frac{1}{2}} - 2\int_{0}^{\infty} e^{-n(n^{-\frac{1}{3}}+t)^2} dt \\
&= n^{-\frac{1}{2}} \pi^{\frac{1}{2}} + O\left(e^{-n^{\frac{1}{3}}}\int_{0}^{\infty} e^{-2n^{\frac{2}{3}}t} dt\right) \\
&= n^{-\frac{1}{2}} \pi^{\frac{1}{2}}(1 + O(n^{-\frac{1}{6}} e^{-n^{\frac{1}{3}}}))
\end{aligned}$$

因此容易看出有

$$\left|\left(\iint_{-n^{-\frac{1}{3}}}^{n^{-\frac{1}{3}}} e^{-nu^2} du\right)^2 - n^{-1}\pi\right|$$
$$= |n^{-1}\pi(1 + O(n^{-\frac{1}{6}} e^{-n^{1/3}})) - n^{-1}\pi|$$
$$< \varepsilon \quad (n > n_3(\varepsilon))$$

因此由(10)和(7)得

$$|T_{3,1} - f(x_1,x_2)| < K\varepsilon$$
$$(n > \mathrm{Max}(n_0,n_1,n_2,n_3)) \qquad (11)$$

再由(2)至(11)就推得

$$|\phi_n(x_1,x_2) - f(x_1,x_2)|$$
$$< K\varepsilon \quad (n > \mathrm{Max}(n_0,n_1,n_2,n_3))$$

这样一来我们就证明了(1).

一个改进了的证明如下.将$f(x,y)$的定义域扩展到一个较大一些的矩形R_+(图1);比如,令在AB上的值等于$f(A)$,而在画斜线的正方形中等于$f(C)$.

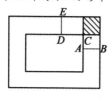

图1

这个 f 在 R_+ 内连续. 对 R 中的 (x,y) 定义

(i) $\phi_n(x,y) = \iint_{R_+} f(\xi,\eta) E \mathrm{d}\xi \mathrm{d}\eta \Big/ \int_{-\infty}^{+\infty}\int_{-\infty}^{+\infty} E \mathrm{d}\xi \mathrm{d}\eta$

其中 $E = \exp(-n((\xi-x)^2 + (\eta-y)^2))$. 分母为常数 πn^{-1}(与 x,y 无关);因此(i)相当于

(ii) $\phi_n(x,y) = \pi^{-1} n \iint_{R_+} f(\xi,\eta) E \mathrm{d}\xi \mathrm{d}\eta$

记围绕点 (x,y)、边长为 $n^{-\frac{1}{3}}$ 的正方形为 $S = S(x,y)$,在这个正方形之外的 (ξ,η) 对(i)中的分子和分母的贡献按指数减小,既然分母本身为 πn^{-1},我们有(小 o 的一致)

$\phi_n(x,y) = \left(\iint_S f(\xi,\eta) E \mathrm{d}\xi \mathrm{d}\eta \Big/ \iint_S E \mathrm{d}\xi \mathrm{d}\eta\right) + o(1)$

由于 S 很小,在这最后一个分子中的 $f(\xi,\eta)$ 可写为 $f(x,y) + o(1)$;所以由(ii)所确定的 M 最终就如所要求的满足 $\phi_n(x,y) = f(x,y) + o(1)$.

Weierstrass 定理的第二部分的证明如下. 对 R 中所有的 x,y 及 R_+ 中所有的 ξ,η,有一个适当的 $N = N(n)$,使得

$|E - \Sigma| < n^{-2}$

其中

$\Sigma = \sum_{m=0}^{N} \frac{(-n((\xi-x)^2 + (\eta-y)^2))^m}{m!}$

于是有

$\phi_n(x,y) = \Pi + o(1)$

其中 $\Pi = \pi^{-1} n \iint_{R_+} \Sigma \mathrm{d}\xi \mathrm{d}\eta$,显然是 (x,y) 的一个多项式.

有学者曾引经据典地论证说:后现代发生的一切都注定是肤浅的、平庸的. 虽然笔者对后现代没有研究,也不知道此结论是如何论证出来的,但本书的出版却是一种反抗.

最近一段时间媒体对约翰·列侬(John Lennon)们开始热炒,他们对物质现代性、发达工业文明和实用主义进行了反思、

反抗和反叛——虽然他们走向文学、艺术、哲学和音乐,走向不同道路,虽然他们没有治愈时代的千疮百孔,也并不是成功的社会预言家,他们中的几位甚至是个人悲剧和自我毁灭的象征,然而,追寻理想的生命的夭折,通往理想的道路的曲折,并不意味着对理想本身的否定,并不意味着理想没落的必然. 本套丛书似乎在提醒我们:偶尔应该重拾那微弱的追求理想的激情——这种激情多么轻易、多么轻易就被湮没在劳碌的生活、过分的欲望以及娱乐至死的潮流之中.

刘培杰

2018 年 1 月 3 日

于哈工大

Leibniz 定理

刘培杰数学工作室　编

内容简介

本书叙述了研究包络问题的初等方法和微分几何方法,共分为两编.

第一编介绍直线族、圆族、圆锥曲线族和高次曲线族的包络以及这些包络在很多方面的应用;第二编深入探讨了包络面、可展曲面、直接和间接展成法,并利用包络解决方程问题.书中补充若干附录,使内容更加丰富.

本书适合理工科师生及数学爱好者阅读和收藏.

编辑手记

马尔克斯说:"一百万人决定去读一本全凭一人独坐陋室,用 28 个字母,两根手指头敲出来的书,想想都觉得疯狂."

当然这段话是对写小说的人说的,其实对一切写书的人都是一种警示.凭什么要人家读你写的书,要说明这一点可以从两个角度去分析.一个是要给读者指出:你是有需要的,二是我写的东西能满足你的这种需要.

先说第一点.作为一个现代社会的公民,高中水平的数学知识是应该掌握的,所以高水平的中学数学教师是大量需要的.但现实中高等院校在培养机制上出现了所谓的共同堕落现象,即在高等院校本科教学过程中,存在教师只讲容易知识点,课程考核尽量简单轻松,而学生往往对这种课程也情有独钟,因此,就出现了不顾教学深度,失去教学原则的师生相互妥协、共同堕落现象.其表现为:教师授课内容简单,不容易讲授、不容易学的难点一概略过,主要讲一些容易讲授、容易学习的知识点.用这种方法,既让自己轻松,又能取悦学生.在考核环节,能开卷就开卷考试,能不考试就不考试.即使考试,也是先给学生交个底、划重点、不同程度的透题,最终,师生皆大欢喜.

高校本科教学过程中,这种师生妥协、共同堕落现象,降低了专业基础理论授课深度,拉低了高等院校的教学水平,损害了高等院校在社会上的公信力.这是当前我国本科教学水平较欧美偏低的重要原因,甚至是核心问题所在.

作为优秀中学数学教师摇篮的高等院校越来越令人失望.大量不称职的未来数学教师快速出炉,由于缺乏高标准和淘汰率,使得一桶水与一碗水的理想配制被破坏.我们说,每门课程的系统性与科学性,应该尽其所能的保留住、把持住,不能因为种种压力,而降低标准.短期看是和谐的,但长期看将损害个人、集体和学科的长期发展.

作为他山之石,我们可以借鉴一下国外的做法(表1).

表1

排名	学校名称	4年本科毕业率
1	德雷赛尔大学	28%
2	杨百翰大学	31%
3	奥本大学	38%
4	北卡罗纳州立大学	41%
5	普渡大学西拉法叶校区	42%
6	阿拉巴马大学	43%
7	斯蒂文森理工学院	45%
7	纽约州立大学石溪分校	45%

续表

排名	学校名称	4年本科毕业率
9	爱荷华大学	48％
10	德州农工大学	49％
11	密歇根州立大学	50％
11	加州大学科鲁兹分校	50％
13	加州大学戴维斯分校	51％
13	德克萨斯大学奥斯汀分校	51％
15	塔尔萨斯大学	52％
15	纽约州立大学水牛城分校	52％

现在的许多中学数学教师的专业素养不仅从深度上讲是不够的,从宽度和广度上讲也是有所欠缺的.这导致占位不高,眼界狭窄,眼中只有考试大纲所要求的那点东西.在报纸上看到章乐天写的一篇小文恰恰描述了这一点:

鳖从海中来,偶遇一只青蛙,就听青蛙跟他吹嘘说自己有多快活:"出跳梁乎井干之上,入休乎缺之崖;赴水则接腋持颐,蹶泥则没足灭跗;还虾、蟹与蝌蚪,莫吾能若也."大意就是可以上蹿下跳,在水里水外自由腾挪,虾、蟹与蝌蚪都不如他.

闻言,鳖语重心长地讲起了东海:千里之遥不足以形其宽,千仞大山不足以语其深,不论旱涝,海平面都不见丝毫的升降,等等,说得青蛙一愣一愣,"适适然惊,规规然自失也".

寓言出自《庄子·秋水》.

所以中学数学教师要时刻警惕自己不要变成井底之蛙而不自知,要保持一个良好的解题胃口和博览群书的学习热情.

曾读到一则民国史料:严春阳,直系军阀孙传芳部下,曾任淞沪戒严司令兼警察厅长.

1926年底,严春阳下野.其子严顺晞先生回忆说:"我父亲下台后买了好多书,大多是理工科方面的,比如商务印书馆的汉译名著,有上、下两册精装的《科学大纲》,记得还有本《古生物史》,我们几个在他那里乱翻,特别爱看这本书里的那些恐龙什么的插图,很有趣."

广泛读书的结果是严顺晞先生终其一生都对科学充满浓厚的兴趣,对未知的一切充满强烈的好奇心.

一个旧时代行伍出身的军人在中国古老的传统下都自觉地买书、藏书、读书,更何况我们新时代的以教书为职业的教师呢.

本书内容十分丰富,几乎包含了初等到古典有关包络的所有内容.从直线族的包络到圆族的包络,从圆锥曲线族的包络到高次曲线族的包络,从克莱罗微分方程与曲线的关系到维尔斯特拉斯 E 函数,从包络在机械方面的应用一直到包络在军事及农业方面的应用应有尽有,这对于提高中学数学教师的专业能力大有好处.

作家王小波曾说:我认为,在一切智能活动里,没有比做价值判断更简单的事了.假如你是只公兔子,就有做出价值判断的能力——大灰狼坏,母兔子好;然而兔子就不知道九九表.此种事实说明,一些缺乏其他能力的人,为什么特别热爱价值的领域.倘若对自己做价值判断还要付出一些代价,对别人做价值判断,那就太简单、太舒服了.讲出这样粗暴的话来,我的确感到羞愧,但我并不感到抱歉.因为这种人带给我们的痛苦实在太多了.

所以作为专业人士要多做专业判断,少做价值判断.三联书店总经理沈昌文在"出于无能——我与《读书》"的文章中回忆说:有一次,我为《读书》写了一点什么文字,拿去给陈翰伯老人看.他看后找我去,郑重其事地对我说:"沈昌文,你以后写东西能不能永远不要用这种口气:说读者'应当'如何如何,你要知道,我们同读者是平等的,没权利教训读者'应当'做什么不'应当'做什么.你如果要在《读书》工作,请你以后永远不要对读者用'应当'这类字眼."

以沈昌文先生的观点看,笔者在这里又犯忌了.所以及时打住是聪明之举!

刘培杰
2017.3.7
于哈工大

Dirichlet 问题

刘培杰　主编

内容简介

本书是对迪利克雷问题的历史及与数学各分支的联系和最新研究进展所做的回顾与综述,对从事高等数学学习和研究的大学师生是一种寓教于史的新的尝试.

前言

迪利克雷是数学史上的一位重要人物,在许多方面均有重要贡献.这是迪利克雷在研究微分方程位势原理时提出的一个猜想,其具体内容简单地说大体是:极小化迪利克雷积分

$$\iint \left\{ \left(\frac{\partial u}{\partial x}\right)^2 + \left(\frac{\partial u}{\partial y}\right)^2 \right\} \mathrm{d}x\mathrm{d}y$$

的函数 u,满足位势方程

$$\frac{\partial^2 u}{\partial x^2} + \frac{\partial^2 u}{\partial y^2} = 0$$

后来有人在研究三维位势方程(亦称拉普拉斯方程或调和方程)

$$\frac{\partial^2 u}{\partial x^2} + \frac{\partial^2 u}{\partial y^2} + \frac{\partial^2 u}{\partial z^2} = 0$$

时,又提出由位势方程所描述的相应物理状态总有一个确定的

物理解,因而其本身也必然存在一个数学解.但在数学上的这种存在性,长时间的不能被证明,直到1851年,黎曼才在他的博士论文《单复变函数一般理论的基础》中,给出了位势方程边界问题解的存在性证明.由于黎曼在文中运用了他的老师迪利克雷所提出的上述猜想,故他称之为"迪利克雷原理".可是,在其论文发表后的不长时间,这个原理便激起了热烈的讨论,特别是黎曼的这一证明受到了德国著名数学家维尔斯特拉斯(K. W. Weierstrass,1815—1897)的尖锐批评,他指出:黎曼不加证明就先验地假定一定会存在一个使积分取得到极小值的函数,这在数学上是不允许的.尽管受到了大师的批评,黎曼并没有因此动摇自己对迪利克雷原理的信心,并且一鼓作气又运用此原理做出了一系列重要的发现.1866年,黎曼英年早逝,但关于迪利克雷原理是否成立的论争仍未停止.1870年,维尔斯特拉斯给出了一个与迪利克雷原理相反的例子,在这个例子中,对给定的边界条件,使迪利克雷积分达到极小值的函数是不存在的,并以此来否定迪利克雷原理.由于迪利克雷原理被当时的数学权威维尔斯特拉斯所否定,所以数学家们便只好另辟蹊径来证明位势方程边界问题解的存在性,比较著名的有三种证法:1870年纽曼用"算术平均值法"给出了一个证明;1890年,许瓦兹用"交替法"又给出了一个证明;同年,庞加莱用"扫散法"也给出了一个证明.这些证明从逻辑上讲无疑都是对的,但就是没有一个能够像以迪利克雷原理为工具那样简单、明快,这又不禁使得数学家们怀念起"迪利克雷原理"来,都对它当年被否定而感到惋惜,并随之产生了复活这一原理的念头,并且也为之做出了一些努力,只可惜都未能成功.数学界为此弥漫着一种悲观的气氛,数学家纽曼就表示:如此美而又有如此广阔应用前景的迪利克雷原理,已经从我们的视线中"永远消失"掉了!

俗话说"三十年河东,三十年河西",就在迪利克雷原理被否定三十年之后,即1899年,德国领袖数学家希尔伯特对此又发动了一场新的"救亡运动",他彻底冲破了那种把严格性与简单性对立起来的传统观念,批判了维尔斯特拉斯以严格性全盘否定迪利克雷原理的做法,并从迪利克雷原理的简单性、优美性以及应用的有效性出发,积极寻求它的真实性和合理性,最后终于找到了证明迪利克雷原理的途径和方法.他在德国数学联合会上报告了他的这一研究成果,并明确指出:只要对问题中的区域、边界值和允许函数的性质作适当的限制,就完全可以恢复迪利克雷原理的真实性.他还针对数学家们认为迪利克雷原理早已沉没了的观点,意味深长地将他的这一研究工作称为"迪利克雷原理的复活".后来希尔伯特又给出一个更为一般的证明,从而进一步肯定了迪利克雷原理存在的合理性.

在数学发展史上,虚数的出现充满着戏剧性,几位数学大师对虚数的评价也各有千秋,如意大利的卡尔丹(Carden,1501—1576)说:"(虚数是)又精致又不中用."法国的笛卡儿(Descartes,1596—1650)说:"虚数是不可思议的."德国的莱布尼兹(Leibniz,1646—1716)则说:"虚数是神灵美妙与神奇的避难所."最有趣的要数瑞士的欧拉(Euler,1707—1783),他说:"虚数既不是什么都不是,也不比什么都不是多些什么,更不比什么都不是少些什么,它们纯属虚构."

以上的评价都颇具大家风范,既玄妙,又滴水不漏,串联起来借用一下其句式作为本书特点的介绍:这本书是既精彩又不中用,以通常的著书方式看是不可思议的.这本书是天才情结与英雄崇拜的混合体.这本书既不是什么都不是,也不比什么都不是多些什么,更不比什么都不是少些什么,它纯属不伦不类.

这是一部"啥也不是"的书.

这样说一是因为虽然它叙述了一个数学天才少年的获奖事件,但它并不是报告文学;虽然它探讨了数学天才的成长方式,但它并不是教育文集;虽然它涉及众多的著名数学家,但它不是数学家传记;虽然它包含了美国数学竞赛与数学天赋测试题,但它并不是奥数题集;虽然它横贯了若干现代数学分支,但它并不是数学专著.

二是因为它涉及太广难以归类,它既是方程又是分析,既是复变又是泛函,既是代数又是数论,既是概率又是几何,既是经典数学又是现代数学,既是纯粹数学又是应用数学.既可应用于飞机制造,又可应用于鼓声识别;既可应用于天体物理,又可应用于医疗器械.

至于为什么故意将一本书"制造"成如此不伦不类,其指导思想如下:

据波士顿咨询公司创始人布鲁斯·亨德森教授当年撰文称,1934 年,莫斯科大学的一位科学家高斯(C. F. Gauss)曾经作过如下的一系列比较实验:把两个非常小的动物(原生物)放在一个瓶子里,给予适量食物.如果二者是不同类的动物,它们可以共同生存下去;如果它们来自同类,则无法共生.高斯于是得出了"竞争性排他原理":两个活法相同的物种不可能持久共生.亨氏将此原理引入商业竞争之中,提出了 uniqueness(独特性)的概念,即要想生存就必须与众不同.

不伦不类或许也是一种独特,但更是一种无奈.目前数学类图书市场被三大类图书所占据:一曰专著类,其作者皆为学界泰斗或学术新贵,其规模多为高文大册,其内容皆壁立千仞常人难及.二曰教材类,其作者皆为明星教授,学界大佬,具振臂一挥,应者云集之影响力,其出身皆为名门,其封面多标注以"十 X 五"系列,非圈内人士断难分其一杯羹.三曰科普类,其籍贯皆为欧美,其作者皆学富五车,精数学兼通文史哲.其旁征博引,妙语连珠,一般人难望其项背.

以此分析似乎会得出数学书不可为的结论,但知其不可为而为之是进取之道,要有为就必须避重就轻,避实就虚.别家内容求专,我们就求广;别家文理分开,我们就文理合一;别家初高另设,我们就熔于一炉;别家仅限一家之言,我们就博采众长.总之,"逆反"与"另类"是这本书的两大特征,虽然,这可能很难让人接受,有一种大杂烩的感觉,但这是我们的刻意而为.南宋姜夔论诗,说:

"作者求与古人合,不若求与古人异,求与古人异,不若不求与古人合而不能不合,不求与古人异而不能不异.彼惟有见乎诗也,故向也求与古人合,今也求与古人异,及其无见乎诗已,故不求与古人合而不能不合,不求与古人异而不能不异. 其来如风,其止如雨,如印印泥,如水在器,其苏子所谓不能不为者乎?"

(《白石诗集,自叙二》)

但这种汇集稍有不慎会有堆砌之感,这是大忌. 中国物理学泰斗吴大猷对此种无骨架的陈列曾表示过担忧与不满,他说:

"写(物理)发展史是一件费力而不讨好的事. 写发展史总不能是巨细不分地编写电话簿,如对发展一个'学系'或研究单位. 若对'发展的方向''人才的评估''设备的计划'等均无高明评估,对成果无公允评量,则此等叙述是无价值的! 看电话簿是难对其国家社会得到有意义的正确了解的."

(吴大猷述. 黄伟彦、叶铭汉、戴念祖整理. 柳怀祖编. 早期中国物理发展之回忆. 上海:上海科学技术出版社,2006)

基于以上原因,本书充其量只能是供"小众"传播的矿石原料,美国《时代》杂志估计在未来10年内随科技发展,会产生10种吃香行业,其中之一为"资料矿工",他们负责从如山的资料中寻找有用的东西. 如果是全社会都感兴趣的话题倒也值得,关键是怕只有极少数人对此感兴趣,所以我们只好充当"小众传播人"为他提供个性化的资讯,这就是本书的目的. 如果说还有更进一步的野心,那么我们还希望编成一部数学概念思想史,因为怀特海说:

"甚至一直到现在,数学作为思想史中的一个要素来说,实际上应占有什么地位,人们的理解也还是摇摆不定. 假如有人说:编著一部思想史而不深刻研究每一个时代的数学概念,就等于是在《哈姆雷特》这一剧本中去掉了哈姆雷特这一角色. 这种说法也许太过分了,我不愿说得这样过火.但这样做却肯定地等于是把奥菲莉这一角色去掉了.这个比喻是非常确切的.奥菲莉对整个剧情来说,是非常重要的,她非常迷人,同时又有一点疯疯癫癫,我们不妨认为数学的研究是人类性灵的一种神圣的疯癫,是对咄咄逼人的世事的一种逃避."

(A. N. 怀特海. 科学与近代世界. 向钦,译. 北京:商务印书馆,1989)

提到思想史就不能不涉及人物.

本书的主人公之一,德国著名数学家迪利克雷是一个被数学史家低估了的人物.他是高斯和黎曼之间最伟大的数学家之一,但是他的名声往往被这两位数学家所掩盖,没有得到应有的注意(生活在伟人出没的时代对平凡人是一种幸运,但对另一个伟人的人生却是一个悲剧).实际上他在数学研究的深度、广度及个人影响方面都是巨大的.他与雅可比一起像耀眼的双星照亮了整个德国数学界,彻底扭转了德国数学在教学与研究上的落后局面,开创了德国数学在其后100年的领先局面.

迪利克雷作为一个邮政局长的第7个孩子成名于名人堆中.从1822年5月到1826年秋天他居住在巴黎,在法兰西学院及巴黎大学理学院听课,结识了拉克鲁瓦、傅里叶及泊松(这似乎与迪利克雷在分析方面的工作方向有某种联系).1823年夏,他被福瓦将军聘为家庭教师.1825年夏,他结识了亚历山大·冯·洪堡,并通过他结识了许多法国著名科学家.同年,勒让德及拉克鲁瓦代表巴黎科学院接受了他的第一篇关于五次不定方程的论文,他在文中证明了费马大定理 $n = 5$ 的情形.1825年冬,福瓦将军去世,他离开福瓦家.1826年5月,他致函普鲁士文化部长史泰因申请工作,并附上亚历山大·冯·洪堡的介绍信.1829年夏,他在度假时结识了雅可比,两人结下了终身友谊,后来在洪堡的介绍下,他结识了著名音乐家门德尔松(Felix Mendelsohn,1809—1847)一家.1832年娶其妹瑞贝卡

(Rebecca,1811—1858)为妻,他的家庭成为柏林文化界的社交中心.1855年高斯去世后,迪利克雷被选为高斯的继任者.

本书的另一位主要人物是皮埃尔·西蒙·拉普拉斯.

18世纪的法兰西百科全书派设想,用物理与力学的原理终极地解释宇宙间万事万物的日子,已经为时不远了.拉普拉斯就是这个充满自信时代的代表,这个时代的特征是乐观地过高估计了新出现的物理——力学思想的能力.

拉普拉斯1749年生于诺曼底的昂诺日博蒙,他的父亲小有资财.他16岁时进入冈市大学,很快就显露出数学才能.在只有18岁时就被任命为巴黎军事学校的数学教授.

他很快就名声大噪,原因是在1773年,他研究了一个著名的问题:为什么木星的轨道看上去不断地在缩小,而土星的轨道却在不断地扩大,这个问题人们一直无法用牛顿的引力学说做出解释.牛顿曾经担心,为了使太阳保持住目前的秩序,需要上帝的力量不时地进行干预,拉普拉斯去掉了这个假设,证明了这是一种周期现象,而且是每隔929年就会重复一遍.

拉普拉斯论述天体引力的不朽之作《天体力学》,从1799年至1825年间分5卷出版.这是一本极为抽象的著作,文风晦涩,在论述中常常用"易于理解"一词衔接推理上的跳跃.他的写作也不完全诚实,他有意略去引述别人著作的痕迹,把上3个世纪中数学家辛勤钻研的成果,掠为己有.尽管如此,它仍是一部举世公认的巨著.

拉普拉斯在概率论方面的贡献,是无与伦比的.《概率论的解析理论》(1812)描述了一种算法,可以给讲述偶然性事件的命题赋予"合理的信任程度".在这个范围内,信念似乎是个格格不入的不科学概念,我们每个人都怀着明天太阳照样会升起的坚定信念,安排我们的日常事务,但这样的想法并不意味着信念可以指派以确定的量.但是拉普拉斯却说:信念是可以度量的,并且规定了度量的算法.

拉普拉斯认为概率的原理影响所及遍布人类生活的各个方面,什么事都是可以度量的.在拉普拉斯眼里,人类理解力的面前不存在技术上的禁区,哪怕是宇宙的过程,也可以不可移易的准确性,洞察秋毫之末. 他的时代正是人类智能高视阔步的时代,一点也不曾感到,会有力有不逮的情况.

现代的科学则要谦逊得多,今天的宇宙在某些方面要比以往任何时代都更神秘莫测. 大自然再也不仅仅是用运动与物质就能考查的对象了. 拉普拉斯的天体机器,确实在宇宙中建立起了很长时间的稳定,但决不像他所宣称的那样,适用于"永恒的世代". 18世纪在思想史中是个独一无二的时代. 在这以前及之后,人类对于自己理解整个宇宙的能力,都不是那样的信心十足的.

拉普拉斯于1827年去世. 在晚年,他在自己周围吸引了许多的天文学家、物理学家、博物学家和数学家,既忙碌又愉快,他接见全球各地杰出的来访者,他的科学天赋为他赢得了"法兰西的牛顿"的殊荣.

拉普拉斯一生都在顺应着政治环境的变化,他也一直为此受后人诟病. 他的同时代人戏谑地称他"驯顺". 在法兰西革命的动乱时代,他不仅保全了首级,而且还事业昌盛. 他的著作一版接着一版,只是导言内容紧随时代潮流而变化. 例如《概率论的解析理论》1812年版是奉献给"拿破仑大帝"的;但在1814年的版本中,他不仅删去了这段颂词,而且还写道:"一个掌握了或然性之算法的人,能以很高的概率预言,渴求统治全世界的帝国,必败无疑."

另外本书还希望成为讲述应用数学与数学的应用的科普书.

应用数学对于普通人来讲有两个含义:一个是数学的应用,即理论联系实际,再一个才是我们常说的应用数学. 对于理论联系实际,一个好的例子是抗日战争时期,我国出了一本名为《抗日数学》的教材,教材中的选例大多都是与抗日有关的素材,如地雷的杀伤力,就是与圆的面积相关;投掷手榴弹出手的角度,就是与抛物线联系,那些材料真正体现了数学的现实性,值得借鉴.

M. L. Cartwright 说:

"在把纯数学区分于应用数学时,看来存在着两个问题.一项工作是否真是抽象的并且与所有的应用相分离? 如果它的确是一项抽象的工作,所追求的目的完全是其自身的,那么它还是不是一项数学工作? 我相信在严格的数学抽象思维和那种依靠现实世界的思维之间绝对没有明确的分界线,而且数学中的某些主要发展,像微积分,就多多少少是依靠现实世界思考出来的.进一步的抽象并不一定使数学变得更好."

那么什么是应用数学呢? 没有一个统一的定义,用 H. O. Pollack 的话说:"应用数学是我碰巧知道其一个应用的数学,我认为这包括了数学中的几乎每一件事."用 C. C. Lin 的话说则是:"应用数学家的努力导致新的数学思想和理论的创造,并且由于这种数学理论的来源,它们更适合于其他科学分支."R. Courant 则说:"应用数学的任务是面向外部提出的问题,适合这些问题的形式,把它们翻译成数学语言,分析其模型表示的抽象问题,然后是最后的也是最主要的一步,从理论分析转回现实语言并使之合于使用."G. F. Carrier 则对学生提出这样的要求,他说:"应用数学专业的学生在学成时应对相关领域有广泛的了解,对其中的几个领域有深刻的理解,对大量定量问题中的某些问题有着高度激发的好奇心以及做出有意义的贡献的愿望."为了使读者对应用数学的特点及边界有一个感性认识,我们举一个有趣的例子——自由下落猫的研究.众所周知猫四肢朝上从空中自由落下时四脚能够先安全着地,这一现象的解释可追溯到 19 世纪末,Guyou 和 Marey 首先用角动量守恒原理解释了猫在空中的转体运动对其质心的角动量保持守恒,即等于 0.(贾书惠.从猫的下落谈起.北京:高等教育出版社,1990)McDonald 从生理学的角度也阐述了这一论点,他们认为猫先收缩前肢,伸开后脚并转动前半身,由于前半身对纵轴的转动惯量小于后半身,根据角动量守恒原理,同时前半身转过的角度比后半身向相反方向转过的角度要大.然后,猫伸开前肢,收缩后肢并转动后半身,同理后半身也转过较大的角度. 这一解释虽然符合力学原理, 但由实验观察猫的自由下落过程看不到这种明显的四肢开合运动. Лойцянский 用猫尾巴旋转提出另外一种解释, 即不用四肢的伸缩动作, 而是将尾巴向一个方向急速旋转, 猫的身体也能沿相反的方向翻转过来, 但实验证明无尾猫同样能完成转体而否定这一论点. Kane 和 Scher 利用猫的弯曲脊柱解释转体, 假定猫的前后脊柱以腰部为顶点做圆锥运动, 将猫简化为由两个轴对称刚体组成的多体模型, 解释了猫的转体运动, Kane 对由两个轴对称刚体组成的猫的力学模型建立了运动方程并作数值积分, 计算结果与实验摄影记录十分吻合, 我国力学家刘延柱考虑猫的躯干的非轴对称性导出猫转体的动力学方程, 进而讨论了猫下落转体运动的一般规律. (刘延柱. 自由下落猫的转体运动. 力学学报, 1982, 14(4): 388-393)

进入 20 世纪 90 年代, 随着载人航天技术的发展和探索失重状态下人的转体规律而对猫落体问题进行了广泛和深入的研究. 猫落体的姿态运动方程首次积分可化为非完整约束方程, 它是由角速度不可积引起的. 非完整控制系统是一类特殊的非线性系统, 其控制方程的特点表现为构成系统的广义坐标的维数多于控制输入维数. Brockett 最早系统地研究了无漂移非完整系统的最优控制问题, 用控制目标函数构造拉格朗日函数及拉格朗日方程, 分别得到最优输入为正弦函数和椭圆函数的结论. Murray 和 Sastry 利用 Brockett 的一些成果将正弦输入用于非完整链式系统的控制. Royhanoglu 对非完整系统的动力学模型, 利用 Stokes 定理和 Taylor 级数展开等工具提出一种类似的运动规划算法. Leomard 等基于平均理论研究了非完整控制系统的运动规划问题. 还有一些应用数学家在非完整控制系统中构造优化路径或轨迹的各种数值方法中也取得了一系列重要研究结果. 特别是 Fermands 对双刚体耦合系统提出的最优控制问题的 Ritz 近似方法. (戈新生, 陈立群. 自由下落猫的非完整运动规划最优控制研究. 应用数学和力学, 2007, 28(5): 539-540) 由此我们可见应用数学家工作之方法与风格之一斑.

另一个有趣的例子来自于生物学. 在生物学中, 相似理论是一个十分重要的问题. 它是把对一种动物获得的实验数据用于另一种动物的基础,对医学研究有极为重要的意义.长期以来,它一直是人们十分关心的议题之一.1927 年,Lambert 与 Teissier 对哺乳类动物给出了两个著名的假设:一是对应器官的密度相等;二是对应时间比等于对应系统的长度比.在此基础上提出了著名的生物相似理论,为近代生物相似论奠定了基础.1979 年,在仔细的实验与观察基础上,Noordergraaf 等进一步考虑了对不同哺乳动物血流波速的差别,得到波长与动物系统长度之比为一不变量,即 $\frac{\lambda_{max}}{L} \approx 6.1$,这里 λ_{max} 为基波波长,L 为至动脉根部到髂动脉的距离,设 C 为波速,T 为心搏周期,则 $\lambda_{max} = CT$,故有 $\frac{CT}{L} \approx 6.1$.如果忽略波速 C 对不同哺乳动物的区别,即得 $\frac{T}{L} \approx \frac{6.1}{C}$ = 常量,这正是 Lambert 等的假设.

一个自然的问题是:为什么对不同的哺乳动物会有这个不变量?现在生物是 20 亿年自然选择的结果,一个自然的猜想是这种不变量应有其进化论的意义.我国应用数学家兰州大学的牛培平教授从力学意义上进行了探讨,设左心室射血时间为 T_1,他从理论上证明了当 $\frac{2T}{C} = T_1$ 时,亦即当 $\frac{\lambda_{max}}{L} = \frac{2T}{T_1}$ 时,在正常的有生理意义的波反射条件下,左心室关于振荡流的周期平均功率为极小.它的直观意义是,假设左心室发出一个矩形流量波,那么当这个波在功能反射位置反射到主动脉根部时,恰当主动脉瓣关闭.由于哺乳动物心脏构造相似,$\frac{2T}{T_1}$ 近似为常量 6.1,所以有 $\frac{\lambda_{max}}{L} \approx 6.1$,这正是 Noordergraaf 等的结果.

在本书中我们希望在弘扬核心数学价值的同时也彰显应用数学的不可替代的价值.《美国数学月刊》主编哈尔莫斯说:

"许多应用数学具有非常大的价值.如果,一个思维的方法教给我们一些有关血液是怎么输送的,波是怎么传播的,银河系是如何扩张的等方面的知识,那么它给了我们科学和知识.顾名思义应受到至上的尊敬.立法文章的伟大的起草者们(以他们严谨正宗的句法和文风)深邃、精辟、一丝不苟,对社会功德无量,说他们所写的法律是坏的文学不是一种侮辱.同样,伟大的应用数学家洞察明鉴、巧法如神,对科学劳苦功高,说他们有着血液、波以及银河系的发现是第一流的应用数学.但是,通常来说,照样,应用数学是坏数学,这么说,也不是一种侮辱."

(P.R.哈尔莫斯.应用数学是坏数学.北京:北京大学出版社,1990)

关于应用数学对社会贡献的方式,有一个有趣的类比:

美国人约翰·布罗克曼为了编写《过去2 000年最伟大的发明》一书,在互联网上提出:"什么是过去2 000年最伟大的发明"的讨论,从中他挑出一百份来集结成书.但与众不同的是布罗克曼在问题的后面还有一个"为什么",这就要求回答者言之成理了,清华大学科学史教授刘兵认为在这100个答案中最奇特的,也是最刺激的莫过于邓肯·斯蒂尔的答案,竟是——"英国新教33年历法".原因是:1582年由罗马教皇格里高利13世颁布的历法,也就是今天全球通用的公历,并非是最完善的历法——事实上这样的历法至今也未产生.就置闰这个问题而言,相传1079年波斯诗人欧玛尔·海亚姆(以抒情四行诗《鲁拜集》名垂后世)提出的33年8闰的周期更为合理,英国的新教徒出于宗教目的,极力鼓吹采用这种周期的历法,为此就需要寻求一条新的本初子午线来证明这种历法的优越性.由于这条假想的本初子午线约在西经77°处——靠近北美大陆东岸,所以英国向北美派出了多支探险队.最后的结论是:如果没有新教33年历法,英国就不会向北美探险,也就不会有今天的美国,世界历史就会大大不同了.(江晓原,刘兵.南腔北调——科学与文化之关系的对话.北京:北京大学出版社,2007)

数学对世界的贡献非常像"英国新教33年历法"之于美国的发现,纯属意外,是地地道道的副产品.

本书更想成为引导数学天才成长及社会如何发现数学少年天才的励志之书.

在韩国围棋界有一个术语叫"穿鼻". 这是指初次进军职业棋赛的本选舞台. 牛犊如果长大成牛, 必须穿过鼻中隔, 戴上鼻环, 所以常常用穿鼻来比喻新锐职业棋手初次进军本选舞台. 这从字面理解似乎成长伴随着痛苦(穿鼻之痛). 本书用一定的篇幅论及了数学天才在"穿鼻"之前的特征及表现, 以及相应的发现和培养方式.

俗话说"英雄惜英雄", 也许天才需要天才才能早期发现. 我们或许可以以诺贝尔奖得主为例. I. I. 拉比偶然遇到年轻的朱利安·施温格的故事, 颇具说服力:

1936 年, 18 岁的施温格当时是纽约市立学院的肄业生, 碰巧陪同一位朋友去哥伦比亚大学, 那位朋友想要转学到那儿的物理系, 当时距离获得诺贝尔奖还有八年之遥的拉比, 同这两个年轻人谈了话, 而且很快就把注意力主要转向施温格而不是他那促成这次会晤的朋友身上, 拉比发现施温格在物理学方面的知识, 远远超出他当时年龄应有的水平. 更重要的是, 他注意到施温格具有有条不紊的思考能力和有条不紊的阐发天才. 拉比很快就安排施温格进入哥伦比亚学院并终于在该大学获得博士学位. 他的天才对任何关心他的人来说都是显而易见的了. 正如他的同学米切尔·威尔逊 1969 年在《大西洋月刊》(224号) 上所写的"诺贝尔奖奖金获得者是怎样成长起来的"一文中所撰写的, 施温格"很快就在班里表现得非常突出, 以至没有人想要嫉妒他. 我们每个人都彼此肯定这样一件事:他终究会获得诺贝尔奖奖金."

他山之石, 可以攻玉. 当我们把目光集中于我们的中学生时, 往往有种失望的感觉. 这可以由我们的中学教育的产品——大学生那里发现一点问题. 人们惊讶地发现本应求知若渴的大学生竟然有许多是厌学的. 在分析中国大学生厌学的原因时, 社会学家郑也夫说:

"第一位的因素还是中学的时候学生心理上受了

伤,学得太累了.听说日本大学学习的动力跟中学比也是大不如前.中学时候那都是拼命、冲刺,厕所里都印着高考的知识:全世界最高的山是什么山,最长的河……那真是寝食不安.这种情况造成的结果必然是到大学里要松一口气,要长休那么一阵子.这在中国是第一要紧的因素.我看到过一个哲学家写过这么一段话,非常生动:'叫一个孩子在非兴趣的基础上去学习,就是在春天的时候摇晃一棵苹果树,你不但不能摇下苹果来,相反使得苹果花纷纷落地,以至于到了秋天应该收获的时候,你不再能收获到苹果了.'我觉得这句话非常凄美.我们这些家长、教师在联手扼杀我们的孩子,我们到秋天的时候收不到果子了,是因为我们犯了一个大错.我们用自己的双手造就了这样一个悲哀的事实,我们所最钟爱的下一代成不了大器."

(《博览群书》,2005年第5期)

所以我们希望,通过本书的阅读使数学教育工作者能发现我们的教学方法之弊病,并加以改变.

全美华人协会第一副会长,美国波士顿学院化学系教授潘毓刚在谈到人才培养时说:

"中国的教学方法,必须加以改进.

"中国现在美国的留学生很多,我接触到的外国教授都说中国学生很用功,考试成绩都很突出.但做起科研来,开始时往往不如美国学生.

"科研就是要从不同角度考虑问题,不拘一格,突破老的框框.而我们的学生从小习惯于从一个角度,按老师的思路去思考问题,有的老师不喜欢甚至不准学生提问题.

"美国青年不同,他们不那么迷信权威,习惯于提问题,同教授争论,在美国经常有些教授被学生问得哑口无言,但并不为此而难为情."

（潘毓刚.也谈中国科技教育体制的改革.原载《大自然探索》1984年第4期）

通过阅读本书我们也希望使考生及其家长认清目前国内高考的弊端,了解选拔方式的多样性.

美国伯克利加州大学校长,中国科学院外籍院士田长霖在一次讲话中指出:

"在国内有高考,一次考试就决定你是否能进大学.在国外也有,叫统考,他们叫 SAT(Scholastic Aptifude Test),就是学能测验,其实,这种统考与国内的高考并不相同.国内的高考很多地方可以凭记忆、凭背、凭猜题.这次,我在武汉参观,有人对我讲,有几所中学,升学率高得不得了,有许多学生从来没有见过化学试管或任何化学方面的实物,但是,可以把化学实验方面的题目答得非常完善.他们的老师有三个很好的办法:管,关,灌.先管他,再关起来,最后再灌.但是,这样训练出来的学生,恐怕将来的发展不会很大,我宁愿收一点调皮捣蛋的学生.在美国,全部高中毕业生都要参加统考.但是,这是智力测验,比较灵活,预备几天就可以,使你了解是怎样一种性质的测验.了解后,再死背的话,就没有多大的帮助.即使像这样一种考试,在美国,也有好几所大学认为不合理,取消了统考分数.当然,在国内,我不是说要废除高考.没有高考,问题可能更大.我们学校和哈佛大学最近的入学标准,就是统考.我们的想法是,怎样训练一个灵活的人,或者训练天才,尖端的领导人.统考有两部分:一是语文分析能力;二是数学分析能力.我们有一条,就是入学标准.统考中,语文拿满分,比如说800分,不管你高中分数是多少,不管你数学分析能力怎样,自动地进入大学.如果你的数理分析拿满分,也是自动进入大学,这种人可能是数学或科学的天才,虽然语文差一点,其他如地理、历史差一点,没有问题,让他进去."

菲尔兹奖获得者日本数学家小平邦彦在《懒惰的数学家的书》中指出数学教育的弊端时也说过:"数学考试越来越难,在没有掌握试题模式的情况下回答问题是相当困难的."小平邦彦曾全力以赴做小学六年级的 50 分钟的测试题,结果没有能够全部做出来.训练考试技巧的数学教育的特点就是:"调查了入学考试中要出的问题的模式之后,教给学生对某种模式的问题应该采用什么方法来解答,学生在考试中,首先观察问题的模式来判断自己是否能够解答,如果能够解答就立即去解答;如果不能解答,由于时间不够,因此连考虑都不用考虑就跳到下一个问题.如果不是这样,小学生是不可能在限定时间内能够解答连数学家都不能解答的问题的."这种数学教育就像"给猴子教把戏一样"没有什么创造性思维能力的培养.

对于数学天才的培养还要切忌不顾实际情况的一味鼓励,努力对于低智商者成为中等程度的人才是一定有效的,但对于想成为天才却是必要而非充分的.

在世界 CYBER 棋院事业本部长孙仲洙所写的《逃避不如享受》(长江文艺出版社,2007 年) 中有一段文字:

"仅仅凭借努力并不能成为最高的职业棋手,但是如果没有努力,也不可能成为最高的职业棋手.所谓的努力就是在才华的基础上一针一针地刺绣,是一项非常烦琐的工作.这种所有人都可以拥有的公平的才华(努力),使无数普通人认识到了'自己也可以成为最好'的自身潜力,这才是李昌镐真正的价值."

某些励志名言如此蛊惑道:"只要有百分之一的希望,就要尽百分之百的努力."没错,当一个拥有无限资源并且一天到晚只干一件事儿的时候,这种鼓励似乎无可厚非.对于一个资源(时间、金钱、能力、自律)有限并且每天要应对多种任务和挑战的真实世界中的凡夫俗子来说,这种不计后果、不顾可能、不负责任的说教无异于恶意怂恿和戕害.

所以,当我们再听到类似"世上无难事,只怕有心人"(只要你用心,世上就无难事:Nothing is too difficult if you put your heart into it)的豪言壮语时,最好不要过分激动.世界上很多事,不管你用不用心,都是很难的(看看本书后半部分就知道了,编者语).有些事,并不因为你用心与否,就能改变其难度.这时候,还是多想想另外一组说法,比如"别在一棵树上吊死""不要一条道走到黑"等.

没人能保证一个人付出努力就一定有成就."只要我们努力学习,我们就问心无愧"的说法恐怕还有些道理.有没有成就不是完全由我们决定的,而问心无愧是我们自己可以做到的.

还有,想当然地将某种可能的因果关系固执己见地当成公理,也很容易混淆对前提条件和结果本身的把握和定义.比如说,如果我们坚信"只要我们努力学习,就一定能够取得好成绩"是一条公理,一个人如果付出最大努力,只差没有累死,仍然没有取得好成绩,我们便可以反过来义正词严地推断说:"还是你没有真正努力,或者努力得不够.""如果努力了,怎么会没好成绩呢?"应该说,这种逻辑近乎无赖,而这种无赖的逻辑是我们的教育中所大量充斥的.

本书是一曲数学天才维斯卡尔迪成名的赞歌.

说到数学天才的培养最得到公认的途径就是通过数学竞赛(西屋科学大赛也是一种广义的竞赛),奥尔森说:在美国,初中孩子对数学竞赛产生兴趣的途径通常是全国中学生数学竞赛.但是如果老师不知道全国中学生数学竞赛,而且没有激发起学生对于数学的兴趣,那么许多潜在的竞赛高手就会永无出头之日了.

"在中国,有非常多的老师对数学竞赛感兴趣,而且可以研究与其相关的数学课题.实际上,在整个中国范围内有一个教练网,用来选拔培养有数学天赋的学生.每年有1 000万中国学生参加数学竞赛,而在美国,每年参加 AMC 考试的只有大约 50 万人."

([美国]史蒂夫·奥尔森,著.美国奥数生.金马,译.北京:中国商务出版社,2005)

在两个完全不同的数量级的选手中产生了水平相当的队员,不能不使我们关注美国数学教育.在美国,每年有数千名初中学生和高一年级学生会参加全国中学生数学竞赛(Mathcounts).这项竞赛是在 1983 年由国家专业工程师协会(National Society of Professional Engineers)、国家数学教师委员会(National Society of Teachers of Mathematics)和 CNA 保险公司共同创立的.比赛的目的是为孩子们创造一个机会,来磨砺他们的数学技艺,并与其他孩子相互竞争,就像拼字比赛(Spelling bees)一样,是要奖励那些在压力之下成绩出众的人.在全国中学生数学竞赛中,每所学校派出由四名学生组成的代表队,首先参加地区级比赛,通常包括一个城市及其郊区.得分最高的队伍和个人再参加州级比赛,然后每个州成绩最好的四名选手组成一支队伍,进入到全国范围的角逐.尽管那些不太关注数学的人们对这项竞赛知之甚少,但在对此高度重视的学生和老师的圈子里,这项比赛会引起人们极大的兴趣.

本书主人公维斯卡尔迪是美国不拘一格选拔数学人才的多元化道路的硕果.这是除学校教育、数学竞赛之外的第三条道路,如果说学校教育是工业化整齐划一的培养模式,数学竞赛则是会员式的小众培养模式,而西屋科学奖则是个性化的定制行为,从中胜出者更具数学家潜质.因为攻克数学难题与数学竞赛选手做竞赛题有两点区别,前者是自己找未解决问题,不受时间与地点的限制,而后者是做别人给出的已知解法的问题且规定时间和地点,所以就解决问题的方式而言,前者更像数学家.

我们从逻辑上很容易想象,这些数学少年天才在成年之后会像在高中时一样出类拔萃,最好的例子就是埃里克·兰德.在 1974 年参加了美国有史以来第一届国际数学奥林匹克竞赛之后,他进入大学学习数学,在普林斯顿拿到了学士学位,并在牛津大学得到了博士学位.20 世纪 80 年代兰德在哈佛商学院任教,其间他对生物学又产生了兴趣,部分原因是他曾与身为神经系统学家的兄弟交谈的结果.他自学了分子生物学,成为麻省理工学院怀特海德学院的一名教员,并在1990年为学院创立了基因组研究中心,而这个中心迅速在人类基因排序的研究中占据了领先地位.

据专门追踪美国奥林匹克竞赛参赛队员的詹姆斯·坎贝尔(在长达25年的时间里,坎贝尔一直是青少年科学和人文研讨会大纽约分区的负责人,这是一项为在科学、工程学和数学上进行过独创研究的高中学生设立的地区性及全国性的竞赛,他的目的是为了弄清竞赛究竟会不会改变学生的一生)的研究报告披露的一些信息我们可以看到,在进入人生的黄金年华以后,大多数奥林匹克队员都逐渐开始崭露头角.例如,彼得·肖尔是1977年美国奥林匹克数学代表队的队员,那支队伍当年在南斯拉夫得了第一名.他现在是美国新泽西州AT&T实验室中的一名数学家,正在主持量子计算机的研究,目的是用原子的量子性质来制造比现在强大数个数量级的计算机.还有两名前奥赛队员成立了软件公司,其中一个至今还担任着公司的首席工程师.更有意思的是还有两名奥赛队员成为研究犹太教法典的学者,甚至还有一个前奥赛队员作为乐团成员在卡耐基大厅里进行过演出.

再看看我国的竞赛优胜者,他们又都在哪里?

那么导致其间差异的原因何在呢?社会学家郑也夫在回其母校北京八中的演讲中有这样一段讲话:

"我同数学家杨乐先生曾经有过一次谈话.杨乐先生坚决反对我们现在的数学奥校.杨乐说,少年时代不要逼得太紧,不要揠苗助长,要重视兴趣,搞数学是个马拉松.前一段跑得快什么也不说明,后面什么结果,鹿死谁手不好说,前面千万不要着急.我为了让杨先生能把道理说得充分点,故意反驳他,我说:'杨先生您这话说得刻薄了.听说50年代的时候,报纸上介绍您,说您高二、高三的时候做的数学题不计其数.那您做了上千道数学题今天成了数学家,然后为什么告诉别人不做这么多题呢？'他愣了一下说：'我是做题做得挺多的，但没有人逼我，我自找，我有兴趣，以苦为乐，我高兴.'我觉得这里面蕴涵着一个非常大的真理成分，就是你不能从一个少年选手的出汗来判断，也不能从一个学生的做题来判断，要紧的是，这个事情必须是他自己由衷地热爱，无法按捺的一种兴趣，甚至家长说该睡觉了，别再做了，他还在那里干呢. 这和逼迫是两个劲. 你表面上看是相同的，但实质上是完全不同的. 有的人大器晚成，在这个时候不怎么用功，那你只好听其自然. 还有的孩子像杨乐，少年时候就不疲倦，就干，好！也挺好！但是这时候你不能让不愿干的人拼命干，你不能把他的元气耗尽，使他兴趣衰竭. 把苹果树的花都摇掉了，以后就结不了果了. 其实人是不相同的，有的人早熟有的人晚熟. 大家学过数学都知道伽罗瓦，十六七岁就不得了了，17岁搞的题目是很多大数学家一辈子都搞不出来的东西. 这样的天才少年是极其稀少的. 我们要逼迫全民族的孩子做成人都不能负荷的劳动，最后的悲剧是必然的.'

另外文化上的差异也是一个重要原因. 美国奥林匹克数学领队来自罗马尼亚的移民提图·安德烈斯库说：

"在罗马尼亚，每一个学习数学的人都会热爱数学，或者至少90％的人是这样，当人们知道你是一个数学家之后，他们会说，'我数学就非常好.'而一个出租车司机会对你说，'数学是我最喜欢的学科.'这就是东欧的参赛队成绩如此优秀的原因之一，数学是那里文化的一部分.

"而在这儿(美国)，小学和初中的很多老师就讨厌数学. 如果你讨厌数学，你又怎么能教数学？在这个国家，当人们知道我是一个数学家之后十有八九会说，'嘿，我的数学可是一塌糊涂.'"

([美]史蒂夫·奥尔森,著.美国奥数生.金马,译.北京:中国商务出版社,2005)

这是一本只有付出巨大努力才能全部读懂的书.

如果说本书的前半部分谈师论教尚且可读,因为毕竟都是文字,可能观点你不同意,但意思还可明白.但后半部则门槛较高,非有一定数学素养者不可读,从销售角度看是大忌.

美国作家汤姆·拉伯在《嗜书瘾君子》中对这类书冷嘲热讽,他说:

"学者编写的书的标题不外乎《早发环境向度之探索》或《狂喜的香蕉蛞蝓:以后达尔文辩证法分析后积淀农奴解放舞蹈》.不消说,压根没有人会那么想不开真拿来读(学者们之所以撰写那些东西,纯粹也只是为了保住饭碗)……

"学者们不仅专写没人要读的书,他们平日也阅读没有其他人想读的书.他们的阅读取向异常褊狭,这样子可以令他们自我感觉良好,窝在小圈圈里和区区几名同伴相濡以沫."

([美]汤姆·拉伯,著.嗜书瘾君子.陈建铭,译.上海:上海人民出版社,2007)

对于读书我们一直有一个误区,即要读,就读懂,不懂还读是自欺欺人,其实这里面有一个二律背反.不懂之懂方为真懂,还是拿名家说事.

杨振宁教授说:

"我在西南联大念书的时候,王竹溪先生刚从英国回来.他做了一系列关于相变(Phase Transition)的演讲.那个时候英国、美国有很多人搞这个东西,搞得非常热闹.记得当时听王先生演讲的人很多,我也去听了.可是我大学还未毕业,没有听懂.是不是白听了呢?不然,因为从那以后我就不时地对这个问题注意.听王先生的演讲是在1940年前后,我后来写的第一篇关于相变的文章是在1951年,即是十年以后.这十年期间断断续续地对这类问题的注意,最后终于开花结果了.以后几十年相变工作是我的主要兴趣之一,所以,1940年前后听王先生的演讲这个经历对我的研究工作有了长远的决定性的影响."

(杨振宁.关于做学问方法的几点建议.原载张劲夫主编《海外学者论中国》.北京:华夏出版社,1994)

其实这就是所谓渗透法,你总在一个不懂的问题场中泡着,总有一天你会顿开茅塞,恍然大悟,这里面要素有三个:一是问题要大,要重要有价值;二是坚持时间要长,不能半途而废,那样的话你可能就真的永远不会懂了;三是要扩大战果,因为这时的懂会是呈片状的,可能就此精通了某一领域.

另一个例子是我国著名理论物理学家周培源先生,用吴大猷的话说:"周培源念的是理论物理,也是一位真正念相对论的人."他1928年曾在德国莱比锡大学随海森伯从事科学研究.1929年赴瑞士苏黎世联邦工业大学,随泡利(W. Pauli)从事研究.

周培源先生的女儿在回忆他的父亲时曾有一段文字:

"他刻苦学习,成绩优良,特别是对物理、数学上的难题,经过苦心钻研后,都能解出答案,这愈发增加了他学习理论物理的信心,而且最后选定相对论为自己奋斗的目标.当时北京大学开设了很多相对论的讲座,尽管从清华园进城的交通很不方便,只能坐人力车、骑驴或走路,但是父亲还是积极进城到位于马神庙的北京大学理科去听报告.他说:'即使听不懂,也要去听.'"

(杨舰,戴吾三.清华大学与中国近现代科技.北京:清华大学出版社,2006)

据管理学者马浩撰文介绍：

著名领导学大家沃伦·本尼思教授也有类似的经历. 他当年在麻省理工学院听诺贝尔奖得主萨缪尔森讲数理经济学博士课程的时候就听不太懂.

据本尼思教授自己回忆，萨缪尔森讲一阵子，就会停下来，问他："沃伦，你听懂了么？"只有沃伦点头后，他才接着往下讲. 因为，如果反应最慢的沃伦听懂了，全班同学就肯定都听懂了.

在能否读懂这个问题上，首先要顾及的是数学中严格性和内容的丰富性是此消彼长的，数学哲学泰斗拉卡托斯曾说："在数学领域中，严格性长一分，内容就减一寸."（伊姆雷·拉卡托斯. 证明与反驳. 方刚，兰钊，译. 上海：复旦大学出版社，2007）

所以我们必须处理好严格性和丰富性的关系，我们在坚持严格性的基础上将丰富性最大化，理由是在科学至上的科学主义统治世界的今天，伪科学打着科学的幌子大行其道，特别是数学领域在几乎相当甚至超过主流数学家人数的"民间数学家"的喧嚣之下江湖气日盛. 任何不经意的"浪漫"都会引起伪科学的强劲反弹，大有喧宾夺主之势. 所以我们尽量追求数学上的严密. 这样尽管可能会给读者造成阅读上的困难，但困难地读少量真东西比轻松地读大量伪知识要有意义得多.

其次是销量与选材的平衡问题.

数学语言本身是现代阅读中的冷面杀手，不仅纯数学书销量令人尴尬，就是在文学作品中提到它也会大受影响，《三联生活周刊》主编朱伟先生，曾对王小波小说有如下评论：

"我一直认为，王小波的小说中写得最好的是《黄金时代》与《红佛夜奔》，《黄金时代》是他的情感的最自然流泻，带着他自己透明的青春气息.《红佛夜奔》则是他想象力与技术的最好发挥. 但遗憾的是，相比《黄金时代》，喜欢《红佛夜奔》的人却不多. 我想，也许一是其中不断穿插的'费尔马定理'影响流畅的阅读……"

(朱伟.有关品质.北京:作家出版社,2005)

从本书的区区 1 000 册的印数看,它注定是一本小众图书,对于小众图书,社会学家郑也夫有段高论:

"其实正是千万个小制作才孕育着艺术与学术的生机,才构成了文化世界的生态.小草一根没有,光秃秃两棵参天大树,这叫树林子? 这是大自然? 这是魔幻世界,这是对文化生态的人为摧残的结局.愿每个诚实本分的人坚持自己卑微的爱好,殚精竭虑于自己的小制作."(《新京报》2006 年 4 月 8 日)

我们祝愿小草也会有春天.

刘培杰
2015.10.30

Lie 群与 Lie 代数

刘培杰　刘立娟　编译

内容简介

Lie 群与 Lie 代数是很重要的一个数学领域,它有着很广泛的联系和应用.本书从单墫教授的一个初等数论问题的解法谈起,对 Lie 群与 Lie 代数相关内容进行了介绍,并附有大量的例子供读者参考.

本书可供高等院校本科生、研究生以及数学爱好者阅读和收藏.

编辑手记

本书是一本介绍 Lie 群与 Lie 代数的科普读物,这样的书现在不多.

柳斌杰在第三期全国出版职业经理人培训班的讲话中就指出:

"我国现在年出版新书已达 45 万种,有人说多了.不多,我认为少了,美国那么一点人,他一年就是 30 万种."

用时髦的话讲:从供给的角度看,现在是低端的供大于求,而高端的则明显不足.

Lie 群与 Lie 代数是纯粹的现代数学概念,用 G. Choquet 的话说:现代数学概念不是作为纯粹的、抽象的游戏而发明出来的,它们是更旧的、更复杂的概念的综合,而这种综合使大大经济有效的思维成为可能. 在五十年来数学的巨大进展中,新的结果和新的定理并不像已经完成的综合那样令我们感兴趣.

数学在现代社会中越来越被重视. 正如 L. Bers 所指出:社会十分尊重数学,这可能不是因为这门学科的内在美,而是因为数学是社会极其需要的一种艺术. 曾有媒体在调查后得出了这样一个结论:

美国人认为数学最重要.

美国人在中小学的时候能够学到中国中小学没有的科目,比如说心理学、经济学还有宗教等. 不过等到美国人中小学毕业之后,他们觉得这些科目里,对他们人生最重要的是什么呢? 盖洛普调查机构从 2002 年开始,每年都会进行这个调查,结果发现,数学是美国人心目中的冠军——34% 的美国人认为数学最重要,21% 认为是英语,还有 12% 认为是理、化、生物(图 1).

图 1

数学特别是近代数学已经成为科学家所必须具备的一种素养,不论他是从事哪一具体学科的研究. 前些年在院士评选及科学评价体系等方面被大众所知晓的生物学家施一公,高中数学竞赛河南省第一名,大学阶段物理和生物双学位中修了大量的数学.哈佛大学双聘教授庄小威本科在中国科学技术大学读核物理,群论和偏微分方程是必修.

现在中央高层领导也开始认识到了数学的基础作用.2016年1月27日上午,在国务院第一会议室,围坐在会场中央椭圆形桌边的分别是国务院领导以及被邀请来中南海给《政府工作报告》提意见和建议的教科文卫体等方面的10位代表,其中包括王蒙、姚明、陈道明等.

复旦大学校长许宁生表示,教育界有些担忧,经济新常态,教育投入占 GDP 4% 的比例还能不能保住?李克强马上回应:"我可以承诺,这个比例不会变.尽管目前财政增幅下降不小,但国家再困难,教育投入也不会减少."

当许宁生建议政府要加大对科技创新支持时,李克强突然问:"复旦大学这几年报考纯数学的人数是多了还是少了?"

对于总理的这一提问,现场一些人最初有点不解.李克强把"包袱"留到最后,他说:

"刚才为什么我要问纯数学?我们要搞原始创新,就必须更加重视基础研究,没有扎实的基础研究,就不可能有原始创新.国际数学界的最高奖项菲尔兹奖,中国至今没有一人获得.现在IT业发展迅猛,源代码靠什么?靠数学!我们造大飞机,但发动机还要买国外的,为什么?数学基础不行.材料我们都过不了关.所以,大学要从百年大计着眼,确定要有一批坐得住冷板凳的人."

我国数学家很早就认识到了 Lie 群与 Lie 代数的重要性.在《段学复文集》(北京大学出版社,1999)中详细记述了我国学者 20 世纪 50 年代在 Lie 群与 Lie 代数中的工作:Lie 群与 Lie 代数及其表示的理论是很重要的一个数学领域,它有着很广泛的联系和应用(对微分方程、解析力学、微分几何、代数拓扑、泛函分析、量子力学、原子核结构等).事实上,Lie 群这一概念本身就是群、拓扑空间、流形三个概念的有机的结合. 因此,全面地看,Lie 群的理论是建立在代数、拓扑和分析三者的基础之上的. Lie 代数最初作为变换 Lie 群的无穷小变换所组成的一种特殊的非结合代数,已经逐渐发展成为一个代数的分支,但不论在 Lie 群的局部理论还是在整体理论研究中都是重要的工具,因为 Lie 群的整体的性质在它的 Lie 代数的性质中得到了相应的反映. 这里,我们主要是从代数的观点来考虑 Lie 群与 Lie 代数及其表示,牵涉的工作有:特殊 Lie 群的 Betti 数、代数的 Lie 群与代数的 Lie 代数、最小几乎周期群、实或复数域或一般示性数 0 域上的 Lie 代数的分类及构造、示性数 p 域上的 Lie 代数、Lie 环、群表示论及其应用等.

n 级一般线性群 $GL_n(C)$(C 为复数域)的一个子群称为代数的,如果 $GL_n(C)$ 中一个矩阵 σ 属于 A 的条件可以通过 σ 的系数的一组代数方程来表达. 显然,A 是一个复 Lie 群;决定哪些 Lie 代数可以作为代数的 Lie 群的 Lie 代数是有重要意义的. 这个问题在某种意义上已早为 L. Maurer 解决了,但从另一个角度来刻画则是 C. Chevalley 所引进的(首先见于 C. Chevalley 与段学复 1945 年的一篇摘要). 有关的基本定理就是说,在复数域(以及一般的示性数 0 域)上,一个代数的 Lie 群的 Lie 代数必然是一个代数的 Lie 代数,而反过来,一个代数的 Lie 代数也必然是一个代数的 Lie 群的 Lie 代数. 在同一篇摘要中,C. Chevalley 和段学复简单描述了这个基本定理的证明的轮廓,但直到 6 年以后才把全部证明发表了. 正方向的证明是比较直接的,而反方向的证明则比较迂回. 在反方向的证明中还引进了一些新的有用的概念,而且也得到了一些其他值得注意的结果. 例如根由幂零矩阵组成的矩阵 Lie 代数由其不变量所决定,矩阵 Lie 代数的换位子代数(特别是半单纯矩阵 Lie 代数)就是这种代数. 应该提出,在摘要与全文发表中间,后藤守邦和松岛与三在 1948 年对这个基本定理各自用了另外的方法证明,而在 1951 年,C. Chevalley 也把这个基本定理以及一些其他主要结果写到他的 Lie 群论第二卷里面. 近年代数的 Lie 群的研究,又有了进一步的发展.

在一拓扑群上,如果所有的几乎周期函数都是常数,它就叫作最小几乎周期群.冯康研究了最小几乎周期群的问题,阐明了一些最小几乎周期群的特征,推知它们相当于根本上不封闭和不交换的群.主要的结果是:线性(或半连通)Lie 群为最小周期群的主要条件是:(1)它与它的换位子群相重合;(2)它的最大半单纯 Lie 代数不包含相当于封闭群的直因子.于是对线性 Lie 群而言,最小几乎周期性可由局部完全决定.此外还列举若干最小几乎周期群的实例,并应用最小几乎周期性证明一个关于复 Lie 群的定理,即任意封闭复 Lie 群是交换群.

А. И. Мальцев 在 1945 年提出来并解决了"半单纯的复 Lie 代数的最大维交换子代数"的问题,但他曾假定这类子代数是由幂零元素构成的(称为幂零最大维交换子代数).对于一个不全由幂零元素构成的最大维交换子代数,则由于它一定含有半单纯元素,从而可以归结为低维代数的交换子代数的问题;这样,他就把决定最大维交换子代数的维数及共轭性的问题归结为由幂零元素构成的情形,并且解决了这个情形.至于最大维交换子代数是否由幂零元素构成这个问题,他没有明确回答.

严志达首先没有假设 А. И. Мальцев 的结果,而是使用一般性的方法证明了包含着非幂零元素因而也就包含着半单纯元素的最大维交换子代数的维数不超过幂零最大维交换子代数的维数.然后证明了半单纯 Lie 代数的幂零最大维交换子代数是最大维交换子代数.此外,还可得到更精确的结果,但需要假定 А. И. Мальцев 的结果,并进行比较烦琐的推算;任一个单纯 Lie 代数(A_1, A_2 除外)的最大维交换子代数都是由幂零元素所构成的.这样除了这两个个别例子外,А. И. Мальцев 的方法事实上给出了所有的最大维的交换子代数.

另一方面,关于 A_n 的最大维交换子代数的维数及(当 $n > 2$ 时)精确到自同构的唯一性,早为 I. Schur 证明,后由 N. Jacobson 给了一个较简的证明,并推广到一般域(示性数不等于2).赵嗣元利用与 N. Jacobson 相仿的方法处理了一般域(示性数不等于2)上的三系 Lie 代数 B_n, C_n 及 D_n,同样得到了 А. И. Мальцев 关于这三系 Lie 代数的结果.对于高维代数精确到自同构的唯一性以及低维代数的共轭性,也都做了讨论.证明是对于 n 作归纳法,计算虽然比较繁复,但方法则是初等的,并且是"有理"的.在证明中对于最大维交换子代数是否由幂零元素构成这一点未做假定,因此所得结果除去个别情形外也回答了这个问题.

严志达、陈仲沪对于各类型的复单纯 Lie 代数决定它们的最大幂零子代数进行了研究.令 L 是一个(复)半单纯 Lie 代数, N 是 L 的一个最大幂零子代数, H' 是 N 的一个元素皆半单纯的最大交换子代数(称为最大交换半单纯子代数), $C_{H'}$ 是 H' 在 L 内的中心化子(代数),则可得 $C_{H'} = H' + L_1$,其中 L_1 是一个半单纯子代数,而 H' 是 $C_{H'}$ 的中心.于是 $N = H' + N_1$, $N_1 \leq L_1$ 且为 L_1 的一个最大幂零子代数.从 В. В. Морозов 的结果易知在共轭意义上 N_1 是唯一的,所以问题即化为 H' 的分类.他证明了 L 的两个最大幂零子代数 $N^{(1)}$ 与 $N^{(2)}$ 互相共轭的充要条件是存在 L 的一个内自同构 σ 将 Cartan 子代数 H 不变,同时
$$\sigma(H'^{(1)}) = \sigma(H'^{(2)})$$
这里假定 $N^{(i)}$ 中最大交换半单纯子代数 $H'^{(i)}$ 都属于固定的 H.由此推知,决定 L 的最大幂零子代数在 L 中共轭的问题可以化为决定所有 L 的素根系的子系在 Weyl 群下面共轭的问题.在文中分各种情形完全算出对应于互不共轭最大幂零子代数的 L_1 的结构(两个 L 内共轭的最大幂零子代数必对应于相同的 L_1 的结构,但反之则不定).上面提到的分解 $N = H' + N_1$ 的证明简单借助于代数的 Lie 代数或可分 Lie 代数的性质,陈仲沪直接给出了一个简单的证明,利用了 В. В. Морозов 的结果.

众所周知,复半单纯 Lie 代数的 Cartan 子代数皆在内自同构下为共轭.对于实紧致 Lie 代数及更普遍的情形,也有相似的定理成立.陈仲沪考虑了实半单纯 Lie 代数的情形,说明在这种情形下直接推广不再成立,而得到了如下结果:设 $\mathfrak{Y}$ 为一实半单纯 Lie 代数,但非 G_2 的实形式,又设 $\mathfrak{Y} = K \oplus E$ 为 $\mathfrak{Y}$ 的一个 Cartan 直和分解:若 H 为 $\mathfrak{Y}$ 的一个 Cartan 子代数,则 H 可以分解为直和 $H_1 \oplus H_2$,且存在 $\mathfrak{Y}$ 的一个内自同构 U,使 $U(H_1) \subset K$ 及 $U(H_2) \subset E$.陈仲沪利用这一个结果以及 E. Cartan 关于实单纯 Lie 代数的一种特殊子代数的共轭性的结果,进一步得到了在 $\mathfrak{Y}$ 的内自同构下 $\mathfrak{Y}$ 的 Cartan 子代数的完全分类.

郭悦成也讨论了(示性数 0 域上线性)可分 Lie 代数 $\mathfrak{Y}$ 中最

大交换半单纯子代数间的共轭性问题. 依 А. И. Мальцев, 已知: 任一可分 Lie 代数 $\mathfrak{V}$ 具有分解 $\mathfrak{V} = 1 + \mathfrak{H} = 1 + \mathfrak{U} + n$, 其中 $\mathfrak{H}$ 是 $\mathfrak{V}$ 的根, 1 是一个半单纯子代数, n 是由 $\mathfrak{H}$ 中所有幂零变换组成的理想, $\mathfrak{U}$ 是 $\mathfrak{H}$ 中一个最大交换半单纯子代数, 且 $[\mathfrak{U}, 1] = 0$(反之亦然). 他证明了, 设 $\mathfrak{V}$ 是 $\mathfrak{V}$ 中另一个最大交换半单纯子代数, 则可找到一个自同构 $\sigma \in G$, 使 $\sigma\mathfrak{V} = \mathfrak{K} + \mathfrak{U}$, 其中 $\mathfrak{K}$ 是 1 的 Cartan 子代数, 而 G 则表示由 $\mathfrak{V}$ 中所有形式为 exp ad x 的自同构所生成的群, 其中 x 为 1 或 $\mathfrak{H}$ 中的所有幂零变换. 令 $G_u = \{\exp \text{ad } u, u \in 1 \text{ 且 } u \text{ 幂零}\}$ 及 $G_n = \{\exp \text{ad } t, t \in n\}$, 则上面所说的 σ 还可以限制到 G_n 中. 又证明了, 设 $\mathfrak{K}_1$ 及 $\mathfrak{K}_2$ 为 1 的两个 Cartan 子代数. 如果 $\mathfrak{K}_1 + \mathfrak{U}$ 及 $\mathfrak{K}_2 + \mathfrak{U}$ 可以用 G 中的自同构互变, 则 $\mathfrak{K}_1$ 及 $\mathfrak{K}_2$ 及 $\mathfrak{K}_2 + \mathfrak{U}$ 可以用 G_u 中的自同构互变. 如果 $\mathfrak{K}_1$ 及 $\mathfrak{K}_2$ 可以用 G_u 中的自同构互变, 则 $\mathfrak{K}_1 + \mathfrak{U}$ 及 $\mathfrak{K}_2 + \mathfrak{U}$ 可以用 G_u 中的自同构互变. 自此立刻得出, 代数封闭域上可分 Lie 代数 $\mathfrak{V}$ 中最大半单纯交换子代数两两可以用群 G 中的自同构来互变. 这个事实 А. И. Мальцев 已证明, 但限于复数域并用到连续性.

严志达仔细讨论了紧致 Lie 代数的对合自同构, 得出了对应于自同构的特征根 $+1$ 的特征子代数的结构. 由此他引出了实单纯 Lie 代数的角图表示, 利用这个概念重新得出实单纯 Lie 代数分类的一个新方法, 可以避免该理论中原有的较烦琐的计算. 今将他的结果简述如下: 令 $\mathfrak{G}_u$ 是一个紧致 Lie 代数, $[\mathfrak{G}_u] = [\mathfrak{H}] + \sum R_\varphi$ 是所谓的正则分解, $\mathfrak{H}$ 是 Cartan 子代数, φ 是根. 由 Ф. Р. Гантмахер 的结果, 任一个自同构 $t = t_0 e^{\text{ad } H}$, 其中 t_0 是令 $\mathfrak{H}$ 及一素根系 Π 不变的标准自同构 $(t_0(X_{\pm\varphi_i}) = X_{\pm t_0(\varphi_i)}, \varphi_i \in \Pi, X_{\varphi_i} \in R_{\varphi_i})$; $\mathfrak{G}_0$ 是 t_0 的特征子代数, $\mathfrak{H}_0 = \mathfrak{H} \cap \mathfrak{G}_0, H \in \mathfrak{H}_0$. 令 α' 是根 α 在 $\mathfrak{H}_0$ 上的诱导, φ 是 $\mathfrak{G}_u$ 的首根, 则
$$\varphi' = m_1\varphi'_1 + \cdots + m_\lambda\varphi'_\lambda, \varphi'_i \in \Pi'$$
Π' 是 Π 在 $\mathfrak{H}_0$ 的诱导集合. 令 φ'_0 是 $\text{ad}_{\mathfrak{G}_u/\mathfrak{G}_0} \mathfrak{G}_0$ 的首权. 严志达得出下面的结果:

(1) 如果 t 是对合的, 则 H 可假定最多只与一个 φ'_i 不互相垂直, 令为 φ'_1, 于是需要 $m'_1 = 1$ 或 $2, \varphi'_1 = \varphi_1$.

(2) 如果 $t_0 = 1$,则 $\mathfrak{G}_0 = \mathfrak{G}_u$,于是 $\varphi'_0 = 0$,这时对应 $t = t_0 \mathrm{e}^{\mathrm{ad}\,H}$ 的特征子代数 $\mathfrak{G}_1$ 有:

(a) $m'_1 = 1$,$\mathfrak{G}_1$ 的素根系为 $\varphi'_2, \varphi'_3, \cdots, \varphi'_\lambda$;

(b) $m'_1 = 2$,$\mathfrak{G}_1$ 的素根系为 $\varphi'_2, \varphi'_3, \cdots, \varphi'_\lambda, -\varphi'$.

如果 $t_0 \neq 1$,则 $\mathfrak{G}_0 \neq \mathfrak{G}_u$,一般只要考虑一个 t_0 即可,$\mathfrak{G}_1$ 的素根系为

$$\varphi'_2, \varphi'_3, \cdots, \varphi'_\lambda, -\varphi'_0$$

由此他证明了:

(3) 如果两个 $\mathfrak{G}_1$ 的结构相同,则它们必在 $\mathfrak{G}_u$ 中共轭(不一定是内共轭),因之决定同一个单纯 Lie 代数. 这样实单纯 Lie 代数的分类就已完成.

在原来 $\mathfrak{G}_0$ 的图解上记明由(1) 中所确定的 φ'_1,适当按(2) 加入 $-\varphi'_1$ 及 $-\varphi'_0$,即称为 $\mathfrak{G}_1$ 的图解. 严志达利用了这个图解讨论实单纯 Lie 代数的自同构,得出和紧致 Lie 代数类似的结果,可以将外自同构的问题化为 $\mathfrak{G}_1$ 的图解上点的置换问题.

从一 Lie 代数的自同构或者微分的性质,常常可以推知 Lie 代数本身的性质. 从这一个角度出发,丁石孙讨论了具有一循环幂零微分的 Lie 代数的结构的问题而得到比较完整的结果. 设 L 为示性数 0 域 K 上一个 n 维 Lie 代数,并设 L 具有一个循环幂零的微分 D,即设 D 作为线性变换来看适合 $D^{n-1} \neq 0, D^n = 0$. 可以证明,若 $n > 3$,则 L 必可解且 L 为幂零的充要条件是它有异于零的中核. 通过结构常数的计算,他进一步完全决定了非幂零 L 的四类互相不同构的结构,对于每一个 $n > 3$,在代数封闭域上,这四类皆仅有有限多种,且种数恰为 $n - 1, 2, 2$ 及 $\dfrac{n}{2}$ (这里 $n \geq 6$ 且为偶数).

对示性数为 p 的域 F,单纯 Lie 代数的分类问题尚未得到完全解决. 已知除了 A, B, C, D 四类外,还存在着别种类型的单纯代数. 例如考虑 F 上以 $e_0, e_1, \cdots, e_{p-1}$ 为基的 p 维空间,定义换位运算为 $[e_i, e_j] = (j-1)e_{i+j}$,其中 $i+j$ 依照 mod p 计算,则得魏脱代数(1940)(见于张禾瑞论文中),当 $p \geq 2$ 时为单纯. H. Zassenhaus 曾做了一种较直接的推广. 另外,F 上交换结合代数 $a = F(x_1, x_2, \cdots, x_m), x_i^r = \xi_i \in F$ 的微分代数也是一类新的单

纯代数,今称为 Jacobson 代数(1943). 1954 年, I. Kaplansky 又将 Jacobson 代数对于 $\xi_i = 1$ 的情形做了推广, 今称为 Kaplansky 代数或广义魏脱代数 V_G, 由 F 上 n 维线性空间 V 的对偶空间 V^* 的加法群的一个子群 G 所决定. 当 G 为有限时, V_G 的维数是 np^m, 而 $n \leq m$. 沈光宇对 Kaplansky 代数进行了研究, 证明单纯的 V_G 必与一个 mp^m 维的 Jacobson 代数的子代数同构, 并且证明 V_G 一般是非限制的. 又若 $p \geq 5$, 则 V_G 的任一自同构皆有形式 $d \to g^{-1}dg$, 其中 g 是 $\mathfrak{U}$ 的自同构. 附带地得到 V_G(若 $n < m$) 的 Cartan 内积是退化的, 从而给出一个具有退化 Cartan 内积的单纯代数的例子.

许以超对 Kaplansky 代数做了进一步的推广, 即设 G 为交换群, V 为任意域 F 上的 n 维线性空间并以 $e_1, e_2, \cdots, e_n$ 为基; 又设有一映射 σ 将 G 同态地映入 V 的加法子群 G^* 中

$$\sigma(\alpha) = \sum_{i=1}^{n} \zeta(\alpha, i) e_i \quad (\alpha \in G, \zeta(\alpha, i) \in F)$$

令 L_G 表示所有的 $\sum_{\alpha \in G} \sum_{i=1}^{n} a_{\alpha_i} e_\alpha^i (e_\alpha^i$ 是符号, $a_{\alpha_i} \in F$, 只有有限个 $a_{\alpha_i} \neq 0$) 的集合, 并定义换位运算为

$$[e_\alpha^i, e_\beta^j] = \zeta(\alpha, j) e_{\alpha+\beta}^i - \zeta(\beta, i) e_{\alpha+\beta}^j$$

则 L_G 为域 F 上的 Lie 代数, 维数是 nt, 其中 t 为群 G 的阶(可为无限). 显然当 $G \cong G^*$ 时, L_G 即为 Kaplansky 代数. 可设 $e_1, e_2, \cdots, e_r \in G^*, e_{r+1}, e_{r+2}, \cdots, e_n \notin G^*$, 正整数 r 称为 L_G 的指数. 设 $p > 0$, 若 $r = n$ 且 L_G 为 Jacobson 型, 即若

$$G^* = \{\sum_{i=1}^{n} \zeta(\alpha, i) e_i, \zeta(\alpha, i) = 0, 1, \cdots, p-1\}$$

则 L_G 是限制 Lie 代数; 但若 L_G 非 Jacobson 型, 则 L_G 是非限制 Lie 代数. 设 $r \geq 2$ 及 $p \neq 2$ 或 $r = 1$ 及 $p \neq 2, 3$, 则 L_G 的 Cartan 内积只有 0 型. 在两种特殊的情形下讨论了 L_G 的分解, 并均得到一类新的非正规单纯 Lie 代数, 维数是 $knp^m(k \geq 2, m \geq n$, 除 $n = 1$, $p = 2$ 外) 或 $(2^m - 1)k(k \geq 2, m \geq 1$, 且 $n = 1, p = 2)$.

对于体 K 上矩阵环 K_n 或其子环的 Lie 或 Jordan 结构, 华罗庚及万哲先进行了讨论. 均设 K 的示性数不等于 2. 通过矩阵计

算,华罗庚证明了下列主要结果:(1)K_n 为单纯 Jordan 环;(2)K_n 的每一个 Lie 理想,若不包含在中核内,就包含$(K_n)'$;(3)$(K_n)'$ 的真 Lie 理想皆必包含在 K_n 的中核内. 在证明中,他利用了 K_n 的那些所谓"弱正规"的子群,它们在变换 $X \to A^{-1} \times A + A \times A^{-1}$ 下为封闭的(对于 K_n 中每个非退化的 A);可以证明,它们若不包含在 K_n 的中核内,就包含 $(K_n)'$. 在万哲先的文章中设 K 有一个对合 $a \to \bar{a}$. 设 H 为 K 上 $n(n>1)$ 级可逆 Hamilton(或反 Hamilton)矩阵,相应于华罗庚所研究的 $U_n(K,H)$,文中研究了一切适合条件 $LH+H\bar{L}'=0$ 的 n 级矩阵 L,对矩阵加法及换位运算所组成的矩阵 Lie 环 $L_n(K,H)$ 的构造. 需要假设 $a+\rho\bar{a}=0$ 在 K 中恒有非零解 a,其中 $\rho=1$ 或 $\rho=-1$ 视 H 为 Hamilton 或反 Hamilton 矩阵. 事实上,这只除去了 K 为域而 H 为对称矩阵的情形. $L_n(K,H)$ 中一元素 T 称为无穷小酉平延,如果它可以表示为 $T=H\bar{v}'\lambda v$,其中 $\lambda=-\rho\bar{\lambda}\neq 0$ 为 K 中元素且 v 为一个迷向 n 维行向量,即 $vH\bar{v}'=0$. 以 $TL_n(K,H)$ 表示由 $L_n(K,H)$ 中之无穷小酉平延所生成的子 Lie 环,以 $TL'_n(K,H)$ 表示 $L_n(K,H)$ 的换位子 Lie 环. 文中主要证明了下列结果:假设 H 的指数 $v \geqslant 1$. (1) 设 $n \geqslant 3$,则 $TL_n(K,H) = L'_n(K,H)$;(2)$TL_n(K,H)$ 对其中核之商环为单 Lie 环;(3)$L_n(K,H)$ 的 Lie 理想,若不包含在它的中核 Z_n 内,就一定包含着 $TL_n(K,H)$,除非 $n=2$ 且 K 为四元体的情形.

华罗庚在其多个复变数函数论的研究工作中,有效地应用了群表示论的理论,由所有整不可约表示的元素来具体地给出四类典型域上的完整正交函数系,并且也得到了一些有关群表示论本身的结果. 推导中间运用了他所建立的两个代数的恒等式(对 $n \geqslant 2$)

$$\sum_{i_1,i_2,\cdots,i_n} \delta^{1,2,\cdots,n}_{i_1,i_2,\cdots,i_n} \frac{x_{i_1}^{n-1} x_{i_2}^{n-2} \cdots x_{i_{n-1}}^{1}}{(1-x_{i_1}^2)(1-x_{i_1}^2 x_{i_2}^2)\cdots(1-x_{i_1}^2 x_{i_2}^2 \cdots x_{i_n}^2)}$$

$$= \frac{D(x_1,x_2,\cdots,x_n)}{\prod_{1 \leqslant i<j \leqslant n}(1-x_i x_j)}$$

其中 $i_1, i_2, \cdots, i_n$ 为 $1, 2, \cdots, n$ 的排列,且 $\delta^{1,2,\cdots,n}_{i_1,i_2,\cdots,i_n} = \pm 1$ 视此排

列为偶或奇而定. 又

$$D(x_1, x_2, \cdots, x_n) = \prod_{1 \leq i < j \leq n} (x_i - x_j)$$

$$\sum_{i_1,i_2,\cdots,i_n} \delta_{i_1,i_2,\cdots,i_n}^{1,2,\cdots,n} \frac{x_{i_1}^{n-1} x_{i_2}^{n-2} \cdots x_{i_{n-2}}^1}{(1 - x_{i_1} x_{i_2})(1 - x_{i_1} x_{i_2} x_{i_3} x_{i_4}) \cdots (1 - x_{i_1} \cdots x_{i_2[\frac{1}{2}n]})}$$

$$= \frac{D(x_1, x_2, \cdots, x_n)}{\prod_{1 \leq i < j \leq n} (1 - x_i x_j)}$$

他研究了 n 级的线性群 GL_n 的表示：令 $f_1, f_2, \cdots, f_n$ 代表 n 个整数适合 $f_1 \geq f_2 \geq \cdots \geq f_n \geq 0$. 对 GL_n 中的一个元素 X，设有一个矩阵 $A_{f_1, f_2, \cdots, f_n}(X)$ 与之对应，此即为通常表示论中的有标签 $(f_1, f_2, \cdots, f_n)$ 的表示，它的行列数用 $N = N(f_1, f_2, \cdots, f_n)$ 来表出. 已知 $A_{f_1, f_2, \cdots, f_n}(X)$ 是一个不可约的表示，设又有一群 GL_n 的表示 $B_{g_1, g_2, \cdots, g_N}(Y)$，显然 $B_{g_1, g_2, \cdots, g_N}(A_{f_1, f_2, \cdots, f_n}(X))$ 仍是 GL_n 的一种表示，他所提问题就是，群表示 $B_{g_1, g_2, \cdots, g_N}(A_{f_1, f_2, \cdots, f_n}(X))$ 可以分解为哪些不可约表示的直和？这个一般性的问题尚未解决，但在复变数函数论中所用到的两个特例则解决了，所得的结果如下：令

$$A^{[m]}(X) = A_{m,0,\cdots,0}(X)$$
$$A^{(m)}(X) = A_{\underbrace{1,1,\cdots,1}_{m},0,0,\cdots,0}(X)$$

他证明了

$$(A^{[2]})^{[f]} = \sum_{\substack{f_1+f_2+\cdots+f_n=f \\ f_1 \geq f_2 \geq \cdots \geq f_n \geq 0}} A_{2f_1, 2f_2, \cdots, 2f_n}$$

$$(A^{(2)})^{[f]} = \sum_{\substack{f_1+f_2+\cdots=f \\ f_1 \geq f_2 \geq \cdots \geq 0}} A_{f_1, f_1, f_2, f_2, \cdots}$$

注意 如果 n 是偶数，则上式中

$$A_{f_1, f_1, f_2, f_2, \cdots} = A_{f_1, f_1, \cdots, f_{1/2n}, f_{1/2n}}$$

但是如果 n 是奇数，则上式中

$$A_{f_1, f_1, f_2, f_2, \cdots} = A_{f_1, f_1, \cdots, f_{1/2(n-1)}, f_{1/2(n-1)}}$$

必须指出，这两个结果已于 1942 年由 R. Thrall 得到，但华罗庚所用的计算方法则更为直接.

作为多个复变数函数论一些研究的结果的应用,华罗庚证明了下列的收敛定理:酉群 U_n 上的任意连续函数对 Abel 求和性而言可用它的 Fourier 级数代表. 这一条收敛定理可以推广到任意有限维的紧致群及任意有限维的齐性空间. 著名的 Peter-Weyl 定理,在这里是一个自然的推论.

群表示论的另一个应用是华罗庚把它用到了不等式的研究上. 他所根据的原则是:一个半正定 Hermite 矩阵的任一主子矩阵也是半正定的. 命 $\mathscr{A}(T)$ 是一般线性群的一个表示,且适合

$$\mathscr{A}(\overline{T}') = \overline{\mathscr{A}(T)'}$$

当 $H = P\overline{P}'$ 是半正定时,$\mathscr{A}(H) = \mathscr{A}(P)\overline{\mathscr{A}(P)'}$ 的任一子行列式也是半正定的. 当取 $\mathscr{A}$ 是不同的群表示的时候, 可以得出很多种的不等式, 其中包括不少熟知的不等式. 他还证明了, 命 $X_1, \cdots, X_m$ 是 m 个 $n \times n$ 矩阵, 设 ρ 是一正数, 若 $I - X_i \overline{X}_i'$ 是正定的 ($1 \leqslant i \leqslant m$), 则 Hermite 矩阵

$$(\det(I - X_i \overline{X}_j'))^{-\rho - n + 1}$$

也是正定的, 此处 $d(X)$ 表示 X 的行列式. 这一结果当 ρ 取正整数时, 可以运用上一原则得出, 而对一般的 ρ 时, 他用了他在多个复变数函数论的研究中常用的解析工具. 华罗庚用恒等式

$$(I - Z\overline{W}')(I - W\overline{W}')^{-1}\overline{(I - Z\overline{W}')'} - (I - Z\overline{Z}')$$
$$= (Z - W)(I - \overline{W}'W)^{-1}\overline{(Z - W)'}$$

而得出特例

$$|d(I - Z\overline{W}')|^2$$
$$\geqslant d(I - Z\overline{Z}')d(I - W\overline{W}') + |d(Z - W)|^2$$
$$\geqslant d(I - Z\overline{Z}')d(I - W\overline{W}')$$

张宗燧考虑了相对论的量子力学与非齐次 Lorentz 变换群的表示之间的关系. 他利用了"一个群的表示对于它的一个子群的分解"的概念, 而证明了非齐次 Lorentz 变换群的任么正表示对于它的齐次 Lorentz 变换子群是完全可分解的. 他用超旋子的理论来表明齐次 Lorentz 变换群的表示, 并证明所有旋

量算子只是 P. A. M. Dirac 和 M. Fierz 在齐次 Lorentz 变换群中所得的旋量算子的推广. 将 E. Wigner 用以研究非齐次 Lorentz 变换群的表示的方法稍加以变化,使波函数(即表示基)的独立变数本身就是个变换,结果使所有的表示形式上完全与标准表示相同.

正如瑞典数学家 L. 戈丁在其《数学概观》中所指出:在 20 世纪 20 年代量子力学诞生之前,群论只是一个纯粹的数学专业. 然而在物理学的这门新分支中,群论的方法导致了电子、原子和分子结构的重要发现. 现在群论已经是量子物理学和量子化学中经常用到的工具了,这使得只受过分析基础的数学训练的老一代物理学家和化学家感到大为惊异.

这方面的介绍已经很多,下面介绍一个现在的热门领域机器人.

天津大学先进机构学与机器人学中心主任,伦敦大学国王学院机构学与机器人学讲座教授戴建生曾系统论述过 Lie 群与 Lie 代数在机器人研究中的重要作用:几何体的运动激起了 19 世纪许多数学家的兴趣,这种运动由机构的铰链与连杆演示. 时至今日,数学家们所关心的运动几何学已逐渐与机构学以及机器人学结合起来,演变为机器人系列铰链连续运动引起的机器人运动,而这些铰链轴线的运动可视为直线在三维空间中的连续运动. 简单地说,研究机器人运动以及所抓持物体的位移,归根结底是研究空间直线的运动以及直线运动生成的包络面及其引起的末端位姿变化等几何学与相关的代数学描述. 所以,雄厚的几何基础与数学理论是研究机构学与机器人学必不可少的条件. 反过来,机器人学的研究进一步揭示了几何学与代数学之间的内在关联,为开发高效的控制算法与人工智能提供理论依据. 因此,旋量代数和 Lie 群、Lie 代数以其对空间直线运动及相关代数运算描述的几何直观性与代数抽象性而成为 21 世纪机构学与机器人学研究中最受欢迎的数学工具.

旋量理论国内也有采用螺旋理论的称法. 旋量也被著名数学家 William Kingdon Clifford(1882) 和 Louis Brand(1947) 称为矩量(motor),作为矩(moment)和向量(vector)的合称. 但在 Brand 的定义中,矩量是泛旋量,包含零矩量、纯矩量、线矢量与旋量,其中后两个量为正当矩量.旋量理论可以追溯到18世纪的 Mozzi 瞬时运动轴及19世纪初叶的 Poinsot 合力中心轴与 Chasles 位移轴.这些研究引出了19世纪中叶 Plücker、Klein 和 Ball 的研究.至1876年,Ball 完成了这一理论的系统研究,并进一步体现在他1900年的著作当中,对旋量理论的发展具有划时代的意义.

旋量理论具有深奥的代数内涵,体现为旋量代数.旋量代数可以追溯到1882年 Clifford 的工作、1924年 von Misses 的旋量运算以及1947年 Brand 的矩量分析.19世纪下半叶,在恰逢第二次工业革命的欧洲大陆上,数学的新学术地位开始确立,各类学科蓬勃发展.代数学演化为几何代数等各种代数学分支,发展出微分算子、四元数、特征值、逻辑代数并与方程组理论相融合,数学开始向物理世界发展.在这一时期,Lie 群与 Lie 代数开始面世,并与旋量理论并行发展.这一时期旋量理论与 Lie 理论的并行发展,加上 Klein 同时对旋量理论与 Lie 理论研究的贡献,开始彰显出旋量代数与 Lie 群、Lie 代数的内在关联.鉴于其直观的几何描述与集成的代数形式,作为 Lie 代数 $se(3)$ 子代数的旋量代数已经被许多理论运动学家与机器人学家所应用.

旋量是一个几何体,一个具有旋距的线矢量.而旋距是旋量的一个系数,与线矢量主部相乘后加在线矢量的副部,表示旋量副部在主部上的投影.瞬时旋量是射影 Lie 代数元素,并以六维向量表示.因此,旋量代数是描述上述几何体的向量代数,也是 Lie 代数 $se(3)$ 的子代数.

直线几何是旋量和旋量代数的基础.作为射影几何的基础与核心部分之一,以及研究射影变换下几何元素不变性的几何学分支,直线研究可以追溯到3世纪希腊数学家 Pappus Alexandria 提出的联结两组点产生 Pappus 六边形的 Pappus 理论.这一理论构造了 Pappus 九点九线图形,即其中任何一条线穿越三点,任何一点是三条线的交点.Pappus 理论是射影几何的第一个定理.这一定理给出了无穷远处点即为两平行直线交点的概念.由此引出了16世纪与17世纪德国数学家和天文学家 Kepler 与法国数学家和工程师 Desargues 提出的无穷远处直线概念,即无穷远处直线为联结无穷远处点构成的线.

直线几何促进了旋量代数的诞生.犹如爱尔兰数学家、剑桥大学天文与几何学教授、英国皇家科学院院士 Robert Stawell Ball(1896)爵士所指出的,旋量理论的两大奠基石是 Poinsot 的合力理论(1806)和 Chasles 的刚体位移理论(1830).刚体位移理论可以追溯到意大利数学家 Giulio Mozzi(1763)确立的用于描述瞬时运动的瞬时旋量轴,以及法国数学家 Michel Floréal Chasles(1830)建立的描述空间位移的 Chasles 运动理论.这一理论指出,任何空间位移均可表示为绕空间轴线的旋转与沿该轴线的平移.对于刚体力分析,法国数学家和物理学家 Louis Poinsot(1806)建立了力中心轴理论.由此 Poinsot 和 Chasles 揭示了力学和运动学的几何本质,奠定了旋量理论的两大理论基础.随着 19 世纪德国数学家、理论天文学家 August Ferdinand Möbius 创建齐次坐标以及剑桥大学数学家、英国皇家科学院院士 Arthur Cayley 与德国数学家、物理学家 Julius Plücker 创建直线坐标,旋量理论的研究得以提升,并由此进入了一个繁荣昌盛的时期.

这一时期,Plücker 在建立直线坐标的同时,研究了线丛理论,提出了"Dyname"一词,这就是被 Ball(1871)称为"旋量"的几何量.在同一时期,德国数学家 Christian Felix Klein(1869a,b)在研究旋量理论的同时,提出了两个线丛的共同不变量,并与 Ball(1871)分别同时提出了互易旋量的概念,其积成为 Ball 在后来提出的两旋量互易的虚系数.在这一时期,Ball 发展了旋量理论,并于 1876 年发表旋量理论初始论著.第一部旋量理论的完整论著是 Ball 的划时代著作——《旋量理论论著》(Ball,1900).

这一划时代的论著奠定了旋量理论的基础.旋量代数初始称为矩量代数,也称泛旋量代数,由英格兰数学家和哲学家与英国皇家科学院院士 Clifford(1882)在他的四元数运算中涉及,而后由德国数学家 Richard von Mises(1924)在他的矩量运算中揭示,并由美国 MD Anderson 杰出数学家 Brand(1947)在他的矩量代数中进一步挖掘.俄罗斯教授 Dimentberg(1965)对其进行了深入研究,并将旋量代数总结为具有各种运算的代数学,成为以对偶向量表示的旋量的复数向量代数学.

正如我们现在所称,旋量代数是更为拓广的代数,是 Lie 代数的子代数. 旋量代数与德国数学家 Klein 和挪威数学家 Marius Sophus Lie 在 19 世纪 70 年代的工作,Sophus Lie 在 80 年代的进一步研究以及德国数学家 Wilhelm Karl Joseph Killing 当时的工作是在同一时期发展的. 在这之后,法国数学家 Élie Cartan 发展了 Lie 代数的表示论,俄罗斯数学家 Igor Dmitrievich Ado 在 1935 年的博士论文以及其后至 1947 年的研究中提出了 $n \times n$ 矩阵的 Lie 代数表示的 Ado 定理. von Mises 和 Brand 分别于 20 世纪 20 年代和 40 年代对旋量代数进行了大量研究. 在之后 Lie 代数的蓬勃发展中,旋量代数与 Lie 代数的关系逐渐被学者所认识,尤其是认识到旋量是射影 Lie 代数元素,速度旋量是 Lie 代数 $se(3)$ 的元素,而力旋量是对偶 Lie 代数 $se^*(3)$ 的元素.

随着机构学和机器人学的发展,旋量代数逐渐被许多运动几何学及机构学研究者所应用. Baker(1978) 采用旋量代数研究过约束机构,Rico 和 Duffy(1996,1998) 应用旋量代数研究了串联机构,其表述法与特殊 Euclid 群 $SE(3)$ 的 Lie 代数 $se(3)$ 同构. Bergamasco(1997) 应用旋量代数进行机构综合,Ciblak 和 Lipkin(1998) 用旋量代数进行刚度分析. 在 21 世纪初,Pennock 和 Meehan(2000) 回顾了旋量代数的发展,Frisoli 等(2000),Kong 和 Gosselin(2002) 展示了旋量代数在并联机构综合中的应用. 在这一时期,Dai 和 Rees Jones(2001) 提出了旋量系关联关系理论,揭示了旋量代数的零空间结构(Dai 和 Rees Jones,2002),Soltani(2005) 直接以旋量代数为数学工具研究空间机构学,Lee,Wang 和 Chirikjian(2007) 运用旋量代数研究串联机构与多肽链,Müller(2011) 运用旋量代数的运算消除非独立的约束,可见旋量代数及与其相关的 Lie 群与 Lie 代数正逐渐成为机构学与机器人学的主要工具.

有限位移旋量早期有采用微小位移旋量的称法,但更强调微小至无穷小位移. 由于 Clifford 建立位移旋量与单位四元数的关系中,以及 Dimentberg 和其后学者对有限位移旋量的研究中都没有对微小进行限定,而且所有研究均称之为"finite displacement screw"或者"finite twist". 有限位移旋量也称位移旋量, 是 Lie 群 $SE(3)$ 的元素, 也是位移子群的向量表示. 有限位移旋量的研究最早可以追溯到 Chasles 运动(Chasles, 1830). 在 Chasles 运动的描述中, 有限位移可以描述为绕轴的旋转与沿该轴的平移. 这就给出了可微分的连续群, 称为 Lie 群. Lie 群是数学三大基本领域——代数学、几何学与分析学中前两者的交集. 空间位移的旋量轴可以用矩阵描述, 进而构建刚体绕旋量轴线旋转与沿轴线平移的算子. 该位移旋量轴也可以用四元数与对偶四元数描述, 以取代矩阵来表示刚体位移.

有限位移旋量起源于 Chasles(1830) 的研究, 经历了 19 世纪爱尔兰天文物理学家和数学家、美国科学院首位外籍院士 William Rowan Hamilton(1844a) 研究的黄金时代, 发展至采用 Euler-Rodrigues 四个参量来表述刚体位移方向的阶段.

这一参量表示法起始于法国数学家 Benjamin Olinde Rodrigues(1840) 发现的三个参数. 这三个 Rodrigues 参数用来构建 Rodrigues 向量并建立 Rodrigues 平面与空间位移的 Rodrigues 公式. 这一空间位移由有限螺旋运动引起, 从而可通过两向量的张量积构建 Rodrigues 旋转公式. 这就建立了 Lie 代数 $so(3)$ 向特殊正交群 $SO(3)$ 的指数映射, 这一映射可以通过对偶数延伸到 $se(3)$ 向 $SE(3)$ 的指数映射. Rodrigues 的研究将运动与力分开考虑, Rodrigues 参数被 Cayley 用来建立反对称矩阵, 并导出了 Cayley 旋转矩阵公式.

Rodrigues 的研究发表在他的重要文章中(Rodrigues, 1840). 除上述的三个参数外, Rodrigues 采用赋予半角正弦值的旋转轴线姿态三维向量加之半角余弦值的方法提出了另外四个参数. 虽然这四个参数通常称为 Euler 参数, 但是应当全部归功于 Rodrigues. 这就是这四个参数有时称为 Euler-Rodrigues 参数的原因. Klein(1884) 指出, Euler-Rodrigues 参数是四元数的 Rodrigues 参数化, 同 Hamilton 四元数等效. 基于这四个参数, Rodrigues 推导出涵盖两个有限旋转的合成公式, 并建立了旋转矩阵. 这一向量形式的合成公式建立了四元数的乘积理论, 揭示了所有正交旋转的群特征以及 Lie 代数 $so(3)$ 向 Lie 群 $SO(3)$ 的指数映射的性质. 这些正交群正是现在常用的特殊正

交群 $SO(3)$.

尽管 Hamilton 在他的四元数运算基础上应用了同样的公式,但正如 Cayley 在构建连续旋转公式时指出的,Rodrigues 公式体现了四元数在旋转群中的巨大作用. 多年后,Klein(1884)强调了 Hamilton 和 Rodrigues 同时独立发现四元数这一历史事实.

在 1873 年,为了运算的简捷,Clifford 发明了双四元数,即现在所指的对偶四元数. 这已被成功地运用到运动学中. Clifford 采用算子 ε 将绕轴旋转变换为沿轴平移,成功地创建了对偶四元数理论,并将其与线性代数关联以表示刚体的任意位移,从而构造出刚体位移群. 这阐明了有限位移旋量与 Clifford 代数对偶子代数的关系.

Clifford 系统地将旋量与四元数、对偶四元数以及刚体位移关联起来. 在研究中,Clifford 建立了一个完整的表格,将以线矢量表示的旋转轴和旋量表示的矩量几何特性与速度旋量、力旋量做了关联,并进一步与四元数和对偶四元数联系. 由此,旋量理论可以用来描述刚体的有限螺旋运动. 可见,有限位移旋量与 Lie 群早在它们各自早期研究中就存在紧密的内在关联. 这可以进一步由 Klein 的研究生涯论证,在其开创划时代的 Lie 群与 Lie 代数的 Erlangen 纲领研究的同时,他发现了旋量的互易性;在研究旋量超二次曲面时,与 Sophus Lie 共同发现了射影变换中的连续交换群轨迹. 这个时期的研究发展了 Sophus Lie 的有限与连续群理论,并由 Sophus Lie 和德国数学家 Friedrich Engel 合作写出了三卷划时代巨著. 在这些研究中,作为 Lie 群的一种表示,有限位移旋量给出了全周期运动及连续流形.

有限位移旋量的正式提出得益于 Dimentberg 及后来学者的研究. 这一理论的提出是旋量理论由瞬时到非瞬时的飞跃,进而与对偶四元数、Lie 群相关联. 没有这一步,就没有旋量与对偶四元数以及 Lie 群的关联. 这也是旋量理论发展的必然结果.

在第二次世界大战后,尤其是 20 世纪 40 年代后期至 60 年代初期,瞬时旋量和有限位移旋量的研究得到了复苏. 在这一时期,Dimentberg 采用带有对偶角半角正切的旋量轴表示有限螺旋位移. Dimentberg 是首位采用"有限位移旋量"名称的学者. 由此,任意螺旋位移均可以由有限位移旋量表示. 刚体的螺旋运动可用旋转运动半角的对偶数形式表示为绕一个合成旋量轴的螺旋运动. 该合成螺旋运动的旋量轴相当于相继绕两个旋量轴线的半角螺旋运动. 这两个旋量与合成旋量轴正交并组成了旋转半角的对偶角.

在获取螺旋位移的过程中, Yang 和 Freudenstein 发展了有限位移旋量理论,将对偶数的线矢量主部乘以四元数以组成对偶四元数的副部,使该对偶四元数成为旋量算子,其轴线用以完成螺旋位移. 根据 Blaschke 的研究,旋量算子为时间的函数,连续的空间运动可以由此获得. Yuan 和 Freuderstein 给出了这一有限螺旋运动对应的坐标变换. Bottema 在其后又做了一列点和一列线的位移研究. 一列点的位移由位移旋量轴线簇完成,其轴线簇生成线束,即抛物柱形面或双曲抛物面. 一列线的位移也由位移旋转轴线簇完成,但其轴线簇形成三阶的线汇.

两组有限位移组合的几何关系由法国数学家 George Henri Halphen 首次提出,并由 Roth 做了进一步的充实和完善. 据此,有限螺旋运动的合成可采用 Roth 给出的旋量三角形定理并由有序的两个有限位移构建. 旋量三角形顶点位于三个旋量轴上,三个旋量轴的相互公垂线为边长. 这一方法相当于将螺旋位移分解为两条反射直线. 随后 Tsai 和 Roth 基于旋量的五个几何要素与有限位移旋量柱形面的特性,研究了有限分离位置的旋量轴的几何特性,并对上述理论做了进一步发展. 该研究首次提出了有限位移旋量柱形面,对应于 Ball 提出的瞬时拟圆柱面.

为了表示有限位移旋量, Hunt 运用点 – 线 – 面的几何特性及刚体两任意位置的描述来定义有限位移旋量的轴线与旋距. Hunt 继而运用刚体在两位置上的有向平面与有向线段的两组比率,得出五个必要条件来组建六个方程以确认有限位移旋量的 Plücker 齐次坐标.

除了直线坐标,对偶矩阵也被用来研究螺旋位移. Pennock 和 Yang 采用对偶矩阵描述直线的坐标变换,以此解决机器人的运动学逆解问题. McCarthy 揭示了对偶正交矩阵的特性,以此建立串联机器人的封闭方程,得出 Denavit-Hartenberg 的对偶数形式以及机器人 Jacobian 矩阵的对偶数形式. 四元数与对偶四元数也被进一步运用到球面运动链以及空间开环与闭环运动链. 有限位移旋量被应用到机构分析中,Young 与 Duffy 运用有限螺旋位移确定机器人的极端位置. Angeles 基于刚体有限分离位置三个非线性点的二阶张量主值与方向,提出算法以计算有限螺旋位移. Pohl 和 Lipkin 采用空间映射方法将机器人对偶角转换为实数,使机器人完成所需构态以达到所需工作空间范围内的位置,并引以证实,旋量主部的映射可以用来使机械臂的操作末端的位置误差达到最小.

在有限位移旋量的发展过程中,有限位移旋量与 Lie 群的基本要素紧密相关. 它们明确的关联可见于 Hervé 采用 Lie 群描述运动副与刚体位移的研究,且有限位移旋量的对偶正交矩阵形式可以表述为 Lie 群 $SE(3)$ 的六维表示. Selig 和 Rooney 表述了 Lie 群对五维映射空间中直线的作用. 这一研究显示出这一 Lie 群作用限于 Klein 二次曲面,并将 Klein 二次曲面分为无穷远直线区域与有限位置直线区域. 任意有限位置直线的同构组由绕该直线的旋转,加之沿该直线的平移组成. 这就导出了有限螺旋位移的 Lie 群表达式.

Samuel,McAree 和 Hunt 运用正交矩阵的不变量特性,将以对偶正交矩阵形式表述的位移与旋量的几何特征进行关联. 该研究表明了旋量的几何特性与 Euclid 群的矩阵表述对应,并给出了依据对偶正交矩阵表述的有限螺旋运动. Dai,Holland 和 Kerr 研究了串联机器人的有限位移旋量表述与其有序合成与分解运算组合,揭示了有限位移旋量的 Lie 群特性. 由此机器人末端的运动可以由有序的有限位移旋量运算构成的合成有限位移旋量表示,这就给出了有限位移旋量的 Lie 群运算. Parkin 研究了有限位移旋量的表示以及与点 – 线表示的刚体有限螺旋位移轴线间的相似构象. Huang 揭示了三阶运动链的有限位移旋量系及其有限位移旋量的柱形面.

关于 Lie 群与刚体位移以及 Lie 代数与瞬时旋量的关联,Murray,Li 和 Sastry 给出了代数形式,Selig 明晰了这种关联,Dai(2012,2014) 将 Lie 理论与 Clifford 代数带入到旋量代数和理论运动学中.

图 2 揭示了有限位移旋量与 Lie 群以及瞬时位移旋量与 Lie 代数的内在关联关系.

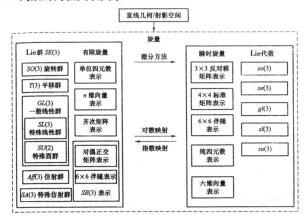

图 2

由于 Lie 群是代数结构和几何结构的自然结合体,所以它在调和分析、微分几何和理论物理等许多现代数学与物理分支中有着重要应用.

作为核心数学的一部分,Lie 群研究的发展十分迅速. 20 世纪 30 年代 Weyl 在对量子力学的研究中得到了紧群的完整理论,此后,又有 20 世纪 50 年代的 Macky 理论,20 世纪 70 年代的 Langlands 分类,以及最后在量子场论研究中产生的研究 loop 群和其他无限维 Lie 群的深刻理论.

Lie 群结构丰富,有深刻的内在理论. Lie 群的研究与其线性形式——Lie 代数的研究密切相关. Lie 群丰富的内在结构是对称空间研究的基础.

Lie 群表示是 Lie 群研究的重要方面,它的核心问题是表示的分类与实现. 有限维 Lie 群无穷维表示的分类与实现仍是大家关心的问题,无限维 Lie 群及其表示理论的系统研究虽然开始不久,但已经成为目前最为活跃的热点课题. Kac-Moody Lie 代数,顶点算子代数的研究方兴未艾.

客观地说,本书绝称不上是科普佳作,但它对于渴望了解 Lie 群与 Lie 代数的读者来说肯定是有用的.

笔者特别喜欢两位名人的一段对话,一位是著名的诺贝尔物理学奖得主、美籍华人李政道,另一位是上海科学技术出版社原社长、韬奋奖获得者吴智仁. 2003 年,上海科学技术出版社出版了李政道的一本书. 座谈时,李政道问吴智仁:"你知道我国唐朝时谁最有钱?"吴智仁回答:"不清楚". 李政道又问:"你知道唐朝哪些人最有学问?"吴智仁回答:"那可多了."接着,李政道语重心长地说:"所以,你们不要把赚钱看得太重了,还是要留下一些好书给后代."

大师就是大师,我们要跟随!

刘培杰

2016 年 6 月 27 日

于哈工大

Bernstein 多项式与 Bézier 曲面

佩捷　吴雨宸　编著

内容简介

本书详细介绍了 Bernstein 多项式和 Bézier 曲线及曲面. 全书共分 3 章及 5 个附录,读者通过阅读此书可以更全面地了解其相关知识及内容.

本书适合从事高等数学学习和研究的大学师生及数学爱好者参考阅读.

编辑手记

无论身处怎样的社会中,精英总是精英.

在第二次世界大战中,英军死亡率为 15%,但主要由贵族子弟组成的伊顿公学毕业生的死亡率达到 45%! 伊顿公学是英国精英的摇篮,甚至可以说其毕业生就是精英的代名词,英国不能没有伊顿. 那么法国的精英在哪呢? 答案是巴黎的多科工艺学院. 本书的主角伯恩斯坦 1899 年先是毕业于巴黎大学,1901 年又毕业于这所巴黎多科工艺学院,1904 年获数学博士学位,是一位名副其实的数学精英.

有人说:"研究并不只是学院知识分子的专长. 实

际上,由于远离现实生活,尤其由于丧失真切的关怀,学院研究越来越接近于语词的癌变,只在叽叽喳喳的研讨会上才适合生存."(陈嘉映.执着于真切的关怀.《读书》,2009,12,28 页)

伯恩斯坦的研究领域在数学中是偏应用,他主要研究多项式逼近理论.这一理论的起源是在蒸汽机车刚问世时,要解决将热产生的动力以四边形传杆传递到火车轮时如何能实现均匀平稳.另外,伯恩斯坦还研究了偏微分方程和概率论.而这两个领域中的问题来源大都是物理世界中提出来的.特别是今天金融学中常用的随机微分方程,伯恩斯坦那时就将其拿来用于对概率论方法进行研究.他的研究使我们感觉到数学无处不在.这正如一段电影台词,48 岁的布拉德·皮特在全球同步首映的香奈儿影片《总有你在》中,念了一段意境悠远的广告词——"不管我去哪,你都在.我的运,我的命."

本书的第二部分内容是与贝齐尔曲面有关,而贝齐尔曲面最耀眼的应用就是在汽车外形设计中的应用,所以为了增强感性认识,我们特别加了一个很长的附录,其作者就是使用此方法的总监.在此表示感谢并惊叹于应用之巧妙.巴贝奇对此有一个理论,剑桥大学"卢卡斯讲座"数学教授,牛顿的继任查尔斯·巴贝奇的最大贡献不在于提出了什么理论,而在于将数学方法引入管理领域,试图用数学方法来解决管理问题,他还创造性地将人的脑力劳动进行了分工,他以桥梁和公路学校的校长 G.F. 普罗尼为例来说明.普罗尼在准备绘制一套详尽的数学表时,成功地把他的工作人员分成熟练、半熟练和不熟练三类,进而把比较复杂的任务交给能力强的数学家去完成,把比较简单的但又是必须做的杂务,交给只会加减法的人去做,这样保存了能力较强的数学家进行复杂工作的实力.

本书最初是由一个竞赛试题的解法产生的.当一项大赛出来之后会有许多教练员去研究新的解法.缺乏高深素养的人往往会给出表面上十分花哨但没什么本质性新意的方法.而像常庚哲这样的大家给出的解法才能使我们嗅到一丝近代数学的气息,并从中领悟到试题背后的东西,也就是试题的背景.这样一来二去材料越积越多便成了现在这个样子.

1942年出生于中国,1962年入读牛津大学历史系,后转而研究哲学的牛津大学高级研究员德里克·帕菲特被许多人视为英语世界最具原创性的道德哲学家.他写了一本名为《论何者重要》的书.帕菲特希望他的书尽可能地接近完美,他希望回答所有可能的反驳.为此,他把书稿送给所有他认识的哲学家,征求批评,有250多个人提交了他们的评论.他花了好几年的时间修正每一个错误.随着他订正错误,澄清论证,书变得越来越厚.他本来是想写一本小书,结果变成了一部厚达1 400页的书.本书作者显然不想这样做.

在奥斯汀的《傲慢与偏见》中有一句令人记忆犹新又追悔莫及的名言:"将爱埋藏得太深有时是一件坏事."所以,我们要及时将我们喜爱的题目及背景拿出来与大家分享.这是出版的乐趣.江西教育出版社社长傅伟中说:"只要我们锲而不舍,循而不拘,学而不厌,诚而不伪,出版犹如'我们青春岁月里的初恋',永远不会成为出版人生涯中的一件坏事."

苏轼有"常行于所当行,常止于所不可不止"的语句.数学工作室致力于重版数学经典,传播数学文化是我们在"行于所当行".如果因应试教育的进一步泛滥令数学经典无处立身,因经济原因而停转,则是该止于所不可不止,所以我们要有紧迫感.

刘培杰
2015年11月26日
于哈工大

磨光变换
与 Van der Waerden 猜想

佩捷　吴雨辰　薛潺　著

内容简介

本书主要介绍了磨光变换的基本概念,同时为读者展示出范·德·瓦尔登(Van der Waerden)猜想的相关内容.本书内容分三个部分.第一编为磨光变换与双随机方阵,第二编主要介绍范·德·瓦尔登猜想,第三编则为双随机矩阵的相关内容.

本书适合高中及高中以上学生和数学爱好者阅读.

编辑手记

本书是通过一个数学小问题来介绍一个著名的数学猜想的解决过程.这是典型西方数学的精华.我们一直有种不好的思维定式,认为什么都源自中国,什么都是中国最早、最好,其实未必.

有一个段子:罗马皇帝派大使来中国,向孔夫子下跪,请赐予文字,孔夫子正吃饭呢,一心不能二用,随手用筷子夹了几根豆芽放在大使帽子里,大使把豆芽带回罗马,就有了如今流行120多个国家的拉丁字母.

这当然不是真的.孔夫子去世后几百年才有罗马帝国.这是周有光老先生在他的《语文闲谈》中讲的一个沙文主义者们

编造的笑话,意在讽刺文化上的无知自大.

磨光变换很形象、很好理解.范·德·瓦尔登则不为大众所熟悉,20世纪80年代山东教育出版社出了一本大书叫《世界数学家思想方法》,其中阴东升专门写了一篇介绍范·德·瓦尔登的长文.现附于后,供读者了解:

范·德·瓦尔登(1903—1996)是荷兰数学家,1924年阿姆斯特丹(Amsterdam)大学毕业.在奔向哥廷根(Göttingen)的热潮中,他也于1924年秋天来到了这令人神往的数学圣地,并追随诺特(A. E. Noether)等人学习代数.他选的诺特的主要课程之一是"论超复数",一年后获得博士学位.

在随诺特等大师学习的过程中,他很好地掌握了他们的理论,学习了概念的机制并领悟了思维的本质,特别是明确了"抽象代数"的特点.这使得他有能力能够清晰而又深刻地表述出诺特的想法和解决她提出的问题.1926年冬季,他和阿廷(E. Artin)、布拉施克(W. J. E. Blaschke)及施赖埃尔(O. Schreier)在汉堡主持了理想论讨论班.1927年他在哥廷根又极其成功地讲授了一般理想论的课程.1928年夏天,他在哥廷根证明了分自然数集成若干子集的算术级数定理,一时间成为当时人们津津乐道的话题.之后,他在诺特、阿廷等人有关代数的讲义及上述讨论班材料的基础上,对以往(主要指1920年以后)主要代数成就进行了系统而又优美的整理,于1930—1931年出版了《近世代数学》(*Modern Algebra*,上、下两册)一书.此书出版后,立即风靡世界,成为代数学者的必备书.鉴于本书的性质及其重要价值,在代数学家与数论专家勃兰特(H. Brandt,1886—1954)的建议下,自20世纪50年代第四版起,范·德·瓦尔登将书名改成了《代数学》(*Algebra*)并对其内容进行了适当增删,但风格未变.

1932年,他的《量子力学中的群论方法》(*Die gruppentheoretische Methode in der Quantemechanik*,德文版)作为著名数学丛书《数学科学的基本原理》第36卷出版.1974年在改写的基础上出版英文版 *Group Theory and Quantum Mechanics*.

1935年,斯普林格(Springer-Verlag)出版他的德文版《线性变换群》(*Gruppen von linearen Transformatinen*).

1939 年出版《代数几何》(*Einführung in die algebraische Geometrie*,德文版).

1979 年出版《毕达哥拉斯》(*D. Pythagoras*).

1983 年出版《古代文明中的几何和代数》(*Geometry and Algebra in Ancient Civilizations*,英文版).

1985 年出版《代数学史——从花拉子米到诺特》(*A History of Algebra From al-Khwārizmi to Emmy Noether*).

另外,他还出版过《科学的觉醒》一书,并发表多篇论文.他不仅是一个数学家,而且是一位数学史家.

自 20 世纪 50 年代以来,范·德·瓦尔登一直任苏黎世大学数学研究所的教授.

范·德·瓦尔登的成就(已取得的)主要表现在代数、代数几何、群论在量子力学方面的应用及数学史等领域中.当然,他在数理统计、数论及分析等领域中的成就也是不可抹杀的.

在数论中,他证明了如下的算术级数定理(也被称为 Van der Waerden 定理):

设 k 和 l 是任意自然数,则存在自然数 $n(k,l)$(k 和 l 的函数),使得以任意方式分长为 $n(k,l)$ 的任意自然数段为 k 类(其中,"长"指项数,k 类中可能有空集),则至少有一类,含有长为 l 的算术级数.

这是 1928 年的一个结果.作为此定理的一个直接推论,他解决了哥廷根一位数学家提出的这样一个问题:"设全体自然数集以任意方式分成两部分(例如偶数与奇数,或素数与合数,或其他任意方式),那么,是否可以保证,至少在其中一部分中,有任意长的算术级数存在?"[①] 答案是肯定的.

在分析中,他的一个著名结果,就是给出了一个处处连续但处处不可微的函数实例:

设 $u(x)$ 表示 x 与距其最近的整数的距离,则

---

① [苏]А. Я. 辛钦著:《数论的三颗明珠》,王志雄译,上海科技出版社 1984 年版,第 1,2 页.

$$f(x) = \sum_{n=0}^{\infty} \frac{u(10^n x)}{10^n}$$

处处连续,但 $f'(x)$ 处处都不存在.①

在数学史方面,他主要写了这样几部著作:《毕达哥拉斯》,《古代文明中的几何与代数》(其中谈到了中国古代数学的成就,刘徽的成就),《代数学史——从花拉子米到诺特》以及《科学的觉醒》(反映了古希腊数学)等.

他的教学史著作注重讲清数学中一些重要概念及思想的演进过程(如抽象群).他的一本著作往往按历史顺序涉及几个专题,如《代数学史》包含:代数方程、群和代数三个方面.不求全,但求精.这本著作是有关方面的一部重要专著.

在数学的应用方面,他重点考虑了群论在量子力学中的应用,对搞清量子力学的数学基础做出了重要贡献.他不仅对群论的基本原理及其在量子力学中的主要应用作了完整的叙述,提高了量子力学的理论程度,而且他还在这种应用性研究中提出了一些重要概念.譬如,"旋量"的概念就是他和嘉当(E. Cartan)各自从不同角度提出的.②他的这些成就都集中体现在他的名著《群论与量子力学》中.

在代数几何中,"Chow 和范·德·瓦尔登 1931 年一般化了 Cayley 的思想及 Bertini 的思想,证明了如何参数化射影空间 $P_N(K)$ 的不可约代数子变量的集的问题;范·德·瓦尔登还通过一般化 Poncelet 的思想,第一个给出了 $i(C,V,W)$ 的定义(V, W 是 $P_N(K)$ 的不可约子变量(Subvarieties))".③1948 年,他考虑了赋值概念在代数几何上的应用(Math. Z.,1948(51),511 页起的 §4 ~ §8).他在这方面的代表著作是《代数几何》.

在代数领域中,范·德·瓦尔登的工作涉及 Galois 理论、理

---

① 白玉兰等编:《数学分析题解(四)》,黑龙江科技出版社 1985 年版,第 29,120 ~ 125 页.

② B. L. 范·德·瓦尔登著:《群论与量子力学》,赵展岳等译,上海科技出版社 1980 年版.

③ Jean Dieudonné, *History of Algebraic Geometry*. Translated by Judith D. Sally. Wadsworth, Inc.,1985:71-73.

想论(包括多项式理想论)及群论等多个分支.

1931年,他给出了一个真正求给定方程$f(x) = 0$对于基础系数域Δ的Galois群的方法;利用它的推论,在可迁置换群一些性质的基础上,可以来造任意次数的方程,使得其Galois是对称的.用这些方法"我们不但能证明具有对称群的方程的存在,还能进一步得到在全体系数不超过上界N的整系数多项式中,当N趋向∞时,几乎100%的群是对称的."①

1929年,他建立了"任意整闭整环中的理想论"②(后由阿廷修改为比较完美的形式).在某种意义上说,它是古典理想论的一种推广.除此之外,他还考虑了一个在基域K上不可约流形当基域扩张时的分解问题.

1933年,在一篇论文 *Stetigkeitssätze für halbeinfache Liesche Gruppen*(*Math. Zeitschrift* 36,780 ~ 786)中,他对冯·诺依曼(J. Von Neumann)的一个李群表示定理作了简洁证明,并且证明了:"紧半单李群的所有表示都是连续的"③等结论.

他在代数领域的代表著作有:《代数学》(上、下册),《线性变换群》等.其中前者被公认为该领域的经典名著.

从性质上讲,范·德·瓦尔登的成就就有这样几方面:

(1)研究具体问题,得具体成果(如李群表示定理,算术级数定理等).

(2)综合认识某一专题已得成就,进行综合评论(如他1942年写的有关赋值概念在代数几何上的应用的评论.).

(3)系统整理某一分支的成就,进行理论体系化的工作(如他的《代数学》《代数几何》《群论与量子力学》等几本专著).

---

① [荷]B.L.范·德·瓦尔登著:《代数学(Ⅰ)》,丁石孙等译,科学出版社1978年版,第242~245页.

② [荷]B.L.范·德·瓦尔登著:《代数学(Ⅱ)》,曹锡华等译,科学出版社1978年版,第547~555页.

③ B. L. Van der Waerden, *A History of Algebra*, Springer-Verlag, 1985:第261.

(4)(与(1)逻辑方面相对应的,他还注意)历史地认识数学,注重数学史研究.从历史的长河中把握数学(如《代数学史》).

当然,他的成就不仅表现在其诸多的具体结果上,而且还表现在其丰富、深刻的思想方法中.思想方法是其成就的灵魂.

范·德·瓦尔登的思想方法可分以下 5 方面阐述.

(一)追求证明的简单性、结论的普遍性及知识的系统性.

范·德·瓦尔登在科研选题方面,既注意到了改进前人的成果,又注意到了解决他人提出的问题;而更重要的是,他十分注意并致力于组织、整理已有的数学成就.

在改进成果方面,他或者简化已有的证明,或者推广已有的结论.譬如,像前面我们曾提到的,他曾给出了冯·诺依曼李群表示定理的一个简单证明;通过将理想的相等推广为"拟相等"① 而得到了任意整闭整环中的理想论,实现了古典理想论的某些主要结论的普遍化.

在解决问题方面,他往往从更广泛、更一般的意义上进行思考,以求获得更具普遍性的结论. 这从其解决前面提到的算术级数问题一例中可以看出. 正如数学家辛钦(А. Я. Хинчин)所说:"从本质上说,范·德·瓦尔登证明的结果比原先要求的要多. 首先,他假设自然数不是分成两类,而是分成任意 K 类(集合);其次,为了保证至少有一类含给定(任意)长的算术级数,他指出,不一定要分全体自然数,而只要取某一段,这一段的长度 $n(k,l)$ 是 k 和 l 的函数,显然,在什么地方取这一段完全一样,只要它是 $n(k,l)$ 个连续的自然数."②

显然,简单的证明既有益于人们对数学结论真的理解,也有益于对数学美的感受(体味到简单美、清晰美等);而带有一般性的普遍结论,则有利于人们看清数学对象间关系或属性的

---

① [荷]B. L. 范·德·瓦尔登著:《代数学(Ⅱ)》,曹锡华等译,科学出版社 1978 年版,第 547 页.

② [苏]А. Я. 辛钦著:《数论的三颗明珠》,王志雄译,上海科技出版社 1984 年版.

真正本质(如自数的算术级数定理——范·德·瓦尔登定理比当年哥廷根的数学家提出的问题的肯定答案更深刻地反映出了自然数(集)的属性).总之,使已有结论的得来过程简明化、使结论更贴近事物的本质——使对象间的本质逻辑联系更加清晰化,即简明、清晰地逼近事物的本质,是范·德·瓦尔登追求的主要目标之一.这不仅表现在他对具体问题的处理上,而且还表现在他对已有数学(特别是代数)成就的理论化整理中.

他不仅研究普通意义上的数学对象(如自然数,李群等)及其属性,而且还研究更高层次上的数学对象——数学命题间的各种逻辑联系.虽然这种研究具有元数学的味道,但二者的目的迥然不同.范·德·瓦尔登的目的在于,在这种探究的基础上,寻找出一个简明、清晰甚至优美的逻辑框架,以将已有主要结果整理成一个理论体系,以便后人较轻松、系统地把握前人的思想精华.因为他知道,数学的发展需要继承.为了使这种发展能良性地进行下去,提供好的继承基础是必要的.他的这方面的典型成果之一是《代数学》.这部著作(上、下两卷)概括了1920—1940年左右代数学的主要成就——特别是诺特学派的主要成就.正是由于它的出现,诺特等代数大师的杰出思想才得以广为流传、抽象代数学才正式宣布诞生(一种新理论的诞生).它是抽象代数学的奠基之作.

(二) 由特征分离概括化原则提出概念,沿一般化归为特殊之路进行研究.

数学研究,就是要研究某些数学对象的属性或对象间的内在关系.这首先要有明确的对象——概念作前提.

在提出概念方面,范·德·瓦尔登采用了下述思想:首先分析某一(些)对象,找到它的若干性质;然后将这些性质抽出来作为公理,来形式地定义一个新的对象.这正是徐利治先生所明确提出的"特征分离概括化原则"[①].

---

① 徐利治:《数学方法论选讲》,华中工学院出版社1988年第2版,第191页.

譬如,"拟相等"的出现即经历了这样一个过程.设 O 是一个整环,Σ 为其商域;a 为一分式理想,a^{-1} 为其逆理想.显然,对于理想 a 和 σ 来说,若 $a = \sigma$,则 $a^{-1} = \sigma^{-1}$.这是相等关系"="的一个性质.现在将此性质($a^{-1} = \sigma^{-1}$)抽取出来,作为公理,便可形式定义出"拟相等":"a 拟相等于 σ,如果 $a^{-1} = \sigma^{-1}$."①

特征分离概括化原则是抽象化、形式化和公理化三大方法的一种合成物.范·德·瓦尔登早在随诺特学习期间,便掌握了概念的机制及思维的本质,对抽象代数学的"抽象化""形式化"和"公理化"有着深刻的认识,他曾明确谈道:"抽象的""形式的"或"公理化的"方向在代数学的领域中造成了新的高潮,特别在群论、域论、赋值论、理想论和超复系理论等部分中引起了一系列新概念的形成,建立了许多新的联系,并导致了一系列深远的结果."②因此,他综合运用抽象化、形式化、公理化的方法创造新概念是自然的.

在具体数学研究方面,他的思想之一是,首先设计一个总体策略,然后逐步实施.先规划蓝图,再实际建筑.将一般化归为特殊,是他常用的一张图纸.这是一种为了认识一般,而首先认识特殊,然后凭借一定手段将一般化归为特殊以达到最终把握一般的目的的方法.

譬如,范·德·瓦尔登在建立赋值论,解决下述问题"假设已经给定了域 κ 的一个(非阿基米德)赋值 φ.我们考虑 κ 的一个代数扩张 Λ,并提出这样的问题:域 κ 的赋值 φ 能不能且有多少种方式可以开拓成域 Λ 的赋值 Φ"③时,即遵循了这一思想.他首先考虑了 κ 为完备的赋值域这一特殊情况,然后通过嵌入的办法将一般赋值域的情形归结为完备的情形(一般赋值域 κ

---

① [荷]B.L.范·德·瓦尔登著:《代数学(Ⅱ)》,曹锡华等译,科学出版社 1978 年版,第 547 页.

② [荷]B.L.范·德·瓦尔登著:《代数学(Ⅰ)》,丁石孙等译,科学出版社 1978 年版,第 1 页.

③ [荷]B.L.范·德·瓦尔登著:《代数学(Ⅱ)》,曹锡华等译,科学出版社 1978 年版,第 324 页.

有两种情况:完备和不完备.完备时属于前者;不完备时,嵌入到某完备赋值域中即可)而获得最终解.

  当然,化归的手段是很多的.嵌入的方法代表着一种类型:在某种意义上说,一般和特殊间具有局部和整体的关系.还有一种类型,就是化归的双方不具有这种局部、整体的关系(或者不必考虑这种关系).譬如,范·德·瓦尔登在处理下述问题"设 μ 是基域 P 上的一个半单代数.我们要研究的是,当基域 P 扩张成一个扩域 Λ 时,代数 μ 将受到怎样的影响:μ 的哪些性质仍旧保持不变,哪些性质将会消失"① 时,其"研究是按如下的程序来进行的:先设 μ 为一域,再设它为一个可除代数,其次再设它为一单代数,最后才设它为一般的半单代数.每次都是把下一个较为复杂的情况归结为前面较为简单的情况".② 其中,域 → 可除代数 → 单代数 → 半单代数,是个一般化的过程.因而问题的解决也是走的一般向特殊化归之路(只是这种化归被相继多次运用而已).当然,这里也蕴含了复杂向简单化归的思想.

  在《代数学》中,范·德·瓦尔登至少在六处不同环境中明确地运用了一般向特殊化归的思想,这也足见他对这一思想的重视(实际上,《代数学》已经表明,这一思想不仅是研究方法,而且是一种理论化的重要方法).

  (三)限制——重点转移的具体手段,历史——前进道路的寄生之地.

  对于数学研究来说,仅有宏观蓝图是不够的,还须有其他较具体、细致的方法来配合,方能实现认识数学对象的愿望.方法是多种多样的.这其中,限制的主法、从历史中寻求前进的道路(或启示)的方法备受范·德·瓦尔登青睐.

  由于数学对象往往是具有某些性质的对象,是载体与性质

---

  ① [荷]B.L.范·德·瓦尔登著:《代数学(Ⅱ)》,曹锡华等译,科学出版社1978年版,第659~660页.
  ② [荷]B.L.范·德·瓦尔登著:《代数学(Ⅱ)》,曹锡华等译,科学出版社1978年版,第659~660页.

（属性）的统一体. 因此,限制的方法基本上有两种类型:载体的限制及属性的限制. 前者主要是指,思维的着眼点从载体整体过渡到其某局部的过程;而后者主要是指,思维的着眼点从属性总体过渡到其某部分的过程. 不论哪一种,限制都是思维"重点转移"的具体手段. 这两种限制方法,范·德·瓦尔登在数学证明中都进行了充分运用.

譬如,在证明群论中的第一同构定理①.

设 G 是群,A 是其一正规子群,B 是 G 的一个子群,则 $A \cap B$ 是 B 的正规子群,且有

$$AB/A \cong B/(A \cap B)$$

时,他给出了这样的思路:考虑同态 $G \stackrel{\varphi}{\sim} G/A$,即先在 G 中考虑问题. 此时 $AB/A = \varphi(B)$;然后对群载体 G 进行限制,在子群 B 上看问题. 借助于 φ,可诱导出一同态 $B \stackrel{\varphi|_B}{\sim} \varphi(B)$. 此时,显然有,$\mathrm{Ker}\,\varphi|_B = A \cap B$,所以 $\varphi(B) \cong B/\mathrm{Ker}\,\varphi|_B = B/(A \cap B)$. 如此一来,综上两方面便知,$AB/A \cong B(A \cap B)$. 即,先在整体上看问题,得一些结论;然后在局部的立场上再看问题,又得一些结论;最后,将二者结合起来,便达到了预期的目的. 显然,这里面除了限制法以外,还蕴含着范·德·瓦尔登的下述思想:从不同角度看问题,并将结果予以联系和比较.

再如,在证明有限体是域时,他采取了如下路线:"设 K 为一有限体,Z 为它的中心,m 为 K 在 Z 上的指数. K 中的每个元素都必包含在一个极大交换子体 Σ 之内,而后者在 Z 上的次数等于 m. 可是我们知道,P^n 个元素的伽罗瓦域 Z 的一切 m 次扩域是彼此等价的. 因此,这些极大交换子体可由它们当中的某一个,譬如说 Σ. 经过 K 中元素的变形得到

$$\Sigma = k\Sigma k^{-1}$$

如果除去 K 中的零元素不计,则 K 成为一群 $\mathfrak{D}$,而 Σ 成为一子群 $\mathfrak{R}$,Σ 成为 $\mathfrak{R}$ 的共扼子群 $k\mathfrak{R}k^{-1}$,并且这些共扼子群合并在一起能充满整个群 $\mathfrak{D}$(因为 K 中每个元素都包含在某一 Σ 之内).

---

① 有的书中称之为第二同构定理.

可是另一方面,我们有下面的群论定理:

引理 有限群 $\mathfrak{D}$ 的真子群 $\mathfrak{R}$ 和它的全部共扼子群 $s\mathfrak{R}s^{-1}$ 不可能充满整个 $\mathfrak{D}$.

所以 $\mathfrak{R}$ 不可能是 $\mathfrak{D}$ 的真子群. 因此 $\mathfrak{R} = \mathfrak{D}$,从而 $K = \Sigma$. 因此 K 是可交换的."① 即将体的问题归结为群的问题,再借助于群的结论来达到有关体的结论的方法. 其中,限制的方法起了关键性的作用. (借助于它,作者才实现了由体到群的转换.) 这里的限制主要是属性限制. 体有两个相互联系的方面:加法群性和乘法群性(去掉零元). 上述证明是由体的属性向其部分 —— 乘法群属性过渡的结果. 当然,从证明的总体结构上看,它符合 RMI 原则②的思想. 其框图如图 1 所示.

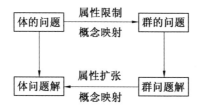

图 1

在发展的长河中,与限制相近的一种现象,是"后退",是对历史的重视. 范·德·瓦尔登不仅明确地研究数学史,而且还将历史上一些重要的思想方法拿到今天来发扬光大. 继承是为了发展,后退是为了前进. 当一个问题的研究百思不得其解时,他往往注意到历史中去吸取营养、寻求启示、发掘摆脱困境的道路. 确实,历史上有许多榜样可供借鉴. 他在希望用代数工具来替换(代数几何中的)连续性的工作(抽象化思想的产物)中,曾遵循了这一思想. 正如数学家迪厄多内(J. Dieudonné)所说:

---

① [荷]B. L. 范·德·瓦尔登著:《代数学(Ⅱ)》,曹锡华等译,科学出版社 1978 年版,第 706,707 页.

② 徐利治:《数学方法论选讲》,华中工学院出版社 1988 年第 2 版,第 24 ~ 29 页.

"为了替换连续性的思想,他首先复苏了使复射影几何得以产生的过程."[1] 这是改造旧方法,解决新问题的生动一例.

总之,范·德·瓦尔登不仅注意逻辑层次上的限制方法,而且注意历史层次上的限制方法. 不过,对于后者来说,限制的目的主要在于开拓.

(四)广义同一法 —— 解决问题的一种工具,下动上调法 —— 提出问题的一种手段.

数学大师希尔伯特(D. Hilbert)认为,问题,是数学的活的血液. 研究数学就是要(直接或间接,显性或隐性地)解决问题. 问题,是有关数学对象的问题. 因此,数学至少包含三方面的内容:创造对象;提出问题;解决问题. 当然,作为理论来讲,数学还应有整理结论或系统化已有成果的方面. 在这四方面,范·德·瓦尔登都从思想方法上做出了自己的贡献. 一、四两个方面前面做了简单说明,对于三(解决问题),也说明了化归与限制的运用. 这些,当然还远不是全面的. 在解决问题方面,我们再来看一下他对同一法的应用及其推广 —— 广义同一法.

同一法主要用于解决有关具有唯一性的对象的问题. 其含义是这样的:为证对象 A 具有性质 P(其中具有 P 的对象是唯一的),可先做 P 的对象 A',然后证明 $A = A'$. 范·德·瓦尔登在证明下述问题时,采用了这一思想.

设 Γ 是有理数域. $\phi_h(x) = 0$ 是以全部 h 次原单位根为根的方程(人们称之为分圆方程),则 $\phi_h(x) = 0$ 在 Γ 中是不可约的.[2]

为证 $\phi_h(x) = 0$ 在 Γ 中不可约,先任选一以某原单位根为根的不可约方程 $f(x) = 0$(且要求 $f(x)$ 为本原多项式),然后他通过证明 $f(x) = \phi_h(x)$ 而达到了上述结论.

在其他类似场合,他推广了同一法的思想,运用"广义同一法"的思想来解决问题. 譬如,在证明有关嵌入问题时,他采用

---

[1] Jean Dieudunné, *History of Algebraic Geometry*. Wadsworth, Inc. 1985.

[2] [荷]B. L. 范·德·瓦尔登著:《代数学(Ⅰ)》,丁石孙等译,科学出版社 1978 年版,第 210 ~ 213 页.

了如下思路:Ω 是 P 的代数封闭域,Σ 是 P 的代数扩张. 为证 $\Sigma \hookrightarrow \Omega$(即 Σ 可嵌入 Ω),可先考虑 Σ 的代数封闭扩域 Ω'. Ω' 和 Ω 是等价的. 因而 $\Sigma \hookrightarrow \Omega$. ①这一路线和同一法是相似的. 其区别仅仅在于,这里是等价,而不是相等. 等价是相等关系的一种推广. 这一路线便运用的是广义同一法. 当然,这一问题的解决过程,也可看作是等价转换的结果:为证 Σ 具性质"$\Sigma \hookrightarrow \Omega$",可先做 Σ 的代数封闭域 Ω',Σ 自然具性质"$\Sigma \hookrightarrow \Omega'$"而 Ω 和 Ω' 的等价导致"$\Sigma \hookrightarrow \Omega$"和"$\Sigma \hookrightarrow \Omega'$"是等价的(可相互转化),因此 $\Sigma \hookrightarrow \Omega$. 即,为证 A 具性质 P,可先证 A 具 P',然后由 P 和 P' 的等价性来推断 A 具 P 的结论.

在提出问题方面,他强调了对象属性对对象的依赖性. 当对象发生变化时,属性往往也跟着作相应调整. 即属性和对象间在动态上有一种"协变"关系. 基于对这种关系的认识,往往可提出一些有益的问题来. 譬如,对象变化时,属性如何变化?具体实例如:"如果我们把基域 K 扩大到域 Λ 同时扩域 $K(\theta)$ 也相应地扩大到 $\Lambda(\theta)$,那么 $K(\theta)$ 对于 K 的 Galois 群有什么改变"②"我们将……(笔者省略)考查,例如在整数环内成立的简单规律,在一般环上可以推广到怎样的地步""设 μ 是基域 P 上的一个半单代数. 我们要研究的是,当基域 P 扩张成一个扩域 Λ 时,代数 μ 将受到怎样的影响:μ 的哪些性质仍旧保持不变,哪些性质将会消失"③,等等. 如果我们将对象看作其属性的基础的话,那么,这种提问题的模式可称为"下动上调法".

只要看一看《代数学》,就会发现,范·德·瓦尔登还利用其他方式来提出问题. 如"逆向思维法":他在处理了"古典理想

---

① [荷]B.L.范·德·瓦尔登著:《代数学(Ⅰ)》,丁石孙等译,科学出版社1978年版,第253页.

② [荷]B.L.范·德·瓦尔登著:《代数学(Ⅰ)》,丁石孙等译,科学出版社1978年版,第208页.

③ [荷]B.L.范·德·瓦尔登著:《代数学(Ⅱ)》,曹锡华等译,科学出版社1978年版,第450,659,660页.

论的合理建立"后,紧接着下一节便考虑这节结果的逆.

显然,下动上调法提问题的模式也可看作是对类比法的一种运用(对象虽发生了变化,但还有类似之处,那么它们性质的类似性又如何呢——哪些基本相同,哪些不同). 在这种方法中,很重要的一种形式是"集合化"的方法. 它是指由对某种元素的考虑过渡到对这些元素的集合(或类)的考虑的方法,是思维重点转移的一种体现,是结构数学思维的一个特点. 这方面的例子在《代数学》中出现得很多,其一典型实例如,范·德·瓦尔登在任意整闭整环中的理想论的建立过程中,在考虑了拟相等理想类的一些性质后,思维层次一转,上升到拟相等理想类组成的集合,通过概括得到了此集作为代数结构的一个性质——拟相等理想类做成一个群.

总之,范·德·瓦尔登对下动上调法,既从同一层次的对象上进行了运用(如基域 K 到域 Λ, K 和 Λ 都是代数结构层次中的域),也从不同层次上的对象中进行了运用(如元素到集合),具有某种逻辑的全面性.

(五)有关材料组织的一些思想及其他.

在对已有材料(成果)的组织整理方面,除了前面谈到的有关思想外,范·德·瓦尔登还注意到了"殊途同归""构造化""臻美"和"充分明晰地展示占统治地位的普遍观点"等思想.

一个结论可由不同方法或沿不同途径得出,这便是殊途同归现象. 譬如,有关线性相关和线性无关的"替换定理",既可由相关、无关的性质直接推证,亦可由群论的方法把它推导出来,便是其中一例. 正因如此,同一结论才能被纳入不同数学语言体系中(如相关语言、群论或模论语言等)去. 多角度、多方位地认识同一对象,有助于搞清事物间多方面的逻辑联系,同时,也有助于强化灵活处理问题的思维变换能力.

构造化,是一种日益清晰认识对象本质的方法,是一种由非构造性走向构造性的过程. 譬如,范·德·瓦尔登在处理 Galois 群时即走了这一条路:他首先一般地讲述 Galois 群的有关方面,然后才具体给出求给定方程 $f(x) = 0$ 对于基础域的 Galois 群的可行方法.(当然,构造化还是解决问题的一种方法.)

臻美,是追求完善与完美的一种思想.这在范·德·瓦尔登的工作中亦有生动体现.他在选材方面,总是先比较、后选择,从众多的文献中挑出简明的证明或对一种理论优美处理.譬如,对复数域上的代数函数古典理论之黎曼－罗赫(Riemann-Roch)定理的证明,他在比较了施密特(F. K. Schmidt)和韦伊(A. Weil)等人的方法后,选择韦伊在 *J. reine angew. Math.* ,1938(179) 中给出的较简单的证明编入《代数学》(Ⅱ)中,即是其中一例.再如,对于其成果之一"任意整闭整环中的理想论",由于他发现阿廷给出的处理方式比较完美,因而,在《代数学》(Ⅱ)中,当他讲到这一部分时,便采用了阿廷的形式.这也是臻美原则的具体体现.

臻美是完善化与完美化的统一.完善化往往和精确化、明晰化紧密相连,它往往表现为对已有对象的修饰或阐明.作为对这一点的应用,范·德·瓦尔登曾清晰地表述了诺特的思想,这种表述的部分内容(如他1924,1926,1927年听诺特的讲座的超复杂笔记)后来被诺特所采用,成为她的论文 *Hyperkomplexe Grössen und Darstellungstheorie* (*Math. Annalen* 30,641-692) 的基础.①另外,他和迪厄多内修饰由迪克森(L. E. Dickson)提出的群概念(一种)②,也是完善化的一例.

在《代数学》的写作中,他提出并执行了"充分明晰地展示占统治地位的普遍观点"的原则.譬如,展示合理化的思想:他用公理化的方法不仅处理了数学结构的一些代数性质(主要指同构不变性),而且还考虑了一些非代数性质,如实性、正性等;不仅用公理化方法研究普遍意义上的代数课题,而且还研究一些本属于"非"代数领域的内容的代数形式,如代数函数的微分法.在他看来,一部好的著作,首先要让读者能从中充分地认

---

① B. L. van der Waerden, *A History of Algebra. Springer-Verlag.* 1985,211-244.

② B. L. van der Waerden, *A History of Algebra. Springer-Verlag.* 1985,123.

识到内容的思想本质、认识到理论的思想核心. 正是由于他坚持这一原则,才使得其著作具有如下特点:不仅明确告诉读者某一问题是如何引出的、结论的证明思路是怎样的、结论的本质是什么,而且在每一证明过程中还都充分注意沿着一条有所交代的清晰明澈的道路前进. 读者边读,头脑中便会不断逐渐浮现出思路的图像,使人受益匪浅(不仅学到了知识、还会从中产生一种数学美的感受).

当然,他不仅注意到对内容处理的艺术性,而且还注意到了内容存在或表述形式的艺术性. 在这方面,他特别强调语言刻画的启发性. 这从他处理自旋时的一段叙述中可以看出来:

"为了以一种富有启发性的方式使情况更清楚些,可以想象长度 $\hbar l$ 的轨道角动量矢量和长度为 $\frac{1}{2}\hbar$ 的自旋角动量矢量组成一长度加 $\hbar j (j = l \pm \frac{1}{2})$ 的合矢量.……(省略号为笔者所加)".①

另外,他也注意上、下文的自然连接(运用由特殊到一般,或由一般到特殊等手段),尽量使整个著作成为一个紧凑的系统性整体. 追求紧凑性的例证如:"由于最近一个时期出现了群论、古典代数和域论方面的许多出色的表述,现在已有可能将这些导引性的部分紧凑地(但是完整地)写出来."②(这是其著作得以出现的一个客观前提性条件.) 显然,这段话本身也蕴含着范·德·瓦尔登的"组合""概括"的思想.

展示思想方法 —— 注重思想方法的外露,不仅是范德瓦尔登著书立说的一条原则,而且也是其重要的学习、研究数学的方法. 只有明确了已有成果的方法论实质,才算真正领会了

---

① B. L. 范·德·瓦尔登著:《群论与量子力学》,赵展岳等译,上海科技出版社 1980 年版,第 131 页.

② [荷]B. L. 范·德·瓦尔登著:《代数学(Ⅰ)》,丁石孙等译,科学出版社 1978 年版,第 1 页.

其精神;也只有这样,才能推陈出新或为推陈出新奠定一个良好的基础.不论是从思想上阐释已有成果,还是在此基础上有所创新,对于数学的发展来说,都是需要的,是有益的工作.范·德·瓦尔登阐明成果的方法论实质的习惯,从其《代数学史》中可略见一斑.

对于方法,范·德·瓦尔登认识到了两种类型.一种是原则性的方法,如由特殊到一般、类比等;另一种是命题性(原理型)方法.它是以某命题为推理中介(桥梁)进行推论的一种方法.(如引理的运用).对具体实例,范·德·瓦尔登曾谈到,准素理想 q 与其一素理想(属于 q 的)p 及指数 ρ 的下列性质:

(1) $p^\rho \equiv 0(q) \equiv (p)$;

(2) 由 $fg \equiv 0(q)$ 及 $f \not\equiv 0(p)$ 就有 $g \equiv 0(q)$.

是两个极重要的方法(在理想论中),由此常常可以推导同余式 $f^\rho \equiv 0(q)$ 以及 $g \equiv 0(q)$.①命题性方法具有普遍性,因任何一步逻辑推理基本上都要用到一个起媒介作用的命题.

原则性方法往往不具机械性死程序,它只是一种思路模式;而命题性方法则不然,它是"死"的,只要推理中达到了前提条件,那么,推理就一定可以跳到结论那一步(命题具有二重性:当人们仅注意命题本身时,它反映着前提和结论间的一种逻辑联系;当人们将其纳入推理链条时,便可利用这种逻辑联系来进行推论,这时它便具有了方法性,成了逻辑的旅行途中的一座桥、一条船).二者基本上构成了对方法的一个完全分类.

迄今为止,我们主要考虑了范·德·瓦尔登在生产建筑材料(具体成果、提出好的问题等)、勾画数学大厦图纸及具体建筑并修饰这座大厦等方面的一些思想方法,对于应用,尚未涉及.对此,我们仅述一言,他的应用数学思想,主要是模型法,主要是用群论这一数学理论性模型来讨论量子力学问题,如图2所示.

---

① B.L.范·德·瓦尔登著:《代数学(Ⅱ)》,曹锡华等译,科学出版社1978年版,第511页.

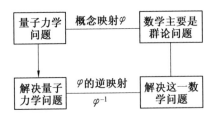

图 2

这反映着 RM 原则①的思想.

(1) 跟大师学习,读大师的著作,挖掘方法论本质.

(2) 既注意推陈出新,又注意做已有成果思想的阐释工作. 阐释也是一种创造.

(3) 既研究普通数学对象间的联系,又研究已有成果间的逻辑联系.

(4) 注重思维重点转移的原则.

(5) 对数学美的追求,推动数学研究工作的进展.

本书适合优秀的高中生阅读,现在的图书市场为他们提供的读物太少了,太单一,全都是教辅读物,完全是应试所需.

清华大学附中校长王殿军说:"从某种意义上说,高中对人才的培养小于对人才的埋没." 在中学,不论是学习好的,能力强的还是学习吃力的,能力弱的学生,都要齐步走,用统一的教材,统一的考试,统一的节奏,对所有学生的培养近乎用完全一样的模式. 在这种模式下,要想满足所有学生的发展,是不可能的(王殿军,中国开设大学长修课程的挑战与思考[J],中国教师,2013,5:14).

本书还适合大学生进行课外阅读,中国人对教育的期待是出人头地,那最好的方式是选择一个相对客观的学科,一鸣惊人. 因为文科主观性太强,不易出头,评价不统一,我们还是看看大家怎么说. 泰勒·考恩是哈佛大学经济学博士,现执教于乔治·梅森大学,2011 年被《经济学人》杂志提名为过去十年

---

① 徐利治:《数学方法论选讲》,华中工学院出版社 1988 年第 2 版,第 15 ~ 29 页.

"最具影响力的经济学家",同年在《外交杂志》的"全球最顶尖的100位思想者"傍单上排名第72.泰勒·考思他在接受《南方周末》采访时有段高论：

南方周末：如今有大量的中国留学生去美国读书，一张最近流行的图片，是在哥伦比亚大学统计学系的2015年硕士毕业名单，其中竟有80%是中国人.你怎么看待这个现象？

泰勒：设想一下，假如你出生在美国一个白人家庭，父母很有钱，你也聪明，你可以通过比学统计学更简单的方法赚到钱，比如做经理、顾问，甚至金融行业，这些已经很难了，但仍旧比学数学、统计、工程学简单.

又假如你来自中国，出生在一个偏远小镇，没钱，没关系，如果来美国学习，就要通过一些完全客观的领域比如数学.你可以通过这种方式成为顶尖的人才，不需要任何外力帮助.另外，这些学科不会特别多地应用英语，所以你的英语不必是完美的.

所以，美国人做经理、顾问，中国人做统计、数据、工程师，分工就这样产生.

这对于中美双方都好.美国可以吸引中国人才，说实在的，很多美国人是太懒了，他们愿意做更简单的东西.对中国来说也是好事，这些人才通过这个渠道取得进步、获得成功，回国以后也有助于发展.

我们深以为然！

刘培杰

2015.6.10

于哈工大

Beatty 定理与 Lambek-Moser 定理

佩捷　严华祥　编著

内容简介

本书从一个拣石子游戏开始来介绍贝蒂定理与拉姆贝克－莫斯尔定理,并配有多道经典试题.

本书适合大中学生及数学爱好者参考阅读.

编辑手记

本书的写作念头是始于 20 世纪 80 年代,当时笔者对 IMO 很感兴趣.读了当时出版的几乎所有 IMO 题解,最后当读到华老的双法小组编译的一本小册子(记得是科学普及出版社出版的)时,该书写到 1978 年国际中学生数学竞赛题解时,页下有一个小 5 号字的注:美国有两位中学生发现这个难题其实就是贝蒂定理的特例.而这个贝蒂定理据华罗庚先生讲它只在维诺格拉朵夫的《数论基础》的习题中出现过,于是笔者便开始留意《数论基础》.直到 20 世纪 90 年代初大学的图书馆纷纷开始处理旧书,在路边的旧书摊上笔者终于买到了属于自己的《数论基础》,当然也找到了贝蒂定理.

另一次与贝蒂定理相遇也很巧. 20 世纪 80 年代初山西省教育学院的何思谦老师单枪匹马要编《数学辞海》,笔者与哈尔滨师范大学数学系资料室王寿民老师被网罗进编写队伍中.在笔者去资料室查阅资料时意外发现了中国数论大师闵嗣鹤先生1952年发表在《中国数学杂志》上的一篇捡石子游戏的文章.读后发现这正是贝蒂定理的游戏模型,真是喜出望外,连叹巧遇.

今年91岁的何兆武先生曾回忆说:

"我有一位很有名气的数学老师闵嗣鹤……五六十年代,每年都有全国中学数学竞赛,这个竞赛的题目就是由他来出.我听一个同教数学的老同学讲,全国中学数学竞赛不是考学生,而是考老师.因为出题目是最难的,不能太难,也不能太容易.这题目必须难到一定程度,只有少数几个人能做出来.好几万学生都来考,但要保证只有几个学生做得出来,又不能没有一个人做出来.这个题就一直是闵先生来出的,可见他的水平有多么高."

何老先生对数学是外行,对数学竞赛的了解仅限于道听途说.但有一点他说对了,那就是:数学竞赛题难出.这个难点还在于要有深刻与巧妙的背景.而本书就是来谈这个背景的.

其实注意到这个试题的背景的绝不仅仅是笔者一人.早年毕业于北京大学数学系的严华祥先生早已对此进行了系统研究.在本书即将付梓之际,严老寄来了他的文章,附于后.

自然数列的两个互补子数列

直观的猜想,确实的推理,交织着无意识的神秘主义以及对超人智慧形式方法的盲目自信,正在开拓着拥有无尽宝藏的数学王国.①

[美] Richard Courant, Herbert Robbins

---

① 摘自《数学是什么》.

1. 两道 IMO 备选题的证明

第 29 届 IMO 有下列两道备选题:

(1) 如 n 遍历所有正整数,证明:$f(n) = \left[n + \sqrt{\dfrac{n}{3}} + \dfrac{1}{2}\right]$ 跳跃地遍历序列 $a_n = 3n^2 - 2n$.

(2) 如 n 遍历所有正整数,证明:$f(n) = \left[n + \sqrt{3n} + \dfrac{1}{2}\right]$ 跳跃地遍历序列 $a_n = \left[\dfrac{n^2 + 2n}{3}\right]$.

其中 $[x]$ 是高斯函数,即不超过 x 的最大整数.

以上两题"跳跃地遍历"似应理解为"跳跃地遍历 $f(n)$ 相对自然数列中的缺失项 a_n".

首先就题(1),列表 1 如下.

表 1

n	1	2	3	4	5	6	7	8	9	…
$f(n)$	2	3	4	5	6	7	9	10	11	…
a_n	1	8	21	40	65	96	133	176		…
n	14	15	16	17	18	19	20	…		
$f(n)$	16	17	18	19	20	22		…		
a_n	…									

由表 1 可以看出序列 $f(n)$ 的前 19 项缺失项正是 a_n 的前 3 项,共同合成自然数列的前 22 项. 一般的,反过来看,自然数 a_n, a_{n+1} 之间有 $\Delta_n = a_{n+1} - a_n - 1 = 6n(= f(k_{n+1} + 0) - f(k_n + 0) - 1 = 6n)$ 个整数. 因而允许 $6n$ 个连续的 $f(k)$ 插入构成连续的一段自然数列

$$a_n, (a_n + 1 =)f(k_n + 0), f(k_n + 1), \cdots,$$
$$f(k_n + 6n - 1), a_{n+1}, f(k_n + 6n) = a_{n+1} + 1 \quad (*)$$

其中 $k_n = \min\{k \mid a_n < f(k), k \in \mathbf{N}\}$. 容易验证,对 $(n, k) = (1, 1), (2, 7), (3, 19)$ 上述数列成立. 要证明对任意自然数 n 成立,这里关键是要证明对任意的 n,三项 $f(k_{n-1} + 6(n-1) - 1), a_n, f(k_n + 0)$ 是连续自然数.

考查数列 $\{f(k)\}$: $f(k) = \left[k + \sqrt{\dfrac{k}{3}} + \dfrac{1}{2}\right]$ 对 k 单调递增

$$f(k+1) - f(k) = 1 + \left[\sqrt{\dfrac{k+1}{3}} + \dfrac{1}{2}\right] - \left[\sqrt{\dfrac{k}{3}} + \dfrac{1}{2}\right] \geqslant 1$$

$\left[\sqrt{\dfrac{k+1}{3}} + \dfrac{1}{2}\right] - \left[\sqrt{\dfrac{k}{3}} + \dfrac{1}{2}\right] = 1$ 的等价条件是存在正整数 n 使不等式 $\sqrt{\dfrac{k}{3}} + \dfrac{1}{2} < n \leqslant \sqrt{\dfrac{k+1}{3}} + \dfrac{1}{2}$ 成立,即

$$k < 3n^2 - 3n + \dfrac{3}{4} \leqslant k+1$$

因 $k, n \in \mathbf{N}$,当且仅当正整数 $k = 3n^2 - 3n$ 时不等式成立,有

$$\left[\sqrt{\dfrac{3n^2 - 3n + 1}{3}} + \dfrac{1}{2}\right] - \left[\sqrt{\dfrac{3n^2 - 3n}{3}} + \dfrac{1}{2}\right] = 1$$
$$f(3n^2 - 3n + 1) - f(3n^2 - 3n) = 2$$

当正整数 $k \neq 3n^2 - 3n (n \in \mathbf{N})$ 时

$$\left[\sqrt{\dfrac{k+1}{3}} + \dfrac{1}{2}\right] - \left[\sqrt{\dfrac{k}{3}} + \dfrac{1}{2}\right] = 0$$
$$f(k+1) - f(k) = 1$$

这就是说

$$f(3n^2 - 3n + 1) - f(3n^2 - 3n) = 2$$

当 $k \neq 3n^2 - 3n (n \in \mathbf{N})$ 时, $f(k+1) - f(k) = 1$,而

$f(3n^2 - 3n + 1)$

$= 3n^2 - 3n + 1 + \left[\sqrt{\dfrac{3n^2 - 3n + 1}{3}} + \dfrac{1}{2}\right]$

$= 3n^2 - 3n + 1 + \left[\sqrt{\left(n - \dfrac{1}{2}\right)^2 + \dfrac{1}{12}} + \dfrac{1}{2}\right]$

$= 3n^2 - 2n + 1$

$= a_n + 1$

这里

$$\sqrt{\left(n - \dfrac{1}{2}\right)^2} + \dfrac{1}{2} < \sqrt{\left(n - \dfrac{1}{2}\right)^2 + \dfrac{1}{12}} + \dfrac{1}{2}$$
$$< \sqrt{\left(n - \dfrac{1}{2}\right)^2 + \dfrac{1}{3}} + \dfrac{1}{2}$$

故 $\left[\sqrt{\left(n-\frac{1}{2}\right)^2+\frac{1}{12}}+\frac{1}{2}\right]=n$.

又 $f(3n^2-3n)=f(3n^2-3n+1)-2=a_n-1$, 故 $f(3n^2-3n), a_n, f(3n^2-3n+1)$ 就是三个连续整数.

记 $k_n=3n^2-3n+1$, 从 $k_n=3n^2-3n+1$ 至 $k_{n+1}=3(n+1)^2-3(n+1)+1$ 间不存在 $k_l=3l^2-3l+1 (l\in\mathbf{N})$ 型整数. 从 $f(3n^2-3n+1)$ 至 $f(3n^2+3n-1)=f(3(n+1)^2-3(n+1))$ 共 $6n$ 个 $f(k)$ 是连续自然数.

至此自然数列($*$)对 $n\in\mathbf{N}$ 成立, 题(1)证完.

题(2)有点麻烦! 但有了题(1)的经验可借鉴, 由 $f(n)=\left[n+\sqrt{3n}+\frac{1}{2}\right]$, $a_n=\left[\frac{n^2+2n}{3}\right]$ 它们的值, 再加上 $\Delta_n=a_{n+1}-a_n-1$ 的值列表2如下.

表2

n	1	2	3	4	5	6	7	8	9	10
$f(n)$	3	4	6	7	9	10	12	13	14	15
a_n	1	2	5	8	11	16	21	26	33	40
Δ_n	0	2	2	2	4	4	4	6	6	6
n	11	12	13	14	15	⋯				
$f(n)$	17	18	19	20	22	⋯				
a_n	47	56	65	74	⋯					
Δ_n	8	8	8	⋯						

由表2可见序列 $f(n)$ 的前15项相对于自然数列的缺失项正是 a_n 的前7项, 共同合成自然数列的前22项. 反过来看, 一般的, 自然数 a_n, a_{n+1} 之间有 $\Delta_n=a_{n+1}-a_n-1=2\cdot\left[\frac{n+1}{3}\right]$ ($=f(k_{n+1}+0)-f(k_n+0)-1$) 个整数一起构成数列

$$a_n, (a_n+1=)f(k_n+0), f(k_n+1), \cdots,$$
$$f(k_n+\Delta_n-1), a_{n+1}, f(k_n+\Delta_n)=a_{n+1}+1 \quad (**)$$

其中 $k_n = \min\{k \mid a_n < f(k), k \in \mathbf{N}\}$. 表 2 中 $\Delta_n = a_{n+1} - a_n - 1 = 2 \cdot \left[\dfrac{n+1}{3}\right]$. 理由如下：

令 $n = 3m + r(r = 0,1,2, m$ 是非负整数$)$, 有

$$\Delta_n = a_{n+1} - a_n - 1 = a_{n+1} - (a_n + 1)$$

$$= \left[\dfrac{(n+1)^2 + 2(n+1)}{3}\right] - \left[\dfrac{n^2 + 2n + 3}{3}\right]$$

$$= 3m^2 + 2m(r+2) + r + \left[\dfrac{r^2 + r}{3}\right] + 1 -$$

$$\left\{3m^2 + 2m(r+1) + r + \left[\dfrac{r^2 + 2r}{3}\right] + 1\right\}$$

$$= 2m + r + \left[\dfrac{r^2 + 4r}{3}\right] - \left[\dfrac{r^2 + 2r}{3}\right]$$

$$= \begin{cases} 2m & r = 0,1 \\ 2(m+1) & r = 2 \end{cases}$$

$$= \begin{cases} 2\left[\dfrac{n}{3}\right] & r = 0,1 \\ 2\left(\left[\dfrac{n}{3}\right]+1\right) & r = 2 \end{cases}$$

$$= 0,2,2,2,4,4,4,6,6,6,\cdots$$

（依次对应于 $n = 1,2,3,4,\cdots$）

所以, $\Delta_n = a_{n+1} - (a_n + 1) = \left[\dfrac{n+1}{3}\right]$.

容易验证, 对 $(n, k_n) = (1,0), (2,2), (3,2)$ 数列 $(**)$ 成立. 要证对任意自然数 n 成立, 而这里关键是要证明对任意的 n, 三项 $f(k_{n-1} + \Delta_n - 1), a_n, f(k_{n-1} + \Delta_n) = f(k_n + 0)$ 是连续自然数. 考查数列 $\{f(k)\}$

$$f(k+1) - f(k) = 1 + \left[\sqrt{3(k+1)} + \dfrac{1}{2}\right] - \left[\sqrt{3k} + \dfrac{1}{2}\right]$$

$\left[\sqrt{3(k+1)} + \dfrac{1}{2}\right] - \left[\sqrt{3k} + \dfrac{1}{2}\right]$ 差为 0 或 1. 理由是 $\left[\sqrt{3(k+1)} + \dfrac{1}{2}\right] - \left[\sqrt{3k} + \dfrac{1}{2}\right] = 1$ 的充要条件是存在正整数 n 使不等式 $\sqrt{3k} + \dfrac{1}{2} < n \leqslant \sqrt{3(k+1)} + \dfrac{1}{2}$ 成立, 即

$$k < \frac{1}{3}\left(n - \frac{1}{2}\right)^2 = \frac{n^2 - n}{3} + \frac{1}{12} \leqslant k+1$$

因为 $n^2 - n$ 除以 3 的余数为 $0,1,2$, 所以

$$\left[\frac{n^2-n}{3} + \frac{1}{12}\right] = \left[\frac{n^2-n}{3}\right]$$

取 $k = \left[\frac{n^2-n}{3}\right] = a_n - n$ 时($k=0$ 意味着 a_{n-1}, a_n 为连续的自然数), $f(k+1) - f(k) = 2$, 否则

$$f(k+1) - f(k) = 1 \quad (k \geqslant 2)$$

相应地对 $n \geqslant 3$ 计算

$$\begin{aligned}
f(k+1) &= f(a_n - n + 1) \\
&= f\left(\left[\frac{n^2-n}{3}\right] + 1\right) \\
&= a_n - n + 1 + \left[\sqrt{3\left[\frac{n^2-n+3}{3}\right]} + \frac{1}{2}\right] \\
&= a_n + 1 + \left[\sqrt{3\left[\frac{n^2-n+3}{3}\right]} + \frac{1}{2} - n\right] \\
&= a_n + 1
\end{aligned}$$

当 $n \geqslant 5$ 时

$$\begin{aligned}
0 &\leqslant \left[\sqrt{3\left[\frac{n^2-n+3}{3}\right]} + \frac{1}{2} - n\right] \\
&\leqslant \left[\sqrt{n^2-n+3} + \frac{1}{2} - n\right] \\
&\leqslant \left[\sqrt{\left(n-\frac{1}{2}\right)^2 + \frac{11}{4}} - \left(n - \frac{1}{2}\right)\right] \\
&\leqslant \left[\sqrt{\left(n-\frac{1}{2}\right)^2 + 3} - \left(n - \frac{1}{2}\right)\right] \\
&\leqslant \left[\frac{3}{\sqrt{\left(n-\frac{1}{2}\right)^2 + 2} + \left(n - \frac{1}{2}\right)}\right] \\
&\leqslant \left[\frac{3}{n-1}\right] = 0 \quad n \geqslant 5
\end{aligned}$$

对 $1 < n < 5$, 可直接计算验证上列 $[\cdots] = 0$. 于是当 $k \geqslant 2$ 时, 有

$$f(k+1) = f(a_n - n + 1) = a_n + 1$$
$$f(k) = f(a_n - n) = a_n - 1$$

这是对任意自然数 n 都成立的结果. 于是下列三数是三个连续的整数

$$f(k) = f(a_n - n) = a_n - 1$$
$$a_n$$
$$f(k+1) = f(a_n - n + 1) = a_n + 1$$

据此结果,k 取 $a_n - n + 1$ 到 $a_{n+1} - (n+1)$ 的自然数时

$$f(k+1) - f(k) = 1$$

即 $f(a_n - n + 1), \cdots, f(a_{n+1} - 1)$ 是共 $a_{n+1} - a_n - 1$ 个连续的自然数. 数列(**)成立,题(2)证完.

2. 互补定义·定理·充要条件

为了简化解答,拓广结果,继续考查题(1). 从 $f(n) = \left[n + \sqrt{\dfrac{n}{3}} + \dfrac{1}{2}\right]$ 的表达式与自然数列想到,作为函数,它的主要部分"依附"着直线 $y = x$,其余部分 $\left[\sqrt{\dfrac{n}{3}} + \dfrac{1}{2}\right]$ 是用以修正的. 高斯函数完成这种修正,且允许函数表达式不是很精确,重点在修正部分 $\left[\sqrt{\dfrac{n}{3}} + \dfrac{1}{2}\right]$ 上. a_n 也可以改成这样的两部分:n + 修正部分,即

$$a_n = n + 3(n^2 - n)$$

若令

$$f(x) = x + \varphi(x)$$

其中 $\varphi(x) = \left[\sqrt{\dfrac{n}{3}} + \dfrac{1}{2}\right]$,$\varphi(x)$ 的反函数是

$$\varphi^{-1}(x) = 3(x^2 - x + \dfrac{1}{4})$$
$$g(x) = x + \varphi^{-1}(x)$$
$$a_n = [g(n)] = [n + 3(n^2 - n + \dfrac{1}{4})] = 3n^2 - 2n$$

这个认识建立了 $f(n) = n + \varphi(n)$ 与 $a_n = n + 3(n^2 - n)$ 之间的关系,可引出更一般的结果.

定义 1 自然数列的两个递增子数列 $\{a_n\}$ 和 $\{b_n\}$ 的项组成的集合,满足:

(1) $\{a_n \mid n \in \mathbf{N}\} \cup \{b_n \mid n \in \mathbf{N}\} = \mathbf{N}$;

(2) $\{a_n \mid n \in \mathbf{N}\} \cap \{b_n \mid n \in \mathbf{N}\} = \varnothing$.

则称这两个数列为互补的.

定理 1 设函数 $\varphi(x)$ 是在 $[1, +\infty)$ 上有定义并单调递增,值域包含区间 $(0, +\infty)$,且对任何的 $n \in \mathbf{N}, n > 1, \varphi(n)$ 不是整数. 那么数列 $\{n + [\varphi(n)]\}$ 与 $\{n + [\varphi^{-1}(n)]\}$ $(n \in \mathbf{N})$ 为互补的,其中 $[x]$ 是高斯函数,$\varphi^{-1}(x)$ 是 $\varphi(x)$ 的反函数.

证明 令函数
$$f(n) = n + [\varphi(n)]$$
$$g(n) = n + [\varphi^{-1}(n)]$$

显然它们是 n 的单调递增函数,沿着题(1)和(2)的思路,从考查 $f(n+1) - f(n)$ 等于 1 或大于 1 入手证明.

若 $\varphi(1) > 1$,则 $\varphi^{-1}(1) < 1$. 由 $\varphi(x)$ 与 $\varphi^{-1}(x)$ 的对称性,不妨设 $\varphi(1) < 1, f(1) = 1$.

假定 $f(1), f(2), \cdots, f(k)$ 是连续的自然数,而 $f(k) + 1 < f(k+1)$. 记
$$m_0 = f(k), m = m_0 + 1 < f(k+1)$$

则
$$m_0 < m_0 + 1 = m \notin \{f(k) \mid k \in \mathbf{N}\}$$

下面证明 $m \in \{g(n) \mid n \in \mathbf{N}\}$,有
$$m_0 = f(k) = k + [\varphi(k)] < m_0 + 1$$
$$= m < f(k+1)$$
$$= k + 1 + [\varphi(k+1)]$$
$$[\varphi(k)] < m_0 + 1 - k$$
$$= m - k < f(k+1) - k$$
$$= 1 + [\varphi(k+1)]$$

利用高斯函数的性质 $[x] \leqslant x < 1 + [x]$,在两整数间插入 $\varphi(k)$ 与 $\varphi(k+1)$
$$[\varphi(k)] \leqslant \varphi(k) < m_0 + 1 - k$$
$$= m - k < \varphi(k+1)$$
$$< 1 + [\varphi(k+1)]$$

其中 $n > 1$, $\varphi(n)$ 不是整数. 拣要紧项
$$\varphi(k) < m - k < \varphi(k+1)$$
因为 $\varphi(x)$ 与 $\varphi^{-1}(x)$ 都是单调递增函数,所以
$$k < \varphi^{-1}(m-k) < k+1$$
故 $[\varphi^{-1}(m-k)] = k$. 取 $l = m - k$,则
$$[\varphi^{-1}(l)] = k = m - l$$
$$l + [\varphi^{-1}(l)] = m$$
即 $m = g(l) \in \{g(n) \mid n \in \mathbf{N}\}$.

从 $m = g(n) \in \{g(n) \mid n \in \mathbf{N}\}$ 出发,设
$$g(n), g(n+1), \cdots, g(n+t) \quad (\text{整数 } t \geq 0)$$
是连续的自然数,而
$$g(n+t) + 1 < g(n+t+1)$$
如上从 $f(k)$ 到 $g(l)$,同法由 $g(n)$ 到 $f(k)$ 证明 $g(n+t) + 1 \in \{f(n) \mid n \in \mathbf{N}\}$. 证完.

运用定理 1 到第 29 届 IMO 的两道备选题.

在题(1)中,令函数
$$\varphi(x) = \sqrt{\frac{x}{3}} + \frac{1}{2}$$
反函数
$$\varphi^{-1}(x) = 3(x - \frac{1}{2})^2$$
$x \geq \frac{1}{2}$, $\sqrt{\frac{n}{3}}$ 不是整数就是无理数, $\varphi(n)$ 不是整数
$$[\varphi(1)] = 0, f(1) = 1$$
据定理 1,数列
$$f(n) = [n + \varphi(n)] = \left[n + \sqrt{\frac{n}{3}} + \frac{1}{2}\right]$$
与数列
$$\begin{aligned} g(n) &= [n + \varphi^{-1}(n)] \\ &= \left[n + 3(n - \frac{1}{2})^2\right] \\ &= \left[3n^2 - 3n + \frac{3}{4} + n\right] \\ &= 3n^2 - 2n = a_n \end{aligned}$$

是互补数列.

在题(2)中,令
$$\varphi(x) = \sqrt{3x} + \frac{1}{2}$$

反函数
$$\varphi^{-1}(x) = \frac{1}{3}(x - \frac{1}{2})^2$$

$\varphi(n) = \sqrt{3n} + \frac{1}{2}$ 不是整数,且 $[\varphi^{-1}(1)] = 0$. 数列

$$f(n) = [n + \varphi(n)] = \left[n + \sqrt{3n} + \frac{1}{2}\right]$$

数列
$$\begin{aligned} g(n) &= [n + \varphi^{-1}(n)] \\ &= \left[n + \frac{n^2 - n}{3} + \frac{1}{12}\right] \\ &= \left[\frac{n^2 + 2n}{3} + \frac{1}{12}\right] \end{aligned}$$

因为 $\frac{n^2 + 2n}{3} = \frac{n(n+2)}{3} = \frac{(n+1)^2 - 1}{3}$ 要么是整数,要么是一个整数与 $-\frac{1}{3}$ 的和,故由高斯函数的性质

$$\left[\frac{n^2 + 2n}{3} + \frac{1}{12}\right] = \left[\frac{n^2 + 2n}{3}\right] = a_n$$

于是 $f(n)$ 与 a_n 是互补数列.

由这个定理立即可以编出下面几对数列都是互补的.

例 1 取 $\varphi(x) = \frac{1}{2}\csc\left(\frac{\pi}{2x}\right)(x \geqslant 1)$,则 $\varphi^{-1}(x) = \frac{\pi}{2\arcsin\frac{1}{2x}}$,$\varphi(x)$ 单调递增 $(n > 1, \varphi(n)$ 不是整数),$0 < \varphi(1) < 1$. 数列 $f(n) = n + [\varphi(n)](f(1) = 1)$ 和 $g(n) = n + [\varphi^{-1}(n)](n \in \mathbf{N})$ 是互补的.

例 2 取 $\varphi(x) = \ln x(x \geqslant 1)$,单调递增,它的反函数 $\varphi^{-1}(x) = e^x$. 对 $n > 1, \varphi(n)$ 不是整数,$f(1) = 1$,数列 $f(n) = n + [\ln n](n \in \mathbf{N})$ 与 $g(n) = n + [e^n]$ 是互补的.

例3 取 $\varphi(x) = \sqrt[3]{x^2 - 1}$, $\varphi^{-1}(x) = \sqrt{x^3 + 1}$, 则 $f(n) = n + [\sqrt{n^3 + 1}]$ 与 $g(n) = n + [\sqrt[3]{n^2 - 1}]$ 就不是互补的. 因为出现 $g(2) = f(3) = 5$. 源于 $\varphi(3) = 2 \in \mathbf{Z}$; 如果改取 $\varphi(n) = \sqrt{n^2 - \dfrac{1}{2}}$ 时, 就有对 $n > 1$, $\varphi(n)$ 不是整数, $f(n) = n + [\sqrt[3]{n^2 - \dfrac{1}{2}}]$, $g(n) = n + [\sqrt{n^3 + \dfrac{1}{2}}]$, 则 $\{f(n)\}$ 与 $\{g(n)\}$ 就是互补的.

以上3例中,例1和例2是超越函数,直接证明十分困难,但却是定理1的简单结果,并给出了编题的方法;例3是无理函数,加注了定理1中的条件:关于 $\varphi(n)(n > 1)$ 不为整数是重要的, 在下面命题中, $\varphi(n) \notin \mathbf{N}$ 甚至成为大前提. $\varphi(x)$ 与 $\varphi^{-1}(x)$ 的关系是对称的, $\varphi(x)$ 与 $\varphi^{-1}(x)$ 的表达式可作调整(即有些参数不唯一).

定义2 自然数列的两个子数列 $\{a_n\}$ 与 $\{b_k\}$, 将它们的项从小到大排列成的数列称为合成数列 "a_k-b_l" $= \{c_n\}$.

充要条件 自然数列的两个单调递增子数列 $\{a_k\}$ 与 $\{b_l\}$ 互补的充要条件是它们的合成数列 $\{c_n\}$ 是自然数列, 即 $c_n = n (n \in \mathbf{N})$.

这个充要条件较为明显,定义1(1)和定义2等价于 $\{a_n\}$ 与 $\{b_k\}$ 自身和互相不重叠, c_n 单调递增;定义1(2)和定义2等价于 $c_n = n (n \in \mathbf{N})$.

命题 自然数列的两个单调递增子数列 $\{a_k\}$ 和 $\{b_l\}$ 互补,它们的合成数列 c_n 的下标 $n(n \in \mathbf{N})$ 的双重"性质":序数性与基数性.

当 $c_n = a_k$ 时, $n = c_n = a_k = k + l$, l 是 $b_t(b_t < a_k)$ 的项数, b_t 不存在时, 取 l 为 0;

当 $c_n = b_l$ 时, $n = c_n = b_l = l + k$, k 是 $a_t(a_t < b_l)$ 的项数, a_t 不存在时, 取 k 为 0.

此充要条件及命题对下面的讨论有重要作用.

3. 数列 $[n\alpha]$ 与 $[n\beta]$ 的互补

在定理1的基础上讨论一类特殊类型的数列: $[n\alpha]$ 与

$[n\beta]$($\alpha,\beta > 0$ 且为正无理数) 互补的充要条件.

题 1 Let α,β be positive irrationals. Show that the sets $[n\alpha]$ and $[n\beta]$ ($n = 1,2,3,\cdots$) are complements iff $\dfrac{1}{\alpha} + \dfrac{1}{\beta} = 1$. ①

证明 在此,配合前文中的定义与定理,带出若干结论与题目.

先证充分性. 由 $\dfrac{1}{\alpha} + \dfrac{1}{\beta} = 1$ 知 $\alpha,\beta = \dfrac{\alpha}{\alpha - 1} > 1$,令
$$\varphi(x) = (\alpha - 1)x > 0$$
由大前提 α,β 是无理数
$$\varphi(n) = (\alpha - 1)n > 0$$
$$\varphi^{-1}(n) = \dfrac{n}{\alpha - 1} = (\beta - 1)$$
n 皆为非整数
$$f(n) = n + [\varphi(n)] = [n\alpha]$$
$$g(n) = n + [\varphi^{-1}(n)] = [n\beta]$$
由定理 1,知 $[n\alpha],[n\beta]$ 是互补的.

再证必要性. 因 α,β 是正无理数,$[n\alpha],[n\beta]$ 是互补的. 不妨设 $\alpha < \beta$,则 $[\alpha] = 1, 1 < \alpha < 2$. 取
$$\gamma = \dfrac{\alpha}{\alpha - 1} > 1$$
$$\dfrac{1}{\alpha} + \dfrac{1}{\gamma} = 1$$
由上面的充分性所证,$[n\alpha],[n\gamma]$ 互补. $[n\alpha]$ 是确定的数列,从 $n = 1$ 开始对照,应该有 $[n\beta] = [n\gamma]$ 对任何自然数 n 成立,于是必有 $\beta = \gamma$. 否则不妨设
$$\beta = \gamma + \varepsilon \quad (\varepsilon > 0)$$
对 $n \geq \dfrac{1}{\varepsilon}$,$[n\beta] = [n\gamma + n\varepsilon] \geq [n\gamma] + 1$,与 $[n\beta] = [n\gamma]$ 矛

---

① 此题出处为 *Problem Books in Mathematics*, *A Problem Seminar*, Donald J. Newman.

盾. 可见 $\frac{1}{\alpha} + \frac{1}{\gamma} = 1$ 即 $\frac{1}{\alpha} + \frac{1}{\beta} = 1$.

例 4 $\sqrt{3}$ 是无理数,取

$$\alpha = \sqrt{3} > 1, \beta = \frac{\sqrt{3}}{\sqrt{3} - 1} > 1$$

则

$$\frac{1}{\alpha} + \frac{1}{\beta} = 1$$

于是数列 $[n\alpha] = [\sqrt{3}n], [n\beta] = \left[\frac{\sqrt{3}n}{\sqrt{3} - 1}\right]$ 是互补的. 它们的前若干项如下

$$[\sqrt{3}n] = 1,3,5,6,8,10,12,13,\cdots$$

$$\left[\frac{\sqrt{3}n}{\sqrt{3} - 1}\right] = 2,4,7,9,11,14,16,\cdots$$

例 5 圆周率 π 是无理数,取

$$\alpha = \frac{\pi}{3} > 1$$

$$\beta = \frac{\pi}{\pi - 3} > 1$$

有 $\frac{1}{\alpha} + \frac{1}{\beta} = 1$,则 $[n\alpha] = \left[\frac{n\pi}{3}\right], [n\beta] = \left[\frac{n\pi}{\pi - 3}\right]$ 是互补的. 它们的前若干项如下

$$\left[\frac{n\pi}{3}\right] = 1,3,4,6,7,10,12,\cdots$$

$$\left[\frac{n\pi}{\pi - 3}\right] = 2,5,8,9,11,13,19,\cdots$$

例 6 超越数 e 定义为极限

$$\lim_{h \to 0} \left(1 + \frac{1}{h}\right)^h$$

近似值是 2.718 28…,取

$$\alpha = \frac{e}{2} > 1, \beta = \frac{e}{e - 2} > 1$$

有 $\frac{1}{\alpha} + \frac{1}{\beta} = 1$,则 $[n\alpha] = \left[\frac{ne}{2}\right], [n\beta] = \left[\frac{ne}{e - 2}\right]$ 是互补的.

它们的前若干项如下

$$\left[\frac{ne}{2}\right] = 1,2,4,5,6,8,9,10,12,13,14,\cdots$$

$$\left[\frac{ne}{e-2}\right] = 3,7,11,15,18,\cdots$$

4. 互补·筛选·函数方程

以上讨论互补都要使用高斯函数. 以下讨论"筛选"及几个纯代数关系(方程)产生的互补数列.

题 2 Suppose we "sieve" the integers as follows: we choose and then delete $a_1 + 1 = 2$. The next term is 3, which is we call a_2, and then we delete $a_2 + 2 = 5$. Thus, the next available integer is $4 = a_4$, and we delete $a_3 + 3 = 7$, etc. There we leave the integers $1,3,4,6,8,9,11,12,14,16,17,\cdots$. Find a formula for a_n.①

解 "sieve" 意为筛选. 留下项的数列 $\{a_n\}$, 删除项的数列 $\{b_n\}$ 二者互补: $a_1 = 1$, 删除 $b_1 = a_1 + 1 = 2, a_2 = 3, b_2 = a_2 + 2 = 5$, 补 $a_3 = 4, b_3 = a_3 + 3 = 7, a_4 = 6, b_4 = a_4 + 4 = 10, \cdots$, "筛选"过程形象地说, 项 $b_n = a_n + n > a_n$, "走"在 a_n 前, a_n 填空 b_n 前没有"出现"过的自然数(补上), 保证了互补. 数列 $\{a_n\}$ 和 $\{b_n\}$ 有如下性质:

① a_n 的断与续. 整数 $a_{n+1} > a_n$, 即 $a_{n+1} \geqslant a_n + 1$, a_n 随 n 可断可续.

② b_n 的孤立. $b_{n+1} - b_n = a_{n+1} - a_n + 1$, 即 $b_{n+1} \geqslant b_n + 2$, b_n, b_{n+1} 不随 n 连续.

③ 筛选. $b_n = a_n + n > a_n (n \in \mathbf{N})$ 单调递增, 由互补, a_1 最小, $a_1 = 1, b_1 = a_1 + 1 = 2$, 接下去, 在 $a_n, b_n (n > 1)$ 中, a_2 最小, $a_2 = 3 = 2 + 1$ ("跳"1), $a_3 = 4 = 3 + 1, b_2 = a_2 + 2 = 5$, $a_4 = 6 = 4 + 2$. 依据命题, 记 $b_n = n + m$. m 是从 1 到 b_n 之间插入的 a_n 的项数, 且随 n 的增大, 插入的 a_n 的项越多就"跳"得越

---

① 此题出处为 *Problem Books in Mathematics*, *A Problem Seminar*, Donald J. Newman.

远. 如此,确定出下面的数列表 3.

表 3

n	1	2	3	4	5	6	7	8	9	10
a_n	1	3	4	6	8	9	11	12	14	16
b_n	2	5	7	10	13	15	18	20	23	26
$[n\alpha]$	1	3	4	6	8	9	11	12	14	16
n	11	12	13	14	15	16	17	18	19	20
a_n	17	19	21	22	24	25	27	29	30	32
b_n	28	31	34	…						
$[n\alpha]$	17	19	21	22	24	25	27	29	30	32

分析 试设 $a_n = [n\alpha], b_n = [n\beta]$,其中 $\alpha > 0$ 是无理数,$\beta = \alpha + 1$,则
$$[n\beta] = [(\alpha + 1)n] = [n\alpha] + n$$
即 $a_n = [n\alpha], b_n = [n\beta]$ 适合方程
$$b_n = a_n + n > a_n \quad n \in \mathbf{N}$$
将 $\alpha > 0, \beta = \alpha + 1$ 代入等式 $\dfrac{1}{\alpha} + \dfrac{1}{\beta} = 1$,解得
$$\alpha = \frac{\sqrt{5} + 1}{2}$$
$$\beta = \frac{\alpha}{\alpha - 1} = \frac{\sqrt{5} + 3}{2}$$

所求数列的表达式是 $a_n = \left[\dfrac{\sqrt{5} + 1}{2}n\right]$. 试设 $a_n = [n\alpha], b_n = [n\beta]$ 是正确的. 见数列表 3 的最后一行,推理出的表达式 $[n\alpha]$ 与"筛选"出的数列(表 3 中 a_n)一致.

附注 本题从自然数列"筛选"出子数列的过程中,得到代数关系式(方程)
$$b_n = a_n + n \quad n \in \mathbf{N}$$

这个方程写成函数方程:$g(n) = f(n) + n$,加初始条件 $f(1) = 1$,可以引起两个方面的衍生:一方面是 $f(n)$,另一方面

是和项"n",它们都使函数值"跳"起来,产生互补数列. 对前者想到迭代 $f(f(n))$,后者想到 kn(k 为某自然数). 先来看前者.

若 $f(n)$ 与 $g(n)$ 是定义在自然数集上的单调递增函数,适合方程 $g(n) = f(f(n)) + 1 (n \in \mathbf{N})$. 设 $g(n) = n + m, m$ 是从 1 到 $g(n) = k$ 之间 $f(n)$ 的项数,因互补,$k = n + m$. 对此 n,因 $g(n)$ 是孤立的,故 $f(k)$ 最大的项是 $f(m) = k - 1$. 由
$$g(n) = f(f(n)) + 1$$
则
$$f(f(n)) = g(n) - 1 = k - 1 = f(m)$$
由 f 的单调性,$f(n) = m$,据命题又得 $k = m + n$,于是得到方程
$$g(n) = f(n) + n$$
没有产生新的结果. 关于 $g(n) = f(n) + kn(n \in \mathbf{N}, k > 1)$,见下例.

例 7 设 $f(n)$ 与 $g(n)$ 是定义在自然数集上的单调递增函数,且互补,又适合方程 $g(n) = f(n) + kn (n \in \mathbf{N}, k > 1)$,试确定 $f(n)$ 与 $g(n)$.

解 $g(n) = f(n) + kn, f(1) = 1$ 是不定方程,因为它有无穷多解,例如,任意给出 $f(n) = 3n - 2, g(n) = (k + 3)n - 2$ 就是一组解. 加互补作为条件可确定数列. 先筛选,再推理导出表达式. 为此做如下分析(为确定起见以 $k = 2$ 为例):

① $f(n)$ 的断与续. $f(n)$ 单调递增,整数 $f(n + 1) > f(n)$,即 $f(n + 1) \geq f(n) + 1$. $f(n)$ 可续可断.

② $g(n)$ 的孤立. $g(n + 1) - g(n) = f(n + 1) - f(n) + 2 \geq 3$,即 $g(n + 1) \geq g(n) + 3$. $g(n), g(n + 1)$ 不续.

③ 显然 $g(n) > f(n)$,由互补性,$f(1)$ 最小,$f(1) = 1$,接着,$g(1) = f(1) + 2 = 3$. 在 $f(n), g(n)(n > 1)$ 中,由互补性,从最小补起,$f(2) = 2, f(3) = g(1) + 1 = 3 + 1 = 4, g(2) = f(2) + 4 = 6, f(4) = g(1) + 1 = 4 + 1 = 5, \cdots$. 据互补数列充要条件及命题得 $g(n) = n + m, m$ 是小于 $g(n)$ 的 $f(n)$ 的项数(表 4). $g(2) = 6 = 2 + 4$ 前有 4 个 $f(n)$ 的项 1,2,4,5,$g(3) = f(3) + 6 = 10$. $g(2)$ 到 $g(3)$ 之间有 $6 - 4 = 2$(项). 确定出下面的数列表 4.

表 4

n	1	2	3	4	5	6	7	8	9	10
$f(n)$	1	2	4	5	7	8	9	11	12	14
$g(n)$	3	6	10	13	17	20	23	27	30	34
$[\sqrt{2}n]$	1	2	4	5	7	8	9	11	12	14
n	11	12	13	14	15	⋯				
$f(n)$	15	16	18	19	21	⋯				
$g(n)$	37	40	44	47	⋯					
$[\sqrt{2}n]$	15	16	18	19	21	⋯				

表 4 中 $\alpha = \sqrt{2}$(对应 $k = 2$ 时,$[\sqrt{2}n]$ 就是第二行的 $f(n)$). 数列表 4 给出了一组数列若干的最初项.

对一般情况的 k,试考虑将 $g(n) = f(n) + kn$ 写成 $g(n) - f(n) = kn$,表示 $g(n)$ 与 $f(n)$ 的差是 n 的正比例函数. 而 $n\alpha, n\beta$ 及其差 $(\beta - \alpha)n$ 都是关于 n 的正比例函数,差 $[n\beta] - [n\alpha]$ "可能" 也是 n 的正比例函数,试之. 令

$$f(n) = [n\alpha]$$
$$g(n) = [n\beta]$$

根据题 1 的充要条件,求出无理数 $\alpha, \beta > 0$ 满足 $\dfrac{1}{\alpha} + \dfrac{1}{\beta} = 1$ 就得到一组互补的 $\{f(n)\}$ 与 $\{g(n)\}$.

由

$$[n\beta] = [n\alpha] + kn = [(\alpha + k)n]$$

取 $\beta = \alpha + k$,代入 $\dfrac{1}{\alpha} + \dfrac{1}{\beta} = 1$ 得 α 的方程

$$\frac{1}{\alpha} + \frac{1}{\alpha + k} = 1$$

解方程得 $\alpha = \dfrac{1}{2}(2 - k + \sqrt{k^2 + 4}) > 0$ 对整数 $k > 0$,α 是无理数. 因为

$$\alpha = 1 + \frac{1}{2}(\sqrt{k^2 + 4} - k) = 1 + \frac{2}{\sqrt{k^2 + 4} + k} < 2$$

所以

$$f(1) = [\alpha] = 1$$

$$\beta = \alpha + k = 1 + \frac{1}{2}(\sqrt{k^2+4}+k)$$

依据题 1 就有 $f(n) = [n\alpha], g(n) = [n\beta]$ 互补. 此数列对由 α, β 决定, 可见这里已经证明了一个结论:

若 $f(n)$ 与 $g(n) = f(n) + kn$ 互补, 方程的解存在, 由 k 唯一确定.

特别是

$$k = 2, \alpha = \sqrt{2}, f(n) = [\sqrt{2}n], g(n) = [(2+\sqrt{2})n]$$

这是表 4 中的最后一行.

附注 例 7 从筛选导得数列及其代数关系式(方程), 再从方程求互补数列的表达式. 这有别于从高斯函数出发的讨论, 是个值得关注的方向. 但要注意的是, 既然已知数列的补数列存在又唯一, 就不是可以随意令 $f(n) = [n\alpha]$, 因有时会无解. 如 $5n - 4 = [n\alpha]$, 即 $[(5-\alpha)n] = 4(n \in \mathbf{N})$ 对无理数 $\alpha > 0$ 不成立. 同样 $g(n) = f(n) + n = (k+6)n - 4 = [n\beta]$ 对正无理数 β 也无解. 这样的 $f(n)$ 与 $g(n)$ 也不互补.

以上仔细讨论了函数方程: "$f(1) = 1, g(n) = f(f(n)) + 1$" "$g(n) = f(n) + kn$" 与 "$g(n) = f(n) + n(n \in \mathbf{N})$", 目的是想寻求具有完全的代数表达式(甚至限于初等函数)的互补数列 $\{f(n)\}$ 与 $\{g(n)\}$, 研究这些关系本身, 结果还是避不开高斯函数, 真有点无奈. 但跳出这些代数关系本身, 列出方程系列, 作简单类比: $+1, +n, +kn$, 想到方程"$g(n) = f(n) + 1(n \in \mathbf{N}), f(1) = 1$". 加互补, 很快导得唯一解

$$f(n) = 2n - 1, g(n) = 2n \quad n \in \mathbf{N}$$

既简单、熟悉, 又是完全的代数表达, 在如此折腾后得到它, 似乎可笑, "众里寻他千百度, 蓦然回首, 那人却在, 灯火阑珊处". 然而却觉得它真稀有, 因折腾与稀有才领略到互补问题里, 离不开高斯函数可能是合理的, 要初等函数"跳"成互补, 真少有结果! 这算作难得的欣慰.

例 8 等差数列 $a_n = 1 + (n-1)d(d \in \mathbf{N}, d > 1)$, 求它的互补数列.

解 用"筛选"法, 但要变动: 从自然数序列定出 a_n: $1, 1+d, 1+2d, 1+3d, 1+4d, 1+5d, 1+8d, \cdots$; 留下的 b_n 是分段的,

每段含 $d-1$ 个连续自然数. 第 n 段是从 a_n+1 到 $a_{n+1}-1$,得表 5.

表 5

b_n	2	$3 \sim d$	$2+d \sim 2d$	
n	1	$2 \sim d-1$	$d \sim 2(d-1)$	
b_n	$2+2d \sim 3d$	...	$2+(n-1)d \sim nd$	...
n	$2d-1 \sim 3(d-1)$	...$(n-1)d-(n-2) \sim n(d-1)$		...

其中 $2+(n-1)d \sim nd$(之间)是 $\{b_k\}$ 的一段连续项,第二行 n 是 b_n 的下标. 对此数列表分析如下:

(1) 数列 $\{b_n\}$ 的第 n 段是 $a_n+1=2+(n-1)d \sim a_{n+1}-1=nd$(之间)的连续自然数. 而跨在 a_n 两边的 b_n 项"跳"1 即相邻 b_n 的两项差 2. 这就是说 b_n 的表达式应有两部分:第一部分是连续增长的,应为 n 的一次函数 $n+c$(c 常数),第二部分表达该段的 $d-1$ 个数不变,接下来的要增 1. 猜想是

$$b_n = n+1+\left[\frac{n-1}{d-1}\right] = \left[\frac{(n+1)d-2}{d-1}\right] \quad n \in \mathbf{N}$$

(2) 表 5 中第一行是 b_n,第二行是 b_n 的下标(自变量)n,它是连续的自然数(这与通常列表相反了),随着 b_n 的分段作分段,第 n 段的第一项是 $(n-1)d-(n-2)=1+(n-1)(d-1)$,第 $d-1$ 项是 $n(d-1)=d-1+(n-1)(d-1)$. 该段上的 $d-1$ 个 $\{b_n\}$ 的项记作 b_m,于是下标 m 适合不等式

$$1+(n-1)(d-1) \leqslant m \leqslant n(d-1)$$

从而

$$(n-1)(d-1) \leqslant m-1 \leqslant n(d-1)-1 < n(d-1)$$

故

$$n-1 \leqslant \frac{m-1}{d-1} < n$$

$$\left[\frac{m-1}{d-1}\right] = n-1$$

$$m+1+\left[\frac{m-1}{d-1}\right] = m+1+n-1 = m+n$$

依据命题,在数列"$a_n\text{-}b_n$"中,项 $b_m=m+n$ 前包括 b_m 共有

m 个 b_k, n 个 a_l 出现：

当 $m = 1 + (n-1)(d-1)$ 时，$m + n = 1 + (n-1) \cdot (d-1) + n = 2 + (n-1)d = a_n + 1 = b_{(n-1)(d-1)+1}$；

当 $m = n(d-1)$ 时，$m + n = n(d-1) + n = nd = a_{n+1} - 1 = b_{n(d-1)}$.

这表明开区间 (a_n, a_{n+1}) 上的 $d-1$ 个整数恰好是 $d-1$ 个 $b_m = m + n = m + 1 + \left[\dfrac{m-1}{d-1}\right]$，公式在区间 (a_n, a_{n+1}) 上的正整数 b_m 成立. 因 n 的任意性，也就对所有区间成立，从而对自然数成立，猜想得到证明.

附注 任何自然数序列的等差子数列都有补数列，这个解答，实际上解决了自然数列一般等差子数列的补数列通项表达问题. 只要作点平移变换，经过本例，就能做出互补数列的表达式：

例如 $a_n = 5 + (n-1)d$. 令 $f(n) = a_n - 4$, $f(1) = 1$，适合本例，其补数列记为 $g(n)$，且 $g(1) = 2$.

令 $b_n = n(n \leqslant 4)$, $b_n = g(n-4) + 4(n \geqslant 5)$，则 b_n 就是 a_n 的补数列.

例9 已知等比数列 $a_n = aq^{n-1}(a, q \in \mathbf{N}, q > 1)$，求它的补数列 $B(m)$.

解 为确定起见，取 $a = 2, q = 3, a_n = 2 \times 3^{n-1}$ 以三个连续整数 $B(m), a_n, B(m+1)$ 组列表 6 如下.

表6

n, m	1	2	3	4	5	6	...	17
a_n	2	2×3	2×3^2	2×3^3	2×3^4	2×3^5	...	2×3^{16}
$B(m)$	1	3	4	5	7	8	9	20
c_n	1	2	3	4	5	2×3	7	...	17
n, m	18	19	...	53	54	55	...	
a_n	2×3^{17}	2×3^{18}	...	2×3^{52}	2×3^{53}	2×3^{54}	...	
$B(m)$	21	22	...	57	58	59	...	
c_n	2×3^2	19	...	53	2×3^3	55	...	

表6 中第四行 c_n 是合成数列 "$a_n\text{-}B(m)$"，它以三个连续整

数 $B(m), a_n, B(m+1)$ 为组排列.

一般的: $a_n = aq^{n-1}$, 在 $\{c_m\}$ 中, 其前后都是 $B(m)$ 的项. 设三项 $B(m_0), a_n, B(m_0+1)$ 是连续整数. 依据命题

$$aq^{n-1} = a_n = n + m_0$$

其中 $m_0 = aq^{n-1} - n$ 是不超过 a_n 的 $B(k)$ 的项数.

由 m 求 $B(m)$. 先求 n. 若

$$a_n < B(m) < a_{n+1}$$

由

$$B(m) = m + n$$

则有

$$a_n - n < m < a_{n+1} - n$$

或写成

$$a_n - (n-1) \leqslant m < a_{n+1} - n$$

(最后的不等式确保 n 取遍自然数时 m 也取遍自然数), 故

$$n = \max\{k \mid a_k - (k-1) \leqslant m (k \in \mathbf{N})\}$$

$$B(m) = m + n$$
$$= m + \max\{k \mid a_k - (k-1) \leqslant m (k \in \mathbf{N})\}$$

可求.

例如对数列 $a_n = 2 \times 3^{n-1}$.

① $m = 18 = a_3, n = \max\{k \mid 2 \times 3^{k-1} - k \leqslant 18\} = 3$, 依据命题, $B(18) = m + n = 18 + 3 = 21$.

② $m = 49 < 54 = a_4, n = \max\{k \mid 2 \times 3^{k-1} - k \leqslant 49\} = 3$, 依据命题, $B(49) = m + n = 49 + 3 = 52$.

③ $m = 157 < 162 = a_5, a_5 - 4 = 158 > m > 54 = a_4 - 3$, 故 $n = 4, B(157) = m + n = 157 + 4 = 161$.

④ $m = 158 < 162 = a_5, a_5 - 4 = 158 = m$, 故 $n = 5$, $B(158) = m + n = 158 + 5 = 163$.

以上 ①②③④ 表明: m 变化, 但未跳出不等式 $a_n - (n-1) \leqslant m < a_{n+1} - n$ 时, n 不变(如①②). m 连续增加, $B(m) = m + n$ 同步连续增加; 否则 m 跳出不等式, n 变了, $B(m) = m + n$ 在 n 变的某一步要跳1(如③④).

例10 意大利数学家斐波那契提出的数列

$F(n): 1, 1, 2, 3, 5, 8, 13, 21, 34, 55, \cdots$

是欧洲最早出现的递归数列. 它从第三项起每项是前两项的和,即

$$F(n+1) = F(n) + F(n-1) \quad n > 1$$

它的通项是

$$F(n) = \frac{1}{\sqrt{5}}\left[\left(\frac{1+\sqrt{5}}{2}\right)^n - \left(\frac{1-\sqrt{5}}{2}\right)^n\right]$$

因为 $F(1) = F(2) = 1$,依据充要条件及命题讨论,取 $F(n)$ 的单调段 ($n \geq 2$),用筛选法求其补数列,记为 $B(n)$(表 7).

表 7

n	1	2	3	4	5	6	7	8	9
$F(n)$		1	2	3	5	8	13	21	34
$B(n)$	4	6	7	9	10	11	12	14	15
n	10	11	12	13	14	15	16	$\cdots$	
$F(n)$	55	89	144	233	377	610	987	$\cdots$	
$B(n)$	16	17	18	19	20		23	$\cdots$	

合成数列"$F(n)$-$B(n)$"即合成数列 c_n,取其中三个连续整数项 $B(m), F(n), B(m+1)$ 为组列表 8 如下.

表 8

$F(2)$	$F(3)$	$F(4)$	$B(1)$	$F(5)$	$B(2)$	$B(3)$	$F(6)$	$B(4)$
1	2	3	4	5	6	7	8	9
$B(5)$	$\cdots$	$B(14)$	$F(8)$	$B(15)$	$\cdots$	$B(26)$	$F(9)$	$B(27)$	$\cdots$
10	$\cdots$	20	21	22	$\cdots$	33	34	35	$\cdots$

对此数列表有如下分析和结论:

(1)数列 c_n 在 $n > 3$ 的项 $F(n)$ 都是孤立的;$B(m)$ 是连续的片段:$F(n) < B(m) < F(n+1)$ 时 $B(m)$ 共有 $F(n+1) - F(n) - 1 = F(n-1) - 1$ 个连续整数项.

(2)数列 c_n 相邻三项 $B(m), F(n), B(m+1) (n > 3)$,

$B(m) = F(n) - 1, B(m+1) = F(n) + 1$. 依据命题,在合成数列 c_n 中不超过 $F(n)$ 的项共 $F(n)$ 个,其中属于 $\{F(i)\}$ 的项是 $n-1$ 个(缺 $F(1)$),属于 $\{B(i)\}$ 的项是 m 个,故 $F(n) = n - 1 + m$,数列 c_n 中,满足 $F(n) < B(m) < F(n+1)$ 的 $B(m) = m + n - 1$.

(3) 由 m 求 $B(m)$. 先求 n. 由 $F(n) < B(m) < F(n+1) \Leftrightarrow F(n) - (n-1) < m < F(n+1) - (n-1) \Leftrightarrow F(n) - (n-2) \leq m < F(n+1) - (n-1)(n > 1)$,最后的不等式两端是数列 $F(n) - (n-2)$,它确保 n 取遍自然数时 m 也取遍自然数. 所以 $n = \max\{k \mid F(k) - (k-2) \leq m(k \in \mathbf{N})\}$. 于是 $B(m) = m + n - 1 = m - 1 + \max\{k \mid F(k) - (k-2) \leq m(k \in \mathbf{N})\}$ 可求得.

例如:

① $m = 1, n = \max\{k \mid F(k) - (k-2) \leq 1\} = 4, B(1) = m + n - 1 = 4$.

② $m = 2, n = \max\{k \mid F(k) - (k-2) \leq 2\} = 5, B(2) = m + n - 1 = 6$.

③ $m = 8, F(7) - 5 = 13 - 5 = 8 = m < 15 = 21 - 6 = F(8) - 6$,故 $n = 7, B(8) = m + n - 1 = 8 + 6 = 14$.

④ $m = 13$,由③,$m = 13 < 15 = 21 - 6 = F(8) - 6$,故 $n = 7, B(13) = m + n - 1 = 13 + 6 = 19$.

以上①②③④表明:m 变化中跳出不等式 $F(n) - (n-2) \leq m < F(n+1) - (n-1)(n>1)$ 时,n 需跟着变(如①②). m 连续增加, $B(m) = m + n$ 却不连续,在某项出现过跳 1;否则 n 不变,$B(m) = m + n$ 同步随 m 连续增加而连续增加(如③④).

附注 例 8、例 9、例 10 有以下几点:

(1) 例 8 的补数列有一个较为独立的表达式(经过高斯函数);例 9 和例 10 的思路是经由合成数列寻求,例 9 的 $B(m) = m + n$,例 10 的 $B(m) = m + n - 1$ 看似二元的,归根结底 n 由 m 决定,$B(m)$ 是 m 的一元函数.

(2) 例 9 和例 10 都举了 4 例,由 m 求 $B(m)$. 理由是该问题与理论分析是互为反方向的:分析时,$B(m)$ 是在不等式限定的范围内变化;由 m 求 $B(m)$ 时,m 任意给,$B(m)$ 所处范围可能

要随 m 变了,导致 n 有变化,因而 m 连续变化,$B(m)$ 可能不连续变化了. 而后者是问题的真正目标.

(3) 给出自然数的一个子数列,它必有一个补数列,这是客观存在;而例 9 和例 10 关于 $B(m)$ 的表达式可以延伸出下述更普遍的定理.

定理 2 若给定自然数列的递增子数列 $a_n(n \in \mathbf{N})$,则它的补数列 $B(m)$ 是客观存在的,且 $B(m)$ 有一个表达式(可能要依赖于 a_n).

证明 对任意的 $a_n(n \in \mathbf{N})$,总可以从 a_1 开始,犹如例 8 和例 9 那样逐个补出 $B(1),B(2),\cdots$,根据数学归纳法原理,$B(m)$ 存在,两者的合成数列 $C(n) = n$ 也存在.

对任意给定的 m(这与逐个补出是根本不同的问题),依据充要条件及命题,设 $B(m) = C(n)$,即 $B(m)$ 在 $C(n)$ 中是第 n 项,$n = m + k$,k 是小于 $B(m)$ 的 a_i 项数(若无 a_i,k 取 0),最大的项是 a_k,有

$$a_k < B(m) < a_{n+1} \quad (k = 0 \text{ 时 } B(1) = 1)$$
$$a_k - k < B(m) - k < a_{n+1} - k$$

即
$$a_k - k + 1 \leqslant m < a_{n+1} - k$$

得
$$k = \max\{l \mid a_l - l + 1 \leqslant m(l \in \mathbf{N})\}$$

从而
$$B(m) = m + k$$
$$= m + \max\{l \mid a_l - (l - 1) \leqslant m(l \in \mathbf{N})\}$$

由 $m \in \mathbf{N}$ 的任意性,定理得证.

证完定理 2,觉得自然数列的两个互补子数列问题似乎基本回答了. 反思这段思路有点意思:两道第 29 届 IMO 备选题开始了互补数列混合的一段有序数列的讨论,引导了定理 1 的证明,再进一步的展开应该是充要条件以扩展视野. 若干试验(举例)生动、直观. $[n\alpha]$,$[n\beta]$ 互补的充要条件开拓了一个方向,函数方程寻求纯代数化处理少有结果;筛选法是新路,等差数列的补数列提升了"补"的意识,等比数列与斐波那契数列的补数列的推理,拓展了"筛选法"到"补项法",深化了"合成数

列"的意义,发展为互补的充要条件和命题,最后才进入定理2这个过程(为了推理,被颠倒了),但这使我们自然地想到《古今数学思想》的作者 M. 克莱因在序言中所写的下面一段话①,真是含义深刻和语重心长!

课本中的字斟句酌的叙述,未能表现出创造过程中的斗争、挫折,以及在建立一个可观的结构之前,数学家所经历的艰苦漫长的道路. 而学生一旦认识到这一点,他将不仅获得真知灼见,还将获得顽强地追求他所攻问题的勇气,并且不会因为他自己的工作并非完美无缺而感到颓丧. 实在说,叙述数学家如何跌跤,如何在迷雾中摸索前进,并且如何零零碎碎地得到他们的成果,应能使搞研究工作的任一新手鼓起勇气.

数学思想与数学文化对本书作者和读者都是意义重大的.

在给笔者的邮件中严先生写道:

"现在发给你的这篇文章其实走到这步蛮难,先感到充要条件不可思议,刘社长离沪后,经过第29届IMO两道备选题的证明到定理重证,有了点补味,例题的思考,等差、等比数列补数列的寻求,加在一起,发现合成数列十分有用,提出充要条件,这才有定理2的结果,觉得几乎与以往比全新了,觉得才对得住刘社长那句:有研究的话,才觉得可发稿了,才想起克莱因那句意味深长的话."

有一位网名雾满拦江的网友发微博写道:

北京大学钱理群,应邀出门讲课,介绍他对于鲁迅的研究. 正讲得激情四溢,有人站起来提问,请你举例说明:你的鲁迅课对促进学生今后就业有什么作用? 钱理群听了大吃一惊,一时语塞,手足无措……他说:"大学教育已经被实用主义所裹挟,知识的实用化,精神的无操守,这是一种大学本性的丧

---

① 《古今数学思想》(第四册),作者 M. 克莱因,北京大学数学系数学史翻译组译,上海科学技术出版社.

失,……"大学如此,中学更是如此. 笔者五年前到上海参加曹珍富教授在上海交大举行的可信任通讯实验室的十年庆典. 在与曹教授交谈过程中,曹教授对中国的中学数学教育提出了尖锐批评. 他说:当前偌大的中国没有一个"学"生,全都是"考"生,学习的全部目的就是应试. 而本书对此并无多大帮助,所以印数很少. 而且,如今数学专著出版的黄金时代已过去. 以世界上最著名的一套数学丛书布尔巴基的《数学原本》为例. 在20世纪60年代各个分册都印好几千册,而1998年最新出版的一个分册(代数学卷第10章)才印了区区二三百本. 这么有名的名著(笔者正在全力收集各种版本,俄文版已经搜到了一些)尚且如此,更何况由无名之辈写的小册子了. 所以这注定是一个孤独的尝试与探索.

获得2012年普利兹克建筑学奖后,建筑师王澍说:

"我这么多年在探索过程中感到有些孤独,但如果很真诚地去思考,认真地工作,把理想坚持足够久的时间,那么最后一定会有某种结果."

但愿如此!

刘培杰
2017年1月9日
于哈工大

Farey 级数

佩捷 编

内容简介

  本书从 1978 年陕西省中学生数学竞赛中的一道试题引出法雷数列. 书中主要介绍了利用法雷数列证明孙子定理、法雷序列的符号动力学、连分数和法雷表示、提升为非单调的圆映射、利用法雷数列证明一个积分不等式等问题. 全书共七章, 读者可全面地了解法雷级数在数学中以及在生产、生活中的应用.
  本书适合数学专业的本科生和研究生以及数学爱好者阅读和收藏.

前 言

  在工作室成立的第 1 年只出版了一本书, 笔者充满激情地写下了第 1 篇"编辑手记", 接着第 2 年共出版了 6 本数学书, 笔者又"壮心不已"地写了 6 篇"编辑手记", 但后来发生的变化令笔者始料不及, 图书出版的种数从几十本很快就迈进了百本大关, 继 2013 年完成了 100 本新书之后, 2014 年的指标被定为 120 本. 要每本都写"编辑手记", 那将成为一位职业专栏作家. 笔者曾经看到一期《南方周末》报, 有一篇是专访张艺谋的, 节选其中一段.

南方周末：大家都在提中国电影的数字，"220亿""每天增加 13.8 块银幕"……我们在数字上好像能和美国形成"G2"，但内容还是没法对等？

张艺谋：我们张口就说数字的情况，我估计还会持续五到十年.

差距在哪里？首先是在质量上，但这只是中国一家的差距吗？全世界与美国都有差距. 就像 NBA 一样，全世界组织个联队也打不过它，历史条件搁在这. 类型片的质量，艺术片的质量，方方面面的质量差距，但抓质量又是那么长远的事. 电影是文化，是所谓的民族、历史、传承、情感、修养、品位、情怀……所有东西集合起来，对吧？如果中国电影要与美国比质量，还有漫长的路要走.

从张导的《归来》可以看出中国第一导已是强弩之末，所以单追求数量的中国模式不可持续. 在犯难怎样介绍本书之际正好读了一篇《美国数学月刊》上的文章，其构思极像法雷级数，所以从借鉴高质量原创作品的角度讲，将其部分精华节选下来用于本书后再合适不过了.

2011 年，德国不来梅(Bremen)夏季学校 Don Zagier 数论报告描述了一个经典数论论题的新的面貌，第 1 部分是"有理数的计数"，报告人在其中简要描述了一个漂亮的构造(报告人在之前曾有一次讲述过它，但他甚至连它的出处或原创者都不知道). 这个构造使我们可以从 0 出发，在每一步都按照简单而系统的法则

$$x \mapsto \frac{1}{2\lfloor x \rfloor + 1 - x}$$

($\lfloor x \rfloor$ 为 x 的整数部分) 得到下一个数，从而系统地遍历全部正有理数. 这激起了 Aimeric Malter (他 13 岁就成为夏季学校最年轻的参加者) 的兴趣，将它扩充为一篇小品，给出了证明细节和这个神奇构造的其他各种性质. 这个小品参加了德国"青年创造者"的评比，获得大学低年级组一等奖.

我们的目的是为下列古老的定理注入新的活力:

定理1 有理数集合是可数的.

换言之,存在一个从自然数集合到有理数集合的一一映射.这个最初由康托于1873年证明的结果自然是非常著名的.标准的证明包含下列步骤:首先,用上半平面中的点(p,q)表示有理数$\frac{p}{q}$(其中$p \in \mathbf{Z}, q \in \mathbf{N}$),然后找出一条经过上半平面中所有坐标为整数的点的曲折的路径,并且忽略所有p,q不互素的点,从而按路径经过的顺序列出所有余下的整点.

这自然产生一个一一映射,但它不是那么十分明显.怎么最容易地明显刻画这种通过上半平面的路径? 遇到应当忽略的(分子、分母)不互素的分数时,我们通常是怎么做的? 紧排在一个给定的(有理)数之前和之后的哪个有理数? 最后,在这个一一映射下,第25个有理数是什么数,或者,分数$\frac{5}{17}$对应于哪个自然数?

我们现在来描画一个与之不同的自然数与有理数之间的一一映射,它看来相当"棒".虽然它有古老的来源,但相对而言它是近期才被发现的,同时它也是已知的结果,而且被收录在最著名的康托论文中.然而,看来它并非理所当然地在数学家中是众所周知的,当在不来梅夏季学校的报告中提出这个一一映射时,只有少数人知道它,并且引起了人们特别的兴趣.

我们得到的主要结果的一个变形可以叙述如下. 它是Moshe Newman 基于 Neil Calkin 和 Herbert Wilf 的论文解决Donald Knuth 提出的一个问题时才被发现的.

定理2 映射

$$S(x) = \frac{1}{2\lfloor x \rfloor - x + 1} \tag{1}$$

具有这样的性质:在序列$S(0), S(S(0)), S(S(S(0))), \cdots$中,每个正有理数出现且仅出现一次.

于是,如果我们将S的第n次迭代记作$S^n(x)$,那么我们通过$F(n) = S^n(0)$得到一个明显的一一映射$F: \mathbf{N} \to \mathbf{Q}_+$(我们约定$\mathbf{N} = \{1, 2, 3, \cdots\}$).我们将试着说明这个一一映射可以用相当自然的方式找到,并且证明它的许多漂亮性质的一部分.

注 遍历所有(正)有理数的序列隐含在 Stern(1858) 的一个工作中,但这出现在康托的工作之前,所以当时还没有人具备有理数集合的可数性概念.

1. 欧几里得树

我们的第一步是将互素数对 $(p,q) \in \mathbf{N} \times \mathbf{N}$ 排列成一个简单二元树的形式,从而这个树给出所有数 $\frac{p}{q} \in \mathbf{Q}_+$,并且每个数恰好出现一次.

给定数对 $(p,q) \in \mathbf{N} \times \mathbf{N}$,确定它们是否互素的方法是应用欧几里得算法:

(1) 如果 $p = q$,那么当 $p = q = 1$ 时,两数互素,当 $p = q > 1$ 时不互素;

(2) 如果 $p \neq q$,那么当 $p < q$ 时,用 $(p, q-p)$ 代替 (p,q);当 $p > q$ 时,用 $(p-q, q)$ 代替 (p,q),并且重复这个过程.

换言之,我们保持从较大的数减去较小的数,直到两者相等,并且一旦出现这种情形,那么所得到的数就是原分子和分母的最大公因子.

转回主题,在欧几里得算法下,每一数对 (p,q) 恰好有两个前导 $(p, p+q)$ 和 $(p+q, q)$,并且如果我们从数对 $(1,1)$ 出发,并且在每个点的下方写出两个前导,其中较小的一个放在左边,那么我们得到一个无穷树,它恰好含有这些 p, q 互素的点 (p,q),并且每个这样的数对都恰好出现一次(因为在欧几里得算法下,这个树编制唯一的由 (p,q) 到 $(1,1)$ 的路径).

因为我们知道所有的点 (p,q) 都有互素的 p 和 q,所以我们可以将它们表示为 $x = \frac{p}{q}$. 这意味着这个树是这样生成的:从"根" $x = 1$ 开始,然后依照法则

$$x = \frac{p}{q}$$
$$A_0 \swarrow \qquad \searrow A_1$$
$$\frac{x}{x+1} = \frac{p}{p+q} \qquad x+1 = \frac{p+q}{q} \qquad (2)$$

递推地到达每个顶点. 这样生成的树我们称之为欧几里得树,

并且它含有所有的正有理数且恰好含一次,它的最初几行见图 1(这个树本质上可追溯到 Stern 在 1858 年的工作,它有时也称作 Calkin-Wilf 树).

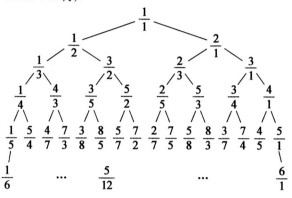

图 1

我们观察到:对于任何数 $x = \dfrac{p}{q}$,经过 n 次生成后的最右边(最大)的继生数是 $\dfrac{p+nq}{q} = x+n$,并且完全对称,最左边(最小)的继生数是 $\dfrac{p}{np+q} = \dfrac{x}{nx+1}$.

2. 遍历所有正有理数的序列

为求出一个序列,它遍历所有有理数且恰好只一次,我们可以简单地沿着欧几里得树的"初始宽度"也就是逐行行进,这样我们得到序列如表 1 所示.

表 1

n	1	2	3	4	5	6	7	8	9	10	11	…
$F(n)$	1	$\dfrac{1}{2}$	2	$\dfrac{1}{3}$	$\dfrac{3}{2}$	$\dfrac{2}{3}$	3	$\dfrac{1}{4}$	$\dfrac{4}{3}$	$\dfrac{3}{5}$	$\dfrac{5}{2}$	…

这就解决了对原方法提出的第 1 个问题:我们有一个自然的方式遍历正有理数,并且我们不用担心重复或丢掉不在最低层的数.

转向我们的第 2 个目标——明显地给出这个序列,这恰是容易做到的:存在一个简单的方法,从序列中的任何一个有理数得到下一个数.

为此,考虑欧几里得树的任何一个顶点 x,以及它的两个继生顶点 $\frac{x}{x+1}$ 和 $x+1$,于是若令 $y = \frac{x}{x+1}$ 作为左继生数,则右继生数就是 $x+1 = \frac{1}{1-y}$. 这就给出了一个简单的公式,只要初始数是左继生数,就可从我们的序列中的一个有理数得到下一个数. 注意在此情形下,有 $0 \leqslant y < 1$,因而 $\lfloor y \rfloor = 0$,所以 y 的后继 $\frac{1}{1-y}$ 的确由公式(1)给出.

假设现在我们正位于某个右继生数 y,并且想要找到它在序列中的后继(即树中在它右边的有理数). 这取决于在多少次生成之前这两个分数有一个公共生成者. 令 k 是这种生成的次数(例如,对于分数 $\frac{7}{3}$ 和它的后继 $\frac{3}{8}$,有 $k = 3$). 令 $x = \frac{p}{q}$ 是 k 次生成前公共生成者. 数 y 是由 $\frac{p}{q}$ 借助取左继生数 $\frac{p}{p+q}$,接着 $k-1$ 步取右继生数而生成,所以

$$y = \frac{p + (k-1)(p+q)}{p+q} = k - 1 + \frac{p}{p+q} \qquad (3)$$

类似的,y 的后继是由 $\frac{p}{q}$ 通过 1 步取右继生数,接着 $k-1$ 步取左继生数而生成. 这就是数

$$z = \frac{p+q}{q + (k-1)(p+q)} = \frac{1}{\frac{q}{p+q} + (k-1)} \qquad (4)$$

但是,我们怎样才能从 y 得到 z? 注意 $k - 1 = \lfloor y \rfloor$,以及

$$\frac{p}{p+q} = y - \lfloor y \rfloor$$

所以我们简单地得到

$$z = \frac{1}{1 - (y - \lfloor y \rfloor) + \lfloor y \rfloor} = \frac{1}{2\lfloor y \rfloor - y + 1} = S(y) \qquad (5)$$

(注意:我们第一次考虑的情形,即当 $y = \frac{x}{x+1}$ 和 $z = x+1$ 是

同一个生成者的左继生数和右继生数的情形,恰好就是上述推理中 $k = 1$ 的特殊情形.).

上面所有的讨论都是在树的同一行的范围中进行的,我们还要考虑 y 是一行中最大数的情形,于是 $y = n$ 是整数. n 的后继应是 $\frac{1}{n+1}$,幸运的是,我们的公式恰好产生这个数.

无论你是否惊奇,这就完成了定理 2 的证明.

3. 求一个给定分数的位置

有一个算法使我们可以指出一个给定的正有理数在我们的序列中处于哪个位置,并且反过来也行. 我们已经通过 $F(n) = S^n(0)$ 定义了一一映射 $F: \mathbf{N} \to \mathbf{Q}_+$,这里 S 是由公式 (1) 定义的"后继函数". 用 $N: \mathbf{Q}_+ \to \mathbf{N}$ 表示 F 的逆,它给出任何正有理数在序列中的位置. 因为在欧几里得树中任何一个顶点都有两个继生顶点,它们在序列中的位置如图 2 所示.

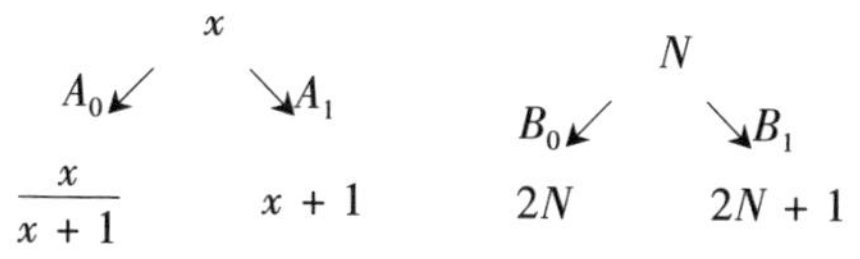

$$
\begin{array}{cccc}
& x & & N \\
A_0 \swarrow & \searrow A_1 & B_0 \swarrow & \searrow B_1 \\
\frac{x}{x+1} & x+1 & 2N & 2N+1 \\
(a) & & (b) &
\end{array}
$$

图 2

在图 2(b) 中,我们指出了图 2(a) 中的数在序列中的位置. 如果树的某个顶点有有理数 x,且 x 在序列中的位置是 N,那么这个顶点的左继生顶点有值 $A_0(x) = \frac{x}{x+1} < 1$,位置为 $B_0(N) = 2N$,而其右继生顶点有值 $A_1(x) = x + 1 > 1$,位置为 $B_1(N) = 2N + 1$.

这导致递推公式

$$N(x) = \begin{cases} 1, & \text{若 } x = 1 \\ 2N \cdot \frac{x}{1-x}, & \text{若 } x < 1 \\ 2N(x-1) + 1, & \text{若 } x > 1 \end{cases}$$

注意,当这个定义被递推地应用时,对 N 的逐次推理就实施了数对 $(x, 1)$ (或 (p, q),当 $x = \frac{p}{q}$ 时) 的欧几里得算法. 若给定

$x \in \mathbf{Q}_+$，则欧几里得算法使我们可将它表示为 $x = A_{i_r} \cdots A_{i_1}(1)$，此处 r 是需要实施的步数，或者等价地说，x 位于树的第 $r+1$ 行（计数时使 $\frac{1}{1}$ 在第 1 行）. 于是位置 $N(x)$ 满足

$$\begin{aligned} N(x) &= N(A_{i_r} \cdots A_{i_1}(1)) = B_{i_r} \cdots B_{i_1}(1) \\ &= 2^r + 2^{r-1}i_1 + 2^{r-2}i_2 + \cdots + i_r \\ &= (1, i_1, i_2, \cdots, i_r)_2 \end{aligned} \quad (6)$$

于是我们立即得到 N 的二进制表示.

我们用一个简单的例子对此加以说明，设 $\frac{p}{q} = \frac{5}{12}$. 实施欧几里得算法，我们得到

$$(5,12) \mapsto (5,7) \mapsto (5,2)$$
$$\mapsto (3,2) \mapsto (1,2) \mapsto (1,1)$$

因为以 $(1,1)$ 结束，所以验证了 5 和 12 的确互素. 我们还知道 $\frac{5}{12}$ 在树的第 $r = 6$ 行，因而在位置 $2^{r-1} = 32$ 和 $2^r - 1 = 63$ 之间. 在二进制表示下，是在位置 100000_2 和 111111_2 之间. 在欧几里得算法的 5 个步骤的每一步中，我们要从分子减去分母或从分母减去分子. 这意味着在树中我们要选择左边或右边的分支，并且当选取了所在顶点下方的树的左或右分支，就确定了 N 的一个二进制数字（记住：欧几里得算法在树中是由 x 上溯到 1，所以 N 的二进制数字是反序生成的）. 在我们的例子中，从顶部向下方到达 $\frac{5}{12}$ 所取分支的顺序是左右右左左，所以 $N(\frac{5}{12}) = 101100_2 = 44$，读者观察上文中给出的欧几里得树的开始部分，就可对此加以验证.

可同样直接地解反问题：为求 $F(44)$，我们写出 $44 = 101100_2$，于是

$$F(44) = A_0(A_0(A_1(A_1(A_0(1))))) = \frac{5}{12}$$

这个方法是非常有效的，并且甚至在不少并非显然的情形也是便于操作的，特别是当我们要尽可能快地加速由较大数减较小数的欧几里得算法时. 例如，对于分数 $\frac{332}{147}$，这个加速算法

看来像是

$$(332,147) \xmapsto{A_1^{-2}} (38,147) \xmapsto{A_0^{-3}} (38,33) \xmapsto{A_1^{-1}} (5,33)$$
$$\xmapsto{A_0^{-6}} (5,3) \xmapsto{A_1^{-1}} (2,3) \xmapsto{A_0^{-1}} (2,1)$$
$$\xmapsto{A_1^{-1}} (1,1)$$

(注:这与 $\dfrac{332}{147}$ 的连分数展开

$2 + 1/(3 + 1/(1 + 1/(6 + 1/(1 + 1/(1 + 1)))))$

没有什么不同),因此

$$N\left(\frac{332}{147}\right) = B_1^2 B_0^3 B_1 B_0^6 B_1 B_0 B_1(1)$$
$$= 11010000000100011_2$$
$$= 53\,283$$

注意,虽然公式(1)的形式有点难以理解,但我们的有理数列确实由欧几里得算法完全确定,并且 $\dfrac{p}{q}$ 的位置由这个算法的步数的二进制编码表示,所以它事实上是一个非常自然的序列. 奇怪的是,它仅仅是最近才被发现的. 这说明在今日,并且甚至在初等水平,数学依旧是能提供发现有趣理论的平台.

4. 我们的树和序列的其他性质

欧几里得树和我们的迭代序列有许多其他有趣的性质. 我们已经注意到,依据构造,树的第 r 行本质上由在欧几里得算法中取 $r-1$ 步以到达点 $(1,1)$ 所涉及的那些数组成. 类似地发现,如果我们将任何一个分数 $\dfrac{p}{q}$ (它总是在最低行) 写成连分数

$$\frac{p}{q} = a_0 + \cfrac{1}{a_1 + \cfrac{1}{a_2 + \cfrac{\ddots}{\ddots + \cfrac{1}{a_k}}}}$$

那么 $a_0 + a_1 + \cdots + a_k$ 等于行数,所以在同一行中所有分数其连分数的各元素之和是相同的.

于是,我们弄清楚了哪个有理数在哪一行;但同一行内这

些数的大小次序是怎样的?下面的定理回答了这个问题.

定理 3 欧几里得树的第 r 行中的 2^{r-1} 个数的大小次序如下:将这 2^{r-1} 个数(自左向右依次)记为 $x_0, x_1, \cdots, x_{2^{r-1}-1}$,并且对于 $k \in \{0, \cdots, 2^{r-1}-1\}$,用 $\varphi(k)$ 表示将这些数按递增的次序重排时 x_k 的位置. 那么 $\varphi(k)$ 的二进制表示就是将 k(作为 $r-1$ 位二进制数)的二进制数字逆序排列而得.

例如,数 $\frac{3}{8}$ 位于第 5 行,并且(在该行中)位置(序号)为 $4 = 0100_2$(序号从 0 开始),所以按大小(递增)有位置(序号)$0010_2 = 2$(序号仍然从 0 开始):事实上,此行的数是 $\frac{1}{5}$, $\frac{2}{7}$, $\frac{3}{8}$, $\frac{3}{7}$, $\cdots$.

为看出上述论断正确,我们观察到树中 $\frac{p}{q}$ 的左继生数是 $\frac{p}{p+q} < 1$,而右继生数是 $\frac{p+q}{q} > 1$. 于是我们的序列中所有偶下标成员小于所有奇下标成员,从而在任一行中位置的二进制表示的最小有效数字就是按大小排列时的位置的二进制表示的最大有效数字. 类似的,序列的奇下标成员(它们的位置的二进制表示的末尾数字是 1)中,当且仅当其位置的二进制表示的末尾两位数字是 11(于是我们有一个右继生数的右继生数)时,该成员大于 2,并且若此末尾两位数字是 01(于是我们有一个左继生数的右继生数)时,则它小于 2. 类似的推理对所有二进制数字的序列都成立,因而证明了观察结果.

欧几里得树是对称地构造的:将它水平反射(即左右互换),数 $\frac{p}{q}$ 就与 $\frac{q}{p}$ 交换位置. 这给出一个求序列中任何有理数 $x = \frac{p}{q}$ 的前导 $P(x)$ 的简单方法:水平反射,求出后继,然后反射回去. 换言之,x 的前导是 $P(x) = \frac{1}{S(\frac{1}{x})}$. 如果断行则此方法存在例外:第 n 行的第 1 个数是 $\frac{1}{n}$,它的前导直接等于 $n-1$. 这是容易验证的.

不难给出 S 的逆 P 的明显公式. 如果 $y = S(x) = \dfrac{1}{2\lfloor x \rfloor - x + 1}$,那么 $\dfrac{1}{y} - 1 = 2\lfloor x \rfloor - x$,并且由此容易验证 $x = -\dfrac{1}{y} - 1 + 2\lceil \dfrac{1}{y} \rceil$①(这与我们以前的公式 $P(y) = \dfrac{1}{S(\frac{1}{y})}$ 是一致的,如果我们注意到当 $\dfrac{1}{y}$ 是整数时例外情形出现,因而 $\lceil \dfrac{1}{y} \rceil = \lfloor \dfrac{1}{y} \rfloor$). 我们还可以将 P 的公式写成

$$P(y) = -\dfrac{1}{y} - 1 - 2\lfloor -\dfrac{1}{y} \rfloor \qquad (7)$$

这个反向迭代可用于分数 $\dfrac{1}{1}$(我们最初的出发点)以外的数. 我们得到

$$\cdots \xmapsto{} 2 \xmapsto{P} \dfrac{1}{2} \xmapsto{P} 1 \xmapsto{P} 0 \xmapsto{P} \infty$$

$$\xmapsto{P} -1 \xmapsto{P} -2 \xmapsto{P} -\dfrac{1}{2} \xmapsto{} \cdots$$

反向迭代自然地经过 0,然后是 ∞,其后遍历所有负整数,顺序与遍历所有正整数时类似:如果 $x \notin \mathbf{Z}$,那么容易验证 $S(-x) = -S(x)$,于是我们的"正"树的每一行变成"负"树的某一行,使得遍历的顺序相同. 但是,如果 $S(n) = \dfrac{1}{n}$,其中整数 $n > 0$,那么我们有 $S(-n) = -\dfrac{1}{n-1}$,于是当 S 经过"负"欧几里得树的一行后,它将跳至前一行,直到最终进入

$$-\dfrac{1}{2} \xmapsto{S} -2 \xmapsto{S} -1 \xmapsto{S} \infty \xmapsto{S} 0 \xmapsto{S} 1 \xmapsto{} \cdots$$

然后经过"正"树(如前所述). 综合起来,这就提供了一个 $\mathbf{Q}$ 与 $\mathbf{Z}\setminus\{0\}$ 之间(或 $\mathbf{Q} \cup \{\infty\}$ 与 $\mathbf{Z}$ 之间)的简单而自然的一一映

---

① $\lceil y \rceil$ 表示不小于 y 的最小整数.

射. 应用多一点的专业术语, 我们可以说, 映射 S 和 $P = S^{-1}$ 定义了群 $\mathbf{Z}$ 在集合 $\mathbf{P}^1(\mathbf{Q}) = \mathbf{Q} \cup \{\infty\}$ 上的作用, 并且这个作用是单可迁的, 即是自由的并且仅有一个轨道.

在树和数列的许多有趣的性质中, 我们再引述一个如下:

定理 4　任何两个相邻的分数 $\dfrac{p_k}{q_k}$ 和 $\dfrac{p_{k+1}}{q_{k+1}}$ 有性质 $p_{k+1} = q_k$.

证明　这可由方程(3)和(4)立即推出(注意 p 和 q 互素的归纳假设蕴含这两个分数已经位于最低项).

因此, 我们的分数数列已经可由分母序列 $\{q_k\}$ 确定. 这个分母序列实际上长期以来被称作 Stern 双原子序列, 并且有许多好的性质. 我们的分母被定义为满足简单递推关系 $q_{2k} = q_k + q_{k-1}$ (左继生数) 和 $q_{2k+1} = q_k$ (右继生数), 并且具有初始条件 $q_1 = 1$ 和 $q_0 = 1$, 这就完全定义了序列 q_k.

数 q_k 可以解释为 k 表示为 2 的幂和, 并且限定 2 的每个幂至多使用两次不同表示的个数(如果我们只允许 2 的每个幂使用一次, 那么就得到 k 的二进制表达式, 并且是唯一的). 例如, $5 = 4 + 1 = 2 + 2 + 1$ 有两种表示, 但 $6 = 4 + 2 = 4 + 1 + 1 = 2 + 2 + 1 + 1$ 有三种表示, 而 $7 = 4 + 2 + 1$ 有唯一的一种表示. 于是 $q_5 = 2, q_6 = 3$, 以及 $q_7 = 1$. 我们也容易看到: 奇数 $2k + 1$ 的任何一个这种表示必定包含一个单项 1, 并且所有其他的加项必须是偶数, 因此 $q_{2k+1} = q_k$. 偶数 $2k$ 的任何表示或者没有单项 1, 或者有两个单项 1. 去掉其余各加项中最后一个二进制数字 0, 就分别得到 k 或 $k - 1$ 的一个表示. 这证明确实 $q_{2k} = q_k + q_{k-1}$ (如我们所要的).

我们的分母序列 $1, 2, 1, 3, 2, 3, 1, 4, \cdots$ 表示了欧几里得树, 因而完全表示了我们的分数序列. 特别的, 作为推论, 每对互素正整数 (p, q) 必然恰好在这个序列中出现一次.

在这方面有更多的有趣的性质可以被发现, 我们期待读者去加以发掘.

有个段子很可乐, 同时也诠释了上述编辑手记:"这年头, 算命的改叫分析师了, 八卦小报改叫自媒体了, 耳机改叫可穿戴设备了, 办公室出租改叫孵化器了, 统计改叫大数据了, 忽悠改叫互联网思维了, 骗钱改叫众筹了, 放高利贷改叫 P2P 了, 看场子收保护费的改叫平台战略了,借钱给靠谱朋友改叫天使投资了,借钱给不靠谱的朋友改叫风险投资了."

借用一下句式,这年头转载的都叫原创了!

刘培杰
2017 年 5 月 26 日
于哈工大

Lax 定理与 Artin 定理

戴执中　佩捷　编著

内容简介

本书通过一道 IMO 试题研究讨论拉克斯定理和阿廷定理,并着重介绍了希尔伯特第十七问题.

本书可供从事这一数学分支或相关学科的数学工作者、大学生以及数学爱好者研读.

编辑手记

美国作家安妮·迪拉德(Annie Dillard)曾在 29 岁便获得了普利策奖. 她曾写道:因为我们所处的时代格外重要,所以我们这一代人也跟着重要起来 —— 是这样吗? 不,我们这一代人平凡无奇,我们的时代也并不重要. 我们的时代和以往的时代没有什么不同,都是生活的切片而已. 可有谁能够接受这个说法,又有谁愿意思考这一点呢? …… 永无止境的平凡庸常,而我们的时代不过是其中一段.

正因如此我们才应该对历代的大师们以及他们的成就抱以敬畏之心.

上海东亚研究所所长章念驰近日在谈及祖父章太炎时说:

> "大师以后没有大师,大树底下长不出大树.一棵大树底下,多少个时代,都再也长不出一棵大树,余荫之下不出大树.所以我们后辈都是一些庸才而已."

这是一本介绍希尔伯特第十七问题的书.希尔伯特是世界公认的国际数学界领袖人物,他是 20 世纪及以后很长一个时期数学发展方向的舵手.拉克斯和阿廷也是大家所熟知的,特别是阿廷.现代数学的许多概念都联系着阿廷的名字,如阿廷模、阿廷猜想、阿廷符号、阿廷 L 函数等.

有人说:什么叫大家、大师、master,就是这件事情,他不做,人家不晓得,他一动手,人家都恍然:哦,原来可以这样弄啊.就像马尔克斯读到博尔赫斯,感慨:哦,原来文章可以这样写啊.

阿廷在代数、群论、数论、几何、拓扑、复变函数论、特殊函数论等方面都有重要的贡献.他导出关于一种新型的 L 级数的函数方程,证明了任意数域中的一般互反律;探讨了关于每个域的理想成为其绝对类域中的主理想的希尔伯特假设,解决了希尔伯特的定义函数问题;推广了结合环代数理论;对右理想引入了带着极小条件的环,称为阿廷环,为有理数域上的半单代数的算术建立了一个新的基础和扩张.但本书并不想对具体数学定理及理论着墨过多,而是想从一道 IMO 试题入手使读者了解一些近代理论.

莫言在 2012 年诺贝尔奖颁奖仪式上致辞说:"文学和科学比确实没有什么用处,但是它的没有用处正是它伟大的用处."

本书这些内容既艰深复杂又对目前所有各类考试都无帮助.但我们坚信它既有价值又会吸引到一些特殊读者.

北京电影学院教授崔卫平在一篇文章中写道:

> "什么样的东西更容易吸引我呢? 简单地说,就是复杂的东西,再简单地说,就是晦涩的东西,更简单地说,就是看不懂的东西."

从商业的角度看,本书毫无价值,但从数学的角度看它又很有价值.取舍之间全在于出版者的价值判断及个人喜好.笔

者对于 IMO 及希尔伯特喜爱有加,二者合一更甚. 出版家郑振铎曾说:

"余素志恬淡,于人世间名利,视之篾如. 独于书,则每具患得患失之心. 得之,往往大喜数日,如大将之克名城;失之,则每形之梦寐,耿耿不忘者数月数年."

本书后半部最早是由戴执中教授 1982 ~ 1987 年的讲稿发展而成,后经曾广兴补充而成,曾于 1990 年由江西教育出版社出版过单行本. 转眼 27 年过去了,中国的读书环境以及出版者的志趣都发生了很大的变化. 如今只能是如笔者般的中老年读者感兴趣.

香港作者马家辉自我感觉尚年轻. 2012 年 2 月,他与同为 1963 年出生的台湾作家杨照(笔者也生于 1963 年),长居深圳的河北作家胡洪侠合集出版了两本书,《对照记@1963》和《我们仨@1963》销量极佳,但在签售会上,一些同为 1963 年出生的"老先生"和"老太太"的读者凑身过来,看到他们的残败与老气,马家辉才想到自己在别人眼中的样子,"有黯然下泪的冲动".

中年还在看书的人,大多应该事业有成,所以本书价贵一些尚可接受.

史上最贵图书——奥杜邦的《美国鸟类》曾于 2010 年拍出 1 150 万美元. 2012 年初,仅存 119 本中另一本在纽约拍出 790 万美元,成为第五本史上最贵图书进入排行前十.

古旧图书定价因人而异,有些奇高,本书旧版在孔夫子网上没有几本,也是待价而沽. 此次改变模样再版也是想平抑一下过高的售价,让有同好的读者以一个合理的价格购到. 其实更为重要的一点是希望通过再版,使数学文化薪火长存.

曾事无巨细地记录过草纸的生产过程的老普林尼说:

"若无书籍,文明必死,短命如人生"([荷兰] H. L. 皮纳著,康慨译. 古典时期的图书世界. 浙江大学出版社,2011 版) 谁都不愿生活在无书的世界里.

费兰西斯·培根说:"读书足以怡情,足以傅彩,足以长才."现在,我们还可以加一句:读书足以长寿.在耶鲁大学一项历时 12 年的研究中显示,50 岁以上的读书人比不读书的人多活两年,去世的风险降低 20%.

美国佩斯大学出版系教授练小川介绍说:耶鲁大学公共卫生学院三位科学家在刊登于 2016 年 9 月的《社会科学与医学》(Social Science and Medicine)的论文《一天一章:读书与长寿的关系》(A chapter a day: Association of book reading with longevity)中指出读书可以使人长寿.

三位耶鲁科学家的研究对象来自密歇根大学社会研究所的"健康与退休研究"(Health and Retirement Study)."健康与退休研究"项目始于 1992 年,调查 50 岁以上美国人的健康和经济状况,是美国老年人研究的权威数据来源.2001 年,受访者回答了两个关于阅读行为的问题:"上周你实际用了多少小时阅读图书?""上周你实际用了多少小时阅读报纸或杂志?"

三位耶鲁科学家的研究以上述调查为基础,来证明他们的一个假设:读书可以延年益寿.他们将 3 635 名受访者按阅读图书和阅读报刊各分为 3 组:不读书者、每周读书 3.5 小时者、每周读书 3.5 小时以上者;每周读报刊 2 小时以内者、每周读报刊 2~7 小时以内者、每周读报刊 7 小时以上者.

从 2001 年开始,三位耶鲁科学家跟踪每组对象.在跟踪的 12 年间,33% 的不读书者去世了,而读书者去世的比例是 27%.具体来说,与不读书的人相比,12 年里,每周读书 3.5 小时以内的人,去世的可能性降低了 17%.每周读书 3.5 小时以上的人,去世的可能性降低了 23%

三位科学家又将所有的图书读者合为一组,与非读者比较,看各组多长时间里有 20% 的成员去世.从 2001 年开始计算(受访者均 50 岁以上),非读者组,85 个月(7.08 年)后有 20% 的人去世;而读者组,108 个月(9.00 年)后有 20% 的人去世.也就是说,读书这项活动给读者提供了 23 个月的生存优势(survival advantage).研究结果还显示,读书带来的生存优势不受读者的性别、财富水平、教育程度和健康状况等因素的影响.无论是否富有,教育程度高低,只要读书,都能增加读者的生存优势.

为何读书可以增加"生存优势"？科学家解释说，读书涉及大脑认知的两个过程．第一个是深度阅读，这是一个缓慢、沉浸式的过程．读者将所读内容与书中其他部分联系起来，并应用到外部世界，还会随时随地对图书内容提出各种问题．第二，读书可以增强读者的同情心、社会认知和情感智力，这些认知过程有助于精神健康、减轻精神压力，因此提升了读者的生存能力．

耶鲁大学的研究结果也显示，读书比读报刊获得的生存优势更大，因为图书的主题、人物和话题更深刻更广阔，调用更多的大脑认知功能．不过，阅读报刊者也比非读者有优势：前者的去世可能性降低了 11%，但是他们每周阅读报刊的时间必须超过 7 个小时才有此效果．报刊组受访者每周平均阅读报刊 6.10 小时，图书组每周平均读书 3.92 小时．耶鲁科学家认为，老年人应该增加读书的时间．根据美国劳工统计局数据，2014 年，美国 65 岁以上老年人每天平均看电视 4.4 个小时．如果鼓励他们多花时间读书，少看电视，可以提高这组人群的寿命．

2009 年，美国艺术基金会一项调查显示，87"%"的读者阅读的是小说．因此，耶鲁科学家认为，他们的调查对象里多数人倾向于阅读小说．电子书和有声书、不同类型的小说以及非虚构类图书是否也能增加读者的生存优势，这是未来的研究需要讨论的课题．

读书不仅可以提供有趣的思想、故事和人物，也能延年益寿，让读者有更多的时间继续读书．

目前中国举国上下皆大力提倡创新，但不全面了解前人已有的成果就谈不上创新．傅雷认为石涛是 600 年来天赋最高的画家，他说："其实宋元功力极深，不从古典中'泡'过来的人空言创新，徒见其不知天高地厚而已．"

所以要真创新而不是伪创新！

刘培杰
2017 年 6 月 1 日
于哈工大

Sturm 定理

佩捷　冯贝叶　王鸿飞　编译

内容简介

本书从一道"华约"自主招生试题的解法谈起,介绍了斯图姆定理的应用,本书共分为七章,并配有许多典型的例题.

本书适合高中生及数学专业本科生阅读.

前　言

这是一本"挂羊皮卖狗肉"的书.所谓的"羊皮"作为图书来讲一定要是当前图书市场的热点.作为一个专门出数学图书的机构,热点当然是和中高考挂钩,而在近10年来,高考中的黑马便是自主招生考试,于是我们便借此为由夹带点数学精华的私货.

21世纪教育研究院副院长熊丙奇曾写过一篇文章,题目叫《自主招生标准为何重回分数原点》.

> 前不久有传言称,2011年和2012年都参加北京大学"中学校长实名推荐制"的南京金陵中学,2013年没有参加推荐的资格,原因是去年的推荐生"裸分"没达到北京大学在江苏的录取线.而就在近日,清华

大学明确,2013年"领军计划"增加了"学业成绩排名在全年级前1%的应届高中毕业生优先"的政策.

这一消息令舆论很是不解:自主招生提出这么高的学业成绩要求,这样的改革还有何意义? 这些排名在重点高中前1%的学生不需要参加自主招生,照样可以进名校.北京大学、清华大学如此操作不过是"抢生源",而且也在自主招生中重复与高考一样的选拔标准.

舆论的不解源于误会了我国高校正在推进的自主招生,以为高校的自主招生建立了多元评价体系,会给一些偏才、怪才以进入大学的渠道.其实我国大学目前的自主招生,其实质根本就不是自主招生.目前自主招生操作的流程是,考生先要参加学校的笔试、面试,获得自主招生资格后,还要参加高考,填报志愿,必须把该校填报在第一志愿(传统志愿填报)或A志愿(平行志愿填报),高考成绩达到高校承诺的录取优惠方能被该校录取.按照这一操作,考生的选择权并没有增加,自主招生还和高考集中录取嫁接,自主招生必定成为高校抢生源的手段.

这就是北京大学乐于推出"中学校长实名推荐制"的原因.在2010年该制度推出时,北京大学还宣称这是给中学校长的推荐权利,可以发现一些"怪才",可说到底,这是把学校的高分学生提前揽到学校门下.按照北京大学校长实名推荐的操作,获得推荐并通过学校面试的学生,必须承诺报考该校,这不摆明在抢生源吗? 再就是,所有获得"校长实名推荐"资格的学校,实行的都是学校推荐,采用的都是以学业成绩为主的"综合指标"体系,因为一方面学校校长不愿意以教育声誉承担推荐责任;另一方面,大学还是以被推荐参加者高考的成绩来评价学校的推荐是否得力.如果被推荐者参加高考分数不高,甚至将影响到来年大学是否给这所学校推荐指标.

自主招生高校显然明白北京大学的真实用意,因此,在北京大学之后,清华大学、中国人民大学等高校推出的计划貌似给学生更多的选择机会,其实是让学生更焦虑,在推荐阶段,就必须做出选择,一旦获得推荐,就不得再选其他学校.

正是由于学生没有选择权,所以北京大学、清华大学把学业成绩的标准进一步提高,也就十分正常.这是自主招生与集中录取制度嫁接的必然.而如果实行真正的自主招生,情况就完全不同.自主招生的实质,应当是学校和学生双向选择,一名考生可以申请若干所大学,可以获得多张大学录取通知书再做选择,在这种情况下,大学可以提出基本的学业成绩要求,但如果其把成绩要求提得太高,就将很大程度限制申请数量,结果是难以招收到适合本校的学生.在这种双向选择机制中,大学也会逐渐形成自己的办学特色和招生标准,而不是所有学校都用一个相同的学业成绩标准去评价、选择学生.

2013年,我国高校的自主招生改革试点将进入第11个年头,10年的自主招生实践,让高校的招生标准又回到分数原点,这值得深思.只有实行真正意义的自主招生,才能推进高校转变观念,多元评价体系也才有望形成.

自主招生的试题在短期内一定会是中学师生心目中的热点:多解加强的有之,引为例题论据的有之,但是随着时间的推移,它们一定会逐渐淡出人们的视野,但它们背后所应用到的某个数学定理却愈加凸显,更显历久弥新,就像在一个"拼爹的时代",你是谁不重要,重要的是你的爹是谁.

下面简要介绍一下本书的主角斯图姆(Sturm, Charles-Francois,1803—1855),瑞士数学家、物理学家,生于瑞士日内瓦,卒于法国巴黎.曾在日内瓦高等专科学校(Geneva Academy)攻读,1823年到日内瓦附近的科佩堡(Châteauof Coppet)当家庭教师,随后投身于巴黎科学界.在巴黎大学和法兰西学院向安培、柯西等人学习过物理、数学,与傅里叶、阿拉哥(Arago)等人也有交往.1827年,他同柯拉登(Colladon)因研究液体的压缩而获得巴黎科学院奖金,并被任命为安培的助手.1829年担任《科学与工业通报》(*Bulletin des Sciences et de l'industrie*)的数学主编.1840年,他成为巴黎理工科大学分析和力学教授,还受聘为巴黎理学院力学教授.先后被选为柏林科学院(1835)、彼得堡科学院(1836)、巴黎科学院(1836)院士,英国皇家学会会员(1840).1840年获得皇家学会科普利(Copley)奖章.斯图姆在代数方程论、微分方程论、微分几何学等方面都有所贡献.1829年,他向巴黎科学院提交了论文《论数字方程解》(*Mémoire sur la résolution des équations numériques*),其中深入地讨论了代数方程的根的隔离,提出了有名的斯图姆定理,也称为斯图姆判别法:设$f(x)=0$为区间(a,b)内的无重根的方程,方程的系数以及a,b皆为实数.作斯图姆函数序列$f(x),f'(x),f_1(x),f_2(x),\cdots,f_m(x)=$常数,此处$f'(x)$为$f(x)$的导数,$f_1(x)$为以$f'(x)$除$f(x)$所得的余式,但取相反符号,$f_2(x)$为以$f_1(x)$除$f'(x)$所得的余式,取相反符号,依此类推,$f_m(x)$为最后的余式,等于常数.然后算出数列$f(a),f'(a),f_1(a),f_2(a),\cdots,f_m$中符号变换(即由"+"变至"-",以及其逆)的次数A,以及数列$f(b),f'(b),f_1(b),f_2(b),\cdots,f_m(x)$中符号变换的次数$B$,最后,差值$A-B$即等于方程$f(x)=0$在区间$(a,b)$中的实根的个数.1933年,斯图姆撰写了关于微分方程的一篇著名论文,文中研究了形如$L\frac{\mathrm{d}^2 V}{\mathrm{d}x^2}+M\frac{\mathrm{d}V}{\mathrm{d}x}+N\cdot V=0$的方程,其中$L,M$和$N$是$x$的连续函数,$V$为未知函数.此外,斯图姆也写过许多力学和分析力学论文.其《力学教程》(*Cours de mécanique*,1861)和《分析教程》(*Cours d'analyse*,1857—1859)在半个世纪内被视为经典之作.

自主招生对大城市重点校学生有利,对农村学生及普通校的学生不利,表面上看是视野的原因,根本上说是体制的原因.日本作家村上春树有高墙与鸡蛋之喻,他表示要站在鸡蛋一边.在现实中,我们大部分人都会选择高墙.而我们今天的大学,基本上也成了"高墙"的一部分,并以为既有体制提供"人力资源"为第一要务,而非以培养出具价值意识和反思意识的公民为本.

在二元体制格局下,农村考生为脱离生存地,拼命复习高考中大概率出现的内容.对自主招生考试中这样需要更高数学素养、更广泛数学阅读、更高层次数学视野的东西无缘相见,即便相见也无暇顾及.这也正是本书出版的意义之一.

20世纪初,赵缥(负沉)在上海编《数学辞典》,交群益书局出版,老板给了他一笔钱.他用这钱为儿女买了玩具,他说:"人世间的事,原是玩玩而已,玩来的尽可玩去."

这或许应该是我们做书的态度.

刘培杰
2017年5月8日
于哈工大

编辑手记

出一本没用的书到底有什么用?

在20世纪70年代曾有一名叫Mary Jucundu的修女向科学家们询问:为什么要探索宇宙?天文学家恩斯特·斯图林格于1970年5月6日回信说:

> 在详细说明我们的太空项目如何帮助解决地面上的危机之前,我想先简短讲一个真实的故事.那是在400年前,德国某小镇里有一位伯爵,他是个心地善良的人,他将自己收入的大部分捐助给了镇子上的穷人.这十分令人钦佩,因为中世纪时穷人很多,而且那时经常爆发席卷全国的瘟疫.一天,伯爵遇到了一个奇怪的人,他家中有一个工作台和一个小实验室,他白天卖力工作,每天晚上利用几小时的时间专心进行研究.他把小玻璃片研磨成镜片,然后把研磨好的镜片装到镜筒里,用此来观察细小的物件.伯爵被这个前所未见的可以把东西放大观察的小发明迷住了.他邀请这个怪人住到了他的城堡里,作为伯爵的门客,

此后他可以专心投入所有的时间来研究这些光学器件.

然而,镇子上的人得知伯爵在这么一个怪人和他那些无用的玩意儿上花费金钱之后,都很生气."我们还在受瘟疫的苦,"他们抱怨道,"而他却为那个闲人和他没用的爱好乱花钱!"伯爵听到后不为所动."我会尽可能地接济大家,"他表示,"但我会继续资助这个人和他的工作,我确信终有一天会有回报."

果不其然,他的工作(以及同时期其他人的努力)赢来了丰厚的回报:显微镜.显微镜的发明给医学带来了前所未有的发展,由此展开的研究及其成果,消除了世界上大部分地区肆虐的瘟疫和其他一些传染性疾病.

伯爵为支持这项研究发明所花费的金钱,其最终结果大大减轻了人类所遭受的苦难,这回报远远超过单纯将这些钱用来救济那些遭受瘟疫的人.

所以有用没用要分怎么看.

在《全能星战》中龚琳娜以一首《小河淌水》逆袭成功但马上又换了路数.

至于为什么不再照着《小河淌水》的路子走下去,其中的原因龚琳娜在 23 岁时就想明白了."我想唱的是自由、生命的多种多样,若唱什么都是《小河淌水》一个样,定格了,恐怕就没有那么多爱了.没了爱,就什么力量都没了……我想无拘无束快乐地歌唱."

现在的大学、中学师生能看到的课外读物太单调了,除了解题方法就是考研攻略;除了 3 + X 就是 Y 轮模拟,就像食物一样,天天是海参、鲍鱼也会腻的.这套《小问题大定理》丛书权可以当作山珍海味之中的一道爽口小菜.

本书的中间有一节是浙江遂安学院的一位非常年轻的小伙子写的.他的雄心很大,想凭借一己之力像布尔巴基学派那样重写一部《代数学教程》,分四大卷共 12 分册,令人敬佩.现在社会上对这些非名校生有一个莫名的偏见,曾见过这样一个段子:我们校长有天路过学校后门,突然听到一句:"我要考牛津!"校长顿时感动不已,没想到他们学校也有如此有志青年,决定看看是哪位,忽然又听到一句:"再来两串大腰子!!!"而这位年轻人的雄心壮志我看一点也不比想考牛津大学的学生弱.单看他列的各卷各分册的目录便知:

第一卷第 1 分册:集合论

第一卷第 2 分册:代数结构

第二卷第 1 分册:数的理论

第二卷第 2 分册:代数方程式论

第三卷第 1 分册:行列式论及其应用,线性方程组

第三卷第 2 分册:组合原理及其在代数学上的应用

第四卷第 1 分册:线性空间,矩阵理论(上)

第四卷第 2 分册:线性空间,矩阵理论(下)

如果数学工作室将来有"不差钱"的那天,笔者一定会给他全部出版,以资鼓励.

本书的最后部分是附录.它是由我们的老作者——中国科学院应用数学所研究员冯贝叶老先生译的.冯先生老当益壮,几乎每一年都在我们工作室出版一本新作.这篇文字是他当初准备投给《数学译林》的,而《数学译林》因故没用,所以希望我们能用一下.笔者认为冯老先生的生活完全暗合了太极四象:元、亨、利、贞,即每一个体的青少年是学子阶段(元),青壮年是居士尽职尽责阶段(亨),中年是散财修道阶段(利),晚年是布道传道阶段(贞).个体生存如未能遵循这种天文人文,即是缺德的,不道的;其结果,一如星球,难以跟其他星体共奏出和谐的天体运行之音,天籁之音.

本书开始以一道"华约"自主招生试题的解法为引子.最后的结尾实际上也是以自主招生试题结束,只不过这个自主招生是莫斯科大学的,这个学校笔者去过,非常雄伟高大.哈尔滨工业大学主楼就是以其为样板建设的.

中国目前的大学广受诟病,其组织官僚化,教师边缘化,成果泡沫化,学生城镇化尤其严重.有人曾统计过,20 世纪七八十年代直接由农村中学考上清华大学和北京大学的多达 40% 之多.而到了近几年这一数字下降到了 3‰ 左右,多么可怕.中国

要想现代化,必须是农民的现代化,农一代肯定是没希望了,他们曾被牢牢地拴在了土地上. 那么农二代就是他们唯一的希望,上升通道一定要通畅才行.

有社会学专家指出:现代性的一个神话是人的幸福会不断提升,然而布克哈特的警告是,任何对绝对幸福的追求都会导致更为专制的统治. 世界具有根深蒂固的痛苦性,但这种痛苦性无法通过消费和享乐来消解,而只能通过艺术体验和沉思. 如果长期浸淫于短期刺激性的"精神产品"中,人的头脑就会钝化而良莠不分. 布克哈特讽刺说,在教育不足的人眼中,所有的诗歌和阿里斯托芬、拉伯雷、塞万提斯的作品都是难以理解和索然无味的,因为它们无法给读者像小说那样的感受,而真正的美需要经过艰苦的努力才能理解和欣赏. 当时布克哈特警告的还只是小说,而今天的市场生产着远比小说刺激和丰富的娱乐产品. 在娱乐中,人只是把自身作为满足自身欲望的工具,而真正的自由意味着人就是目的本身,人本身追求他内心中对美的向往,只有在这样的自由中,人的高贵价值才能体现.

你怎么看呢?

刘培杰
2017 年 10 月 15 日
于哈工大

Thue 定理——素数判定与大数分解

孙琦　旷京华　编著

内容简介

本书完整地介绍了素数判定问题的全部历史和理论,阐明了它在纯数学研究和应用数学研究中的地位,及其在当代科学中的实用价值(如在密码学中的作用). 全书内容丰富,论述严整.

本书适合大学师生及数学爱好者参考阅读.

序

数论中一个最基本、最古老而当前仍然受到人们重视的问题就是判别给定的整数是否为素数(简称为素数判别或素性判别)和将大合数分解成素因子乘积(简称为大数分解). 在历史上, 这个问题曾经吸引了包括费马(Fermat)、欧拉(Euler)、勒让德(Legendre)和高斯(Gauss)在内的大批数学家, 他们花费了大量的时间和精力去研究这个问题. 高斯在其著名的《算术探索》(*Disquisitiones Arithmeticae*)中称道:"把素数同合数鉴别开来及将合数分解成素因子乘积被认为是算术中最重要和最有用的问题之一." 我国的《易经》中也对这个问题做了研究.

素数判别和大数分解这个问题具有很大的理论价值. 因为素数在数论中占有特殊的地位,所以鉴别它们则成为最基本的问题,而把合数分解成素因子的乘积是算术基本定理的构造性方面的需要. 人类总是有兴趣问如下的问题:$2^{131} - 1$ 是否为素数? 由 23 个 1 组成的数是否为素数? 怎么分解

$$31\ 487\ 694\ 841\ 572\ 361$$

对素数判别和大数分解的研究必然会丰富人类的精神财富. 更重要的是,素数判别和大数分解具有很大的应用价值. 在编码中,需要讨论某类有限域及其上的多项式,这类有限域就是由素数 p 所作成的

$$Z/pZ = \{\overline{0}, \overline{1}, \cdots, \overline{p-1}\}$$

这就要求我们去寻找素数、判别素数. 在快速数论变换中,要讨论 Z/nZ 上的卷积运算,就要知道 Z/nZ 的乘法群的构造,而这就依赖于将 n 分解成素因子的乘积. 下面介绍的 RSA 公开密钥码体制更加说明了这个问题的两个方面在实际应用中的作用. 1977 年,艾德利曼(Adleman)、希爱默(Shamir)和李维斯特(Rivest)发明了一个公开密钥码体制. 在这个密码体制中,对电文的加密过程是公开的,但是你仅知道加密过程而未被告知解密过程,则不可能对电文进行解密. 他们的体制就是依靠这样一个事实:我们能够很容易地将两个大素数(譬如两个百位素数)乘起来;反过来,要分解一不大整数(譬如 200 位)则几乎不可能. (关于 RSA 体制的详细介绍,请参阅文献[1]). 因此 RSA 体制就与素数判别和大数分解有密切联系. 要具体建立一个 RSA 体制就需要两个大素数,因而就涉及寻找大素数的问题;而 RSA 体制的破译的可能性就依赖于分解一个大数的可能性. 于是,RSA 体制的建立与破译就等价于素数判别与大数分解问题. 近年来,由于计算机科学的发展,人们对许多数学分支的理论体系重新用计算的观点来讨论. 从计算的观点来讨论数论问题形成了当前很活跃的分支 —— 计算数论,而素数判别和大数分解成为这一分支的重要组成部分. 在这一部分里提出了两个重要的、悬而未决的问题:是否存在判别素数的多项式算法? 是否存在分解大整数的多项式算法? 现已知道"分解整

数"这个问题是一个NP完全问题,因此对上面第二个问题的讨论是解决计算机科学中的难题[①]:"NP完全问题是否一定是多项式算法可解的?"的一个突破口. 因此,素数判别和大数分解对计算机科学来说也是很有价值的.

最直接的素数判别和大数分解方法就是试除法,即对整数 n,用 $2,\cdots,n-1$ 去试除,来判定 n 是否为素数,分解式如何. 这个方法是最简单的一个方法,古希腊时就被人们所知,但这个方法对较大的数(20 位左右)就要耗费很多时间. 在 20 世纪 40 年代电子计算机出现之前,尽管产生了许多素数判别和大数分解方法,但因为用手算,速度太慢,很多方法在实用中即使对十几位的数也需要好几天,而对更大的数就无能为力了. 随着计算机的出现及发展,人们开始用这个有力的工具来研究素数判别和大数分解. 到 20 世纪 60 年代末期,已产生了许多新方法,历史上的许多方法也得到了应用,使得对四十几位数的素数判别可以很快得到结果. 而到 20 世纪 70 年代末,数论学家和计算机专家们已深入地研究了这个问题,并得到许多实际而有效的方法. 用这些方法在较好的计算机上判别一个 100 位数是否为素数只须不到一分钟;分解 70 位左右的整数也是日常工作了. 这些成果已引起人们的普遍关注,在这个领域中的研究空前活跃. 虽然离问题的彻底解决还很远,但在本领域中已取得了一个又一个的突破,在这方面的研究必有光辉的前景.

我们写这本书的目的是要介绍素数判别和大数分解的发展历史、一般理论、各种方法及最新成果,是想让许多非专业的读者了解这个方向的内容和进展情况. 当然,只有在这些定理的证明较为初等而又不太长时,我们才给出其证明. 因为这个方向与计算机科学的密切关系,我们还要结合计算量来介绍一些数论中常用的基本算法.

除了极个别内容,如 2.7 节,本书的绝大部分内容只须某些初等数论的知识,它们可以在任何一本介绍初等数论的书中都能找到,如文献[1]. 对于广义黎曼猜想,我们写了一则简短

[①] 可参看:管梅谷,组合最优化介绍,数理化信息,1,73-80.

的附录.如果读者在欣赏之余,还打算进一步学习和探讨的话,那么,后面所列的文章和书目可供参考.

限于水平,本书的缺点和疏漏一定不少,我们期待着读者的批评与指正.

作　者

◎ 编辑手记

英国著名诗人莎士比亚说：

"书籍是全世界的营养品.生活里没有书籍,就好像没有阳光;智慧里没有书籍,就好像鸟儿没有翅膀."

按莎翁的说法书籍应该是种生活必需品.读书应该是所有人的一种刚需,但现实并非如此.提倡"全民阅读""世界读书日"等积极的措施也无法挽救书籍在中国的颓式.甚至有的图书编辑也对自己的职业意义产生了怀疑.有人在网上竟然宣称:我是编辑我可耻,我为祖国霍霍纸.

本文既是一篇为编辑手记图书而写的编辑手记,也是对当前这种社会思潮的一种"反动".我们先来解释一下书名.

姚洋是北京大学国家发展研究院院长,教育部长江学者特聘教授,国务院特殊津贴专家.

在一次毕业典礼上,姚洋鼓励毕业生"去做一个唐吉诃德吧",他说"当今的中国,充斥着无脑的快乐和人云亦云的所谓'醒世危言',独独缺少的,是'敢于直面惨淡人生'的勇士."

"中国总是要有一两个这样的学校,它的任务不是培养'人材'(善于完成工作任务的人)","这个世界得有一些人,他出来之后天马行空,北大当之无愧,必须是一个".

姚洋常提起大学时对他影响很大的一本书《六人》,这本书借助6个文学著作中的人物,讲述了六种人生态度,理性的浮士德、享乐的唐·璜、犹豫的哈姆雷特、果敢的唐吉诃德、悲天悯人的梅达尔都斯与自我陶醉的阿夫尔丁根。

他鼓励学生,如果想让这个世界变得更好,那就做个唐吉诃德吧。因为"他乐观,像孩子一样天真无邪;他坚韧,像勇士一样勇往直前;他敢于和大风车交锋,哪怕下场是头破血流!"

在《藏书报》记者采访著名书商——布衣书局的老板时有这样一番对话:

> 问:您有一些和大多数古旧书商不一样的地方,像一个唐吉诃德式的人物,大家有时候批评您不是一个很会赚钱的书商,比如很少参加拍卖会。但从受读者的欢迎程度来讲,您绝对是出众的。您怎样看待这一点?
>
> 答:我大概就是个唐吉诃德,他的画像也曾经贴在创立之初的布衣书局墙壁上。我也尝试过参与文物级藏品的交易,但是我受隆福寺中国书店王玉川先生的影响太深,对于学术图书的兴趣更大,这在金钱和时间两方面都影响了我对于古旧书的投入,所以,不能在这个领域有一席之地,是正常的。我不是个"很会赚钱"的书商,知名度并不等于钱,这中间无法完全转换。由于关注点的局限,普通古旧书的绝对利润很低,很多旧书的售价才几十块甚至于几块,利润可想而知,且旧书无大量复本,所以消耗的单品人工远高于新书,这是制约发展的一个原因。我的理想是尝试更多的可能,把古旧书很体面地卖出去,给予它们尊严,这点目前我已经做到了,不足的就是赚钱不多,维持现状可以,发展很难。

这两段文字笔者认为已经诠释了唐吉诃德在今日之中国的意义:虽不合时宜,但果敢向前,做自己认为正确的事情.

再说说加号后面的西西弗斯.笔者曾在一本加缪的著作中读到以下这段:

诸神判罚西西弗,令他把一块岩石不断推上山顶,而石头因自身重量一次又一次滚落.诸神的想法多少有些道理,因为没有比无用又无望的劳动更为可怕的惩罚了.

大家已经明白,西西弗是荒诞英雄.既出于他的激情,也出于他的困苦.他对诸神的蔑视,对死亡的憎恨,对生命的热爱,使他吃尽苦头,苦得无法形容,因此竭尽全身解数却落个一事无成.这是热恋此岸乡土必须付出的代价.有关西西弗在地狱的情况,我们一无所获.神话编出来是让我们发挥想象力的,这才有声有色.至于西西弗,只见他凭紧绷的身躯竭尽全力举起巨石,推滚巨石,支撑巨石沿坡向上滚,一次又一次重复攀登;又见他脸部绷紧,面颊贴紧石头,一肩顶住,承受着布满黏土的庞然大物;一腿蹲稳,在石下垫撑;双臂把巨石抱得满满当当的,沾满泥土的两手呈现出十足的人性稳健.这种努力,在空间上没有顶,在时间上没有底,久而久之,目的终于达到了.但西西弗眼睁睁望着石头在瞬间滚到山下,又得重新推上山巅.于是他再次下到平原.

——(摘自《西西弗神话》,阿尔贝·加缪著,沈志明译,上海译文出版社,2013)①

丘吉尔也有一句很有名的话:"Never! Never! Never Give Up!"永不放弃!套用一句老话:保持一次激情是容易的,保持一辈子的激情就不容易,所以,英雄是活到老、激情到老!顺境要有

---

① 这里及封面为尊重原书,西西弗斯称为西西弗.——编校注

激情,逆境更要有激情.出版业潮起潮落,多少当时的"大师"级人物被淘汰出局,关键也在于是否具有逆境中的坚持!

其实西西弗斯从结果上看他是个悲剧人物.永远努力,永远奋进,注定失败!从精神上他又是个人生赢家,永不放弃的精神永在,就像曾国藩所言:屡战屡败,屡败屡战.如果光有前者就是个草包,但有了后者,一定会是个英雄.以上就是我们书名中选唐吉诃德和西西弗斯两位虚构人物的缘由.至于用"+"号将其联结,是考虑到我们终究是有关数学的书籍.

现在由于数理思维的普及,连纯文人也不可免俗地沾染上一些.举个例子:

文人聚会时,可能会做一做牛津大学出版社网站上关于哲学家生平的测试题.比如关于加缪的测试,问:加缪少年时期得了什么病导致他没能成为职业足球运动员?四个选项分别为肺结核、癌症、哮喘和耳聋.这明显可以排除癌症,答案是肺结核.关于叔本华的测试中,有一道题问:叔本华提出如何减轻人生的苦难?是表现同情、审美沉思、了解苦难并弃绝欲望,还是以上三者都对?正确答案是最后一个选项.

这不就是数学考试中的选择题模式吗?

本套丛书在当今的图书市场绝对是另类.数学书作为门槛颇高的小众图书本来就少有人青睐,那么有关数学书的前言、后记、编辑手记的汇集还会有人感兴趣吗?但市场是吊诡的,谁也猜不透只能试.说不定否定之否定会是肯定.有一个例子:实体书店受到网络书店的冲击和持续的挤压,但特色书店不失为一种应对之策.

去年岁末,在日本东京六本木青山书店原址,出现了一家名为文喫(Bunkitsu)的新形态书店.该店破天荒地采用了入场收费制,顾客支付1 500日元(约合人民币100元)门票,即可依自己的心情和喜好,选择适合自己的阅读空间.

免费都少有人光顾,它偏偏还要收费,这是种反向思维.

日本著名设计杂志《轴》(Axis)主编上條昌宏认为,眼下许多地方没有书店,人们只能去便利店买书,这也会对孩子们培养读书习惯造成不利的影响.讲究个性、有情怀的书店,在世间还是具有存在的意义,希望能涌现更多像文喫这样的书店.

因一周只卖一本书而大获成功的森冈书店店主森冈督行称文噢是世界上绝无仅有的书店,在东京市中心的六本木这片土地上,该店的理念有可能会传播到世界各地。他说,"让在书店买书成为一种非日常的消费行为,几十年后,如果人们觉得去书店就像去电影院一样,这家书店可以说就是个开端。"

本书的内容大多都是有关编辑与作者互动的过程以及编辑对书稿的认识与处理。

关于编辑如何处理自来稿,又如何在自来稿中发现优质选题? 这不禁让人想起了美国童书优秀的出版人厄苏拉·诺德斯特姆,在她与作家们的书信集《亲爱的天才》中,我们看到了她和多名优秀儿童文学作家和图画书作家是如何进行沟通的。这位将美国儿童文学推入"黄金时代"的出版人并不看重一个作家的名气和资历,在接管哈珀·柯林斯的童书部门后,她甚至立下了一个规矩:任何画家或作家愿意展示其作品,无论是否有预约,一律不得拒绝。厄苏拉对童书有着清晰的判断和理解,她相信作者,不让作者按要求写命题作文,而是"请你告诉我你想要讲什么故事",这份倾听多么难得。厄苏拉让作家们保持了"自我",正是这份编辑的价值观让她所发现的作家和作品具有了独特性。编辑从自来稿中发现选题是编辑与作家双向选择高度契合的合作,要互相欣赏和互相信任,要有想象力,而不仅仅从现有的图书品种中来判断稿件。在数学专业类图书出版领域中,编辑要具有一定的现代数学基础和出版行业的专业能力,学会倾听,才能像厄苏拉一样发现她的桑达克。

在巨大的市场中,作为目前图书市场中活跃度最低、增幅最小的数学类图书板块亟待品种多元化,图书需要更多的独特性,而这需要编辑作为一个发现者,不做市场的跟风者,更多去架起桥梁,将优质的作品从纷繁的稿件中遴选出来,送至读者手中。

我们数学工作室现已出版数学类专门图书近两千种,目前还在以每年200多种的速度出版。但科技的日新月异以及学科内部各个领域的高精尖趋势,都使得前沿的学术信息更加分散、无序,而且处于不断变化中,时不时还会受到肤浅或虚假、不实学术成果的干扰。可以毫不夸张地说,在互联网时代学术动态也已经日益海量化。然而,选题策划却要求编辑能够把握学科发展走势、热点领域、交叉和新兴领域以及存在的亟须解决的难点问题.面对互联网时代的巨量信息,编辑必须通过查询、搜索、积累原始选题,并在积累的过程中形成独特的视角.在海量化的知识信息中进行查询、搜索、积累选题,依靠人力作用非常有限.通过互联网或人工智能技术,积累得越多,挖掘得越深,就越有利于提取出正确的信息,找到合理的选题角度.

复旦大学出版社社长贺圣遂认为中国市场上缺乏精品,出版物质量普遍不尽如人意的背后主要是编辑因素:一方面是"编辑人员学养方面的欠缺",一方面是"在经济大潮的刺激作用下,某些编辑的敬业精神不够".在此情形下,一位优秀编辑的意义就显得特别突出和重要了.在贺圣遂看来,优秀编辑的内涵至少包括三个部分.第一,要有编辑信仰,这是做好编辑工作的前提,"从传播文化、普及知识的信仰出发,矢志不渝地执着于出版业,是一切成功的编辑出版家所必备的首要素养",有了编辑信仰,才能坚定出版信念,明确出版方向,充满工作热情和动力,才能催生出精品图书.第二,要有杰出的编辑能力和极佳的编辑素养,即贺圣遂总结归纳的"慧根、慧眼、慧才",具体而言是"对文化有敬仰,有悟性,对书有超然的洞见和感觉""对文化产品要有鉴别能力,要懂得判断什么是好的,优秀的,独特的,杰出的,不要附庸风雅,也不要被市场愚弄""对文字加工、知识准确性,对版式处理、美术设计、载体材料的选择,都要有足够熟练的技能".第三,要有良好的服务精神,"编辑依赖作者、仰仗作者,因为作者的配合,编辑才能体现个人成就,因此,编辑要将作者作为'上帝'来敬奉,关键时刻要不惜牺牲自我利益".编辑和作者之间不仅仅是工作上的搭档,还应该努力扩大和延伸编辑服务范围,成为作者的生活上的朋友和创作上的知音.

笔者已经老了,接力棒即将交到年轻人的手中.人虽然换了,但唐吉诃德+西西弗斯的精神不能换,以数学为核心以数理为硬核的出版方向不能换.一个日益壮大的数学图书出版中心在中国北方顽强生存大有希望.

出版社业是构建、创造和传播国家形象的重要方式之一.国际社会常常通过认识一个国家的出版物,特别是通过认识关于这个国家内容的重点出版物,建立起对一个国家的印象和认识.莎士比亚作品的出版对英国国家形象,歌德作品的出版对德国国家形象,卢梭、伏尔泰作品的出版对法国国家形象,安徒生作品的出版对丹麦国家形象,《丁丁历险记》的出版对比利时国家形象,《摩柯波罗多》的出版对印度国家形象,都具有很重要的帮助.

中国优秀的数学出版物如何走出去,我们虽然一直在努力,也有过小小的成功,但终究由于自身实力的原因没能大有作为. 所以我们目前是以大量引进国外优秀数学著作为主,这也就是读者在本书中所见的大量有关国外优秀数学著作的评介的缘由. 正所谓:他山之石,可以攻玉!

在写作本文时,笔者详读了湖南教育出版社曾经出版过的一本朱正编的《鲁迅书话》,其中发现了一篇很有意思的文章,附在后面.

青　年 必读书	从来没有留心过, 所以现在说不出.
附　　注	但我要趁这机会,略说自己的经验,以供若干读者的参考—— 　　我看中国书时,总觉得就沉静下去,与实人生离开;读外国书——但除了印度——时,往往就与人生接触,想做点事. 　　中国书虽有劝人入世的话,也多是僵尸的乐观;外国书即使是颓唐和厌世的,但却是活人的颓唐和厌世. 　　我以为要少——或者竟不　看中国书,多看外国书. 　　少看中国书,其结果不过不能作文而已. 但现在的青年最要紧的是"行",不是"言". 只要是活人,不能作文算什么大不了的事. 　　　　　　　　　　　　　　(二月十日)

少看中国书这话从古至今只有鲁迅敢说,而且说了没事,

笔者万万不敢. 但在限制条件下, 比如说在有关近现代数学经典这个狭小的范围内, 窃以为这个断言还是成立的, 您说呢?

刘培杰
2019 年 10 月 15 日
于哈工大